L'ÉCONOMIE

RURALE

DE COLUMELLE.

TRADUCTION

D'ANCIENS
OUVRAGES LATINS
RELATIFS A L'AGRICULTURE,

ET A LA

MÉDECINE VÉTÉRINAIRE,

AVEC DES NOTES:

Par M. SABOUREUX DE LA BONNETRIE, Ecuyer, Avocat au Parlement, & Docteur Aggrégé de la Faculté des Droits en l'Université de Paris.

TOME QUATRIEME,

CONTENANT

L'ÉCONOMIE RURALE DE COLUMELLE.

A PARIS,

Chez P. Fr. DIDOT, le jeune, Libraire,
Quai des Augustins.

M. DCC. LXXII.

Avec Approbation, & Privilege du Roi.

L'ÉCONOMIE
RURALE
DE L. JUNIUS MODERATUS
COLUMELLE.

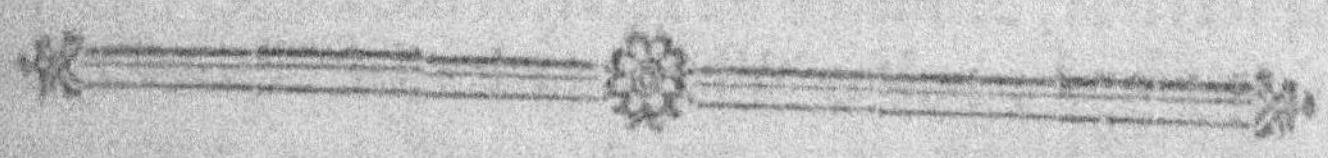

LIVRE SEPTIEME.

CHAPITRE PREMIER.

Ayant à parler du petit bétail, Silvinus, nous commencerons par l'ânon d'Arcadie, cet animal vil & commun, auquel la plupart des Auteurs d'Economie rurale veulent qu'on ait principalement égard dans l'achat & l'entretien des bêtes de somme, & avec raison : en effet on peut se le procurer même dans les campagnes qui manquent de pâturage , parce qu'il se contente de peu de fourage , & qu'il n'est pas difficile sur le choix , puisqu'on le nourrit ou de feuilles & d'épines , ou de branches de saules , ou de bottes de sarment ; on peut même l'engraisser avec de la paille , que l'on trouve abondamment dans presque tout pays. D'ailleurs il souffre très - bravement la négligence d'un surveillant ignorant , ainsi que les coups & la disette ; aussi peut - on en tirer du service plus long-temps que de toute autre bête de somme , parce que , comme il supporte très-bien le travail & la faim , il est rare qu'il soit attaqué d'aucune maladie. Cet animal , dont l'entretien est si mince , rend néanmoins plus de services , & même de services nécessaires , qu'il n'est grand , puisqu'il laboure les terres avec des charrues légeres , pour peu qu'elles soient aisées au labour , telles que celles de la Bétique & de toute la Lybie , & qu'il tire des voitures , pourvu qu'elles ne soient pas trop pésantes. Souvent même , ainsi que le raconte le plus célèbre des Poëtes (1), *le conducteur d'un ânon lent dans sa marche lui charge le dos de fruits vils , & lui fait rapporter , au retour de la Ville , une meule piquée ou une charge de poix noire.* Mais le travail de cet animal le plus usité presque par - tout consiste à tourner la meule & à moudre le bled. C'est

____

(1) Virgile , Liv. I. des Géorg.

pourquoi il n'y a point de campagne qui puisse se passer d'un ânon, cet animal étant très-nécessaire, ainsi que je viens de le dire, tant pour porter à la ville que pour en rapporter commodément, sur son col ou sur son dos, la plupart des choses qui servent à notre usage. Or nous avons suffisamment expliqué quelle étoit l'espece de cet animal la plus recherchée, & quels étoient les meilleurs soins qu'on en pût prendre, lorsque nous avons donné des préceptes sur les ânes distingués dans le Livre précédent (2).

CHAPITRE II.

LE second objet de nos soins après les grands quadrupedes, ce sont les brebis qui devroient même tenir le premier rang, si on avoit égard à la grande utilité qu'on en retire, puisque ce sont-elles qui nous défendent le plus particuliérement contre la violence du froid, & qui nous fournissent des vêtemens avec le plus de libéralité. D'ailleurs non-seulement elles rassasient la faim du paysan par le fromage & le lait qu'elles lui fournissent avec profusion, mais elles garnissent encore les tables des gens du beau monde d'une grande quantité de mets agréables. Elles servent

____

(2) Voy. les Chap. XXXVI & XXXVII. du Liv. VI.

même à nourrir des nations entieres qui manquent de bled, & c'eſt delà que preſque tous les
Nomades & les Getes ſont appellés γαλακτοπόται
(1). Ce bétail, quoique très-foible, comme l'ob-
ſerve fort prudemment Celſus (2), eſt d'une ſanté
très-ſure & n'eſt point ſujet aux maladies peſti-
lentielles. Cependant il faut le choiſir d'une nature qui s'accommode avec celle du pays où l'on
eſt. C'eſt une attention que Virgile (3) ordonne
d'avoir en toute occaſion, non-ſeulement par rapport à ce bétail, mais encore par rapport à toutes
les parties de l'Economie rurale, lorſqu'il dit que
*toutes les terres ne peuvent pas s'accommoder égale-
ment de toutes ſortes de choſes.* Les terroirs gras &
les pays plats s'accommodent de brebis hautes; les
maigres & ceux où il y a des collines s'accommodent de celles qui ſont quarrées; les forêts & les
lieux montagneux n'en veulent que de petites, &
les brebis que l'on couvre de peaux paiſſent à
leur aiſe dans les prés & dans les plaines en jacheres. Non-ſeulement l'eſpece de ce bétail eſt un
point eſſentiel à obſerver, mais ſa couleur ne l'eſt
pas moins. Les habitans de notre pays regardoient
autrefois les brebis de Miletum, ainſi que celles de
la Calabria & de l'Apulia, comme les brebis de

---

(1) C'eſt-à-dire, *buveurs de lait*, de γάλα, qui veut dire
lait, & πίνω, qui veut dire *boire.*

(2) Voy. la Note 32 du Chap. I. Liv. I.

(3) Voy. la Note 25 de la Préf. Liv. II. des Géorg.

l'espece la plus distinguée, & celles de Tarentum comme les meilleures de toutes. Aujourd'hui celles des Gaules passent pour avoir le plus de renom, & notamment celles d'Altinum, ainsi que celles qui sont établées dans les campagnes de la Macra aux environs de Parme & de Mutina. Outre que la couleur blanche est la meilleure dans ce bétail, elle est encore de la plus grande ressource, parce qu'avec cette couleur on peut se procurer beaucoup d'autres couleurs, au lieu qu'on ne peut en avoir de blanche avec aucune autre. Les couleurs grises & noirâtres, telles qu'on en trouve à Pollentia en Italie & à Corduba dans la Bétique, sont aussi par leur nature d'un prix recommandable. L'Asie donne même des brebis rouges, que l'on appelle ερυθράς. Mais l'expérience a fait trouver des moyens de multiplier les variétés de couleur dans ce bétail. En effet, comme on avoit amené des environs de l'Afrique à des gens qui donnoient en spectacle des bêtes rares dans la Ville municipale de Gadès, entre plusieurs autres bêtes féroces, des béliers sauvages & farouches d'une couleur admirable, M. Columelle, mon oncle paternel, homme d'un génie pénétrant & célebre Agriculteur en acheta quelques-uns, qu'il transporta dans ses terres & qu'il fit accoupler avec ses brebis couvertes de peaux, après les avoir apprivoisés. Les premiers résultats furent des agneaux dont la toison étoit à la vérité grossiere, quoique de la même couleur que celle du pere, mais ces agneaux ayant par la

A iij

suite couvert des brebis de Tarentum, donnerent des béliers dont la toison fut plus fine. Après quoi, tout ce qui réfulta de ces derniers fe trouva rendre la douceur de la mere conjointement avec la couleur du pere & celle du grand-pere. Columelle prétendoit que de cette façon l'efpece d'une bête fauvage, telle qu'elle fut, fe retrouvoir toujours dans fes petits - fils, après que le naturel fauvage s'étoit trouvé adouci en paffant par différens degrés. Je reviens à mon objet. Il y a donc de deux fortes de brebis ; celles qui ont la laine douce & celles qui l'ont groffiere : mais quoiqu'il y ait, par rapport à l'une & l'autre efpece, des obfervations communes auxquelles il faut avoir égard foit dans l'achat foit dans l'entretien de ces animaux, il y en a cependant quelques-unes de particulieres à l'efpece la plus diftinguée. Voici à peu près les obfervations communes, auxquelles il faut avoir égard dans l'achat des troupeaux. Puifque la blancheur de la laine eft ce que l'on recherche le plus, il faudra toujours choifir les plus blancs, parce que fouvent il vient un agneau noirâtre d'un bélier blanc, & que jamais des béliers rouges ou gris n'en produifent de blancs.

CHAPITRE III. (1)

AINSI, quoiqu'un bélier ait la toison blanche, ce n'est pas un motif suffisant pour l'approuver, à moins qu'il n'ait le palais & la langue de la même couleur que la laine, puisqu'il donne des agneaux gris ou même bigarrés, lorsqu'il a ces parties du corps noires ou tachées. C'est ce que le Poëte, que j'ai déja cité ci-dessus, a très-bien exprimé entre autres choses par ces vers (2) : *Mais rejettez un bélier qui, tout blanc qu'il est, cache sous son palais humide une langue noire, de peur qu'il ne teigne de taches noirâtres la toison de ses enfans.* Il en est de même des béliers roux ou noirs, dont le palais & la langue ne doivent pas non plus être d'une couleur différente de celle de leur laine (ainsi que je l'ai déja dit); ils doivent encore moins être tachés sur le corps & particuliérement sur le dos. Il ne faut pas par conséquent acheter de brebis, qu'elles n'aient leur laine au moment de l'achat, afin que l'on puisse mieux voir si elles sont d'une seule couleur, parce que, si l'unité de couleur n'est pas re-

---

(1) Comment se persuader que ce soit Columelle qui ait désuni le commencement de ce Chapitre de la fin du précédent.

(2) Virgile, Liv. III. des Géorgiques.

A iv

marquable dans les béliers, les taches du pere se transmettent ordinairement aux enfans. On approuve sur-tout la figure d'un bélier, lorsqu'il est haut & long, qu'il a le ventre ravallé & couvert de laine, la queue très-longue, la toison épaisse, le front large, les testicules gros & les cornes torses, non pas qu'il soit alors d'une plus grande utilité, (puisqu'un bélier sans cornes vaut encore mieux) mais parce que les cornes ne lui nuisent pas autant, lorsqu'elles sont torses, que lorsquelles sont droites & bien ouvertes. Nous préférerions cependant dans certaines contrées, où la température de l'air est humide & venteuse, les boucs & les béliers qui auroient même de très-grandes cornes, parce qu'étant droites & hautes, elles mettroient la plus grande partie de leur tête à l'abri des tempêtes. Ainsi, si nous sommes dans un pays où l'Hiver est le plus communément rude, nous choisirons cette espece de béliers à grandes cornes, au lieu que, si l'Hiver est plus ordinairement doux dans notre pays, nous préférerons un mâle sans cornes, parce qu'il y a cet inconvénient à craindre dans celui qui a des cornes, que, se sentant la tête armée avec une espece de dard naturel, il cherche plus souvent les occasions de se battre, & qu'il est plus insolent vis-à-vis des femelles. En effet, il poursuit avec beaucoup de violence ses rivaux, (quoiqu'il ne suffise pas seul à couvrir le troupeau) & il ne permet pas à d'autres de s'accoupler avec les brebis qui sont en chaleur, à moins

qu'il ne soit harassé par le plaisir : au lieu que
celui qui n'a point de cornes, se sentant pour
ainsi dire désarmé, n'est pas enclin à chercher dispute, en même temps qu'il est plus modéré dans
ses plaisirs. Aussi les Pâtres emploient-ils la ruse
que voici, pour réprimer la brutalité d'un bouc
ou d'un bélier qui donne des coups de cornes :
ils fichent des pointes dans une planche de robre
d'un pied de long, qu'ils attachent à ses cornes en
tournant ces pointes du côté de son front. Cette
précaution empêche l'animal, tout féroce qu'il est,
de chercher dispute aux autres, parce qu'il ne
peut pas donner un coup, sans se blesser lui-mê-
me en se piquant du même coup. Mais Epicharmus (1) de Siracuse, qui a traité avec beaucoup
de soin des remedes des bestiaux, assure qu'on
vient à bout d'adoucir un bélier qui est enclin à
se battre, en lui perçant les cornes avec une tarriere, à l'endroit de leur courbure le plus voisin
des oreilles. Le meilleur âge de ce quadrupede
pour la génération est l'âge de trois ans : il ne
cesse pas cependant d'y être propre jusqu'à huit.
Il faut faire couvrir la femelle après sa seconde
année : elle passe pour être dans le bon âge à
cinq ans, & cesse de porter passé la septieme année. Vous acheterez donc, comme je l'ai déja
dit, des brebis qui ne soient pas nouvellement
tondues : vous ne prendrez point celles dont la

---

(1) Voy. la Note 13 du Chap. I. Liv. I.

laine fera tachée & grife , parce que ce font des couleurs peu sûres. Vous rejetterez auffi comme ftériles celles qui , paffé trois ans, auront les dents faillantes hors de la bouche , mais vous choifirez celles de deux ans, qui auront le corps ample , le col garni de longue laine, la toifon longue.& douce , & le ventre également couvert de laine & ample, parce qu'il faut éviter les ventres petits & pelés. Ce font à peu près là les obfervations auxquelles on aura égard dans l'achat de telle efpece de brebis que ce foit. Voici celles qui font relatives à leur entretien. Il faut faire des étables baffes & fpatieufes , mais plus longues que larges , afin qu'elles foient & chaudes en Hiver & fuffifamment larges, pour qu'il n'y ait point de rifque que les brebis pleines fe bleffent le ventre. On les expofera au Midi, parce que ce bétail , quoique le plus vêtu de tous les animaux, eft cependant celui qui s'habitue le moins au froid ainfi qu'aux grandes chaleurs de l'Eté. C'eft pourquoi on doit avoir devant l'entrée de ces étables une cour clofe par de hautes murailles, dans laquelle ces animaux pourront aller avec sûreté pendant les chaleurs de l'Eté. On fait auffi enforte qu'il ne féjourne aucune humidité dans leurs étables, & qu'elles foient toujours couvertes de fougere très - feche ou de chaume , afin que les brebis foient couchées plus proprement & plus mollement lorfqu'elles auront agnelé. Il faut encore que les Bergeries foient très-propres, de forte que la fanté des brebis, à la conservation de laquelle il faut principalement veiller, n'ait point à souffrir de l'humidité. En général il faut donner à telle espece de bétail que ce soit une nourriture abondante : en effet un troupeau, même peu nombreux, qui sera bien rassasié de fourage, sera d'un plus grand profit à son maître, que ne le feroit un plus nombreux qui auroit souffert de la disette. Il faut rechercher les jacheres, non-seulement parce qu'elles sont bien fournies d'herbes, mais encore parce qu'elles ne sont point ordinairement embarrassées par des épines : car, pour nous appuyer souvent de l'autorité du Poëte divin (4), *si la laine est votre objet, commencez par fuir les forêts piquantes, telles que le glouteron & le tribule,* parce que ces plantes rendent les brebis galleuses, comme dit le même Poëte, *au cas qu'après la tonte & avant qu'on ait lavé la sueur qui tient à leur peau, leur corps ait été déchiré par des épines picquantes,* & que d'ailleurs cet accident diminue tous les jours la quantité de leur laine, attendu que plus la laine de ce bétail est épaisse & longue, plus elle est sujette d'un autre côté à être arrachée de son dos, pendant qu'il paît, par les ronces qui l'accrochent comme autant de hameçons, & que celles qui sont couvertes de peaux perdent aussi par-là leur couverture, dont la réparation jette dans de grandes dépenses. Presque tous les Auteurs conviennent

---

(4) Virgile, Liv. III. des Géorg.

que le temps où l'on peut faire couvrir le plutôt
les brebis, est le Printemps vers la fête des *Parilia* (5) quand elles n'ont point agnelé pour lors, &
vers le mois de Juillet quand elles ont agnelé dans
cette saison. Cependant le premier de ces deux
temps doit, sans contredit, être préféré à l'autre,
afin que, par une continuité d'opérations successi-
ves, la naissance des agneaux succède à la vendange, comme la vendange aura succédé à la moisson,
& que ces animaux puissent prévenir la tristesse des
froids & le jeûne dont ils sont menacés pendant l'Hiver, par les forces qu'ils auront acquises en se rassa-
siant de fourage pendant toute l'Automne. En effet,
l'agneau d'Automne vaut mieux que celui de Printemps, comme dit Celsus (6) avec beaucoup de
raison, parce qu'il est plus essentiel que cet animal soit fortifié avant le Solstice d'Eté, qu'il n'est
essentiel qu'il le soit avant celui d'Hiver, d'autant
que c'est le seul de tous les animaux qui puisse naître sans risque au Solstice d'Hiver. Si le cas exige
qu'on se procure plus de mâles que de femelles,
Aristote (7), le plus grand connoisseur des effets de
la nature, ordonne d'observer, en faisant couvrir
les brebis, le vent de Septentrion pendant les jours

---

(5) Voy. la Note 15 du Chap. I. de l'Economie rurale de
Varron, Liv. II.

(6) Voy. la Note 32 du Chap. I. Liv. I.

(7) Voy. la Note 15 du Chap. I. de l'Economie rurale de
Varron, Liv. I.

secs, afin de faire paître le troupeau vis-à-vis ce vent,
pour que les brebis l'aient en face pendant l'opération, comme si l'on veut se procurer des femelles,
il faut chercher les vents du Midi, & faire couvrir
les brebis dans la même position respectivement
à ces vents (8). Car la méthode que nous avons
enseignée dans le premier Livre (9), qui consiste
à serrer avec une ligature le testicule droit du
mâle ou le gauche, au moment de l'opération,
est d'une exécution difficile dans des troupeaux
nombreux (10). Quand les brebis auront mis bas,

---

(8) Presque tous les Auteurs prescrivent cette méthode
sans en donner la raison. Doit-on pour cela la regarder
comme absolument futile, ainsi que bien d'autres de ce
genre, & ne pourroit-on pas au-contraire en assigner une
raison Physique ? En voici une dont j'ose à peine citer l'Auteur, dans la crainte de diminuer la confiance qu'elle paroit mériter. Albert le Grand dit que l'Aquilon est propre
à la conception des mâles, parce que ce vent resserrant
dans l'intérieur du corps la chaleur naturelle, le rend plus
robuste, & que la semence même acquiert en conséquence
un certain degré de force ; au lieu que lorsque le vent du
Midi souffle, les corps sont abbatus & affoiblis au défaut
de la chaleur qui s'évapore au-dehors par la transpiration,
en conséquence de quoi la conception du mâle trouve plus
de difficulté que celle de la femelle, qui est une créature
plus délicate & plus foible que le mâle.

(9) C'est-à-dire, dans le Livre précédent, qui est le premier des deux Livres relatifs aux bestiaux.

(10) Non-seulement cette méthode est d'une exécution
difficile, mais elle est futile & périlleuse.

le Berger en allant chercher des pâturages dans
des contrées éloignées, laissera presque tous les
agneaux pour être nourris dans les fauxbourgs de
la Ville, moyennant quoi le Métayer livrera au
Boucher les jeunes agneaux, avant qu'ils aient tâté
de l'herbe, parce qu'il en coûtera peu pour les mener à la Ville, & que lorsqu'on les aura sevrés, le
lait de leurs meres rendra un profit aussi considérable que celui qu'il rendoit lorsqu'elles nourissoient.
Il faudra cependant en laisser croître quelques-uns
même dans le voisinage de la Ville, parce que,
quand ce bétail est né dans le pays même où l'on
est, on en retire bien plus de profit que lorsqu'il
est tiré d'un pays étranger : d'ailleurs il ne faut
pas risquer que le troupeau vienne à manquer
tout entier à la fois à son Maître, lorsque toutes
les têtes dont il est composé seront épuisées par
la vieillesse, d'autant que le premier soin d'un
Pâtre, sur-tout quand il est attentif à son devoir,
est de substituer toutes les années dans le troupeau autant ou même plus de têtes qu'il n'y en
a de mortes ou de malades, parce qu'il arrive
souvent que la rigueur des froids le surprend, &
que l'Hiver fait mourir les brebis qu'il avoit lais-
sées dans le troupeau pendant l'Automne, dans
la persuasion où il étoit qu'elles pourroient aussi
supporter l'Hiver. Ces accidens sont encore un motif qui doit le porter à ne completter le troupeau qu'avec de jeunes agneaux, & qui soient
déja assez forts pour n'être pas surpris par l'Hi-

ver. Il joindra à cette attention celle de ne pas
le completter avec les agneaux qui seront nés de
brebis âgées de moins de quatre ans ou de plus
de huit, parce que dans aucun de ces deux âges
une brebis n'est propre à élever un agneau : outre que le produit d'une vieille bête tient communément de la vieillesse de son origine, & qu'il
est toujours ou stérile ou chétif. On doit garder la
ventrée d'une brebis, pendant qu'elle est pleine,
à peu près avec autant de circonspection que les
Sages-Femmes gardent le fruit d'une femme grosse. On ne délivre pas non plus autrement cet
animal que les femmes, & souvent même son
travail est plus pénible à proportion de ce qu'il
est privé de toute raison. C'est pourquoi le maître du troupeau doit être un homme instruit dans
la Médecine Vétérinaire, afin que, selon le besoin, il soit en état, lorsque le fœtus sera attaché
en travers dans la matrice de la mere, de l'en
tirer soit en entier soit par parties, sans mettre
la mere en danger, en le disséquant avec le
fer, ce que les Grecs appellent ἐμβρυουλκεῖν. Dès
que l'agneau est venu au monde, il faut le mettre sur ses jambes & l'approcher du pis de sa
mere, ensuite même lui ouvrir la gueule, pour
l'humecter du lait qu'on y fera dégoutter en pressant le bout du pis, afin qu'il apprenne à tirer
l'aliment que lui doit fournir sa mere. Mais avant
d'en venir là, on traira auparavant les premieres
gouttes de ce lait, que les Pâtres appellent *colostra*,

parce que , ſi on n'avoit pas ſoin de les retirer, elles feroient mal à l'agneau. Deux jours après ſa naiſſance , on l'enferme avec ſa mere, afin qu'elle l'échauffe & qu'il apprenne à la reconnoître : après quoi , tant qu'il n'eſt pas en état de bondir , on le garde dans un enclos obſcur & chaud , mais lorſqu'il commencera à bondir , il faudra l'enfermer dans un parc d'oſier avec ceux de ſon âge , de peur qu'il ne maigriſſe comme les enfans par trop de pétulance. Il faut auſſi avoir ſoin que les plus jeunes agneaux ſoient ſéparés des plus forts , parce que ceux qui ſont déja robuſtes tourmentent ceux qui ſont encore foibles : mais il ſuffit de faire cette ſéparation le matin avant que le troupeau ſorte pour aller paître , car on pourra à l'entrée de la nuit , & lorſque les brebis feront de retour après s'être bien raſſaſiées , mettre les agneaux pêle-mêle avec elles. Lorſqu'ils commenceront à être forts , on les nourrira dans l'étable avec du cytiſe ou de la luzerne , & même avec du ſon par la ſuite , ou de la farine d'orge & d'ers , ſi la cherté de ces grains n'y met point d'obſtacle : après quoi , lorſqu'ils auront pris toute leur force , il faudra mener les meres vers le midi dans des prés ou ſur des jacheres contiguës à la Métairie , & faire ſortir les agneaux de leur enclos , afin qu'ils apprennent à paître au-dehors. Quant au genre de fourage qui leur convient , nous obſerverons , ſoit en rappellant ce que nous avons dit précédemment, ſoit en y ajoutant les choſes

que

que nous pouvons avoir omises alors, que les
herbes qui leur sont les plus agréables, sont celles qui viennent dans les campagnes qui ont reçu
le premier labour à la charrue, qu'après elles, ce
sont celles des prés qui ne sont pas trop humides,
& qu'enfin celles des marais & des forêts passent
pour être les moins bonnes. Il n'y a pas cependant
de fourages ni même de pacages, si agréables qu'ils
puissent être, qui ne cessent à la longue de plaire aux brebis, à moins que le Pâtre ne prévienne
le dégoût qu'ils en prennent en leur donnant du
sel : on met ce sel dans des auges de bois pendant
l'Eté, afin qu'elles aillent le lécher au retour de
la pâture, & qu'il serve comme d'assaisonnement
à leur fourage, pour exciter en elles une ardeur
égale tant pour boire que pour paître. On sub-
vient d'un autre côté à la disette de l'Hiver en
remplissant les crèches des bergeries de nourriture :
car on peut y mettre très à propos soit des
feuilles d'orme ou de frêne, soit du foin d'Automne que l'on appelle *cordum*, parce que ce
foin est plus mollet & dès-là même plus agréable que celui qui est cueilli dans son temps. On
les nourrit aussi très-bien de cythise & de vesce
cultivée. Il faut cependant être aussi pourvu de
paille de légumes, pour les cas où toutes les autres
nourritures viendront à manquer. Car si l'on vouloit s'en tenir à ne leur donner que de l'orge,
ou des fèves broyées avec leur cosse, ou de la
gesse, ce seroit une trop grande dépense, pour

Tome IV.   B

pouvoir y subvenir dans le voisinage des villes sans qu'il en coûtât énormément, quoique ces graines seront sans contredit ce qu'il y aura de mieux à leur donner, dans le cas où leur bon marché le permettra. Quant aux temps auxquels il faut les mener paître ou boire, je suis du sentiment de Maron, lorsqu'il dit (11) : *Au lever de la Constellation de Lucifer (12), menons le matin les troupeaux brouter les campagnes encore fraîches, dans le temps que les herbes sont blanchies par la gelée, & que la rosée qui est très agréable au bétail couvre l'herbe tendre. Ensuite, lorsque la quatrieme heure du jour leur fera sentir la soif, conduisons les à des puits ou vers des étangs profonds; menons-les au milieu du jour soit dans des vallées, comme dit le même Poëte, où des chênes élevés (dont le bois sera consacré depuis longtemps à Jupiter (13)) étendront au loin leurs branches, soit dans des forêts qu'une quantité d'yeuses, dont l'ombre sacrée invite à se reposer, rend impénétrables à la lumiere;* lorsqu'ensuite la chaleur sera tombée, menons-les boire une seconde fois, pour les faire paître de nouveau *vers le coucher du Soleil, lorsque la fraîcheur du Vesper (11) aura tempéré l'air, & que*

---

(11) Voy. la Note 15 de la Préf. Liv. III. des Géorg.

(12) Voy. la Note 18 du Chap. V. de l'Economie rurale de Varron, Liv. III.

(13) Voy. la Note 1 du Chap. CXXXI. de l'Economie rurale de Caton.

la nuit en amenant la rosée commencera à refaire les forêts. Mais il faut observer en Eté, pendant le lever de la Canicule, de conduire le troupeau avant Midi la tête tournée à l'Occident, en le faisant avancer vers ce point du monde, & l'après-midi vers l'Orient : car il est très-important que la tête des brebis ne soit point alors en face du Soleil pendant qu'elles broutent, parce que cette Constellation est ordinairement pernicieuse aux animaux à son lever. On les retiendra pendant les matinées d'Hiver & de Printemps dans leurs enclos, jusqu'à ce que le Soleil ait essuié la gelée blanche des campagnes, parce que l'herbe couverte de rosée occasionne dans ces saisons des fluxions aux bestiaux & leur lâche le ventre. C'est pour cela aussi qu'il ne faut les laisser boire qu'une seule fois dans les temps de l'année froids & humides. Outre cela celui qui suit le troupeau doit avoir l'œil de tous côtés, être vigilant (précepte applicable en général à tous ceux qui gardent des bestiaux, de telle espece qu'ils soient) & le gouverner avec beaucoup de douceur. Il doit plutôt avoir l'air d'un conducteur que d'un maître, & se contenter de menacer les brebis avec la voix & la houlette, quand il s'agit de les rassembler & de les faire rentrer, sans jamais lancer de traits contre elles, sans s'écarter à une trop grande distance d'elles, & sans se coucher ni s'asseoir à terre ; il doit au contraire, lorsqu'il ne marche pas, se tenir debout, parce que le devoir d'un gardien est d'avoir

B ij

les yeux postés, pour ainsi dire , sur une guérite
très-élevée, pour empêcher de s'écarter des autres
ou celles qui sont paresseuses & pleines, lorsqu'elles s'arrêtent , ou celles qui sont agiles & qui ont
mis bas , lorsqu'elles vont trop vîte , de peur
qu'un voleur ou une bête féroce ne vienne à le
tromper & à lui faire prendre le change. Mais
tous ces préceptes sont généraux & conviennent
presque à toutes les especes de brebis , au lieu
que nous en allons donner de particuliers pour les
especes distinguées.

CHAPITRE IV.

IL est rarement avantageux d'avoir des brebis
Greques , que l'on appelle communément brebis
de Tarentum, à moins que le Propriétaire ne soit
dans le cas d'avoir continuellement l'œil sur elles,
parce que ce bétail demande de plus grands soins
& plus de nourriture que les autres. Car si les bestiaux qui portent laine sont en général plus délicats
que les autres , celui de Tarentum l'est encore plus
particuliérement , parce qu'il ne peut supporter aucune sorte de négligence & encore moins de lésine ,
soit de la part du Propriétaire, soit de la part de
l'Intendant du troupeau, comme il ne peut pas non
plus se faire au chaud ni au froid. Il prend le plus
souvent sa nourriture à l'étable & rarement au-

dehors, & il lui en faut une très-grande quantité, de sorte que si le Métayer lui en souftrait une portion par fraude, le défaftre se met bientôt dans le troupeau. Il suffit de mettre dans les crèches de ces animaux, pendant l'Hiver, trois *sextarii* d'orge pour chaque tête, ou quatre *sextarii* soit de fèves broyées avec leur cofle, soit de gefle, en leur donnant par-dessus du feuillage sec, ou de la luzerne tant seche que verte, ou du cythise, ou même sept livres de regain, ou de la paille de légumes en abondance. Il ne peut y avoir qu'un très-petit profit à retirer de ce bétail sur la vente des agneaux, & il n'y en a aucun à faire sur le lait, parce qu'on tue communément les agneaux, que l'on ne doit pas garder, très-peu de jours après leur naissance, sans attendre qu'ils soient faits, & que l'on en donne d'autres à allaiter aux meres qu'on a privées des leurs propres. Mais on ne donne qu'un agneau à deux nourrices, sans le fruftrer de la moindre portion de leur lait, afin que s'en raflafiant davantage, il se fortifie promptement, & que la brebis qui aura agnelé, ayant une nourrice aflociée avec elle, ait moins de peine à élever son agneau. Aussi faut-il obferver avec très-grande attention de préfenter tous les jours à ces agneaux le pis de leurs meres, ainsi que celui de ces meres étrangeres, qui, n'ayant point pour eux l'affection maternelle, ne chercheroient point à le leur préfenter. Il faut élever plus de mâles dans ces sortes de troupeaux que dans ceux de brebis à laine grossiere, parce qu'on les châtre avant qu'ils puissent couvrir les femelles, dès qu'ils ont deux ans passés, & qu'on les tue pour vendre leurs peaux à des Marchands qui les paient beaucoup plus cher que toutes les autres toisons, vû la beauté de la laine dont elles sont couvertes. Souvenons-nous de faire paître les brebis Greques dans des campagnes libres, & qui ne soient embarrassées ni par des arbrisseaux ni par des buissons, de peur que (comme je l'ai dit ci-dessus (1)) leur laine ou leur couverture ne soit accrochée. Elles demandent les plus grands soins à la maison, mais elles n'en demandent pas moins au-dehors, quoiqu'on ne les mene pas paître tous les jours. Car il faut les découvrir souvent pour les rafraîchir, leur éplucher fréquemment la laine, & l'arroser de vin & d'huile; quelquefois même il faut la laver entiérement, lorsque le temps est assez beau pour permettre cette opération, qu'il suffira néanmoins de faire trois fois l'an. Il faut encore nettoyer souvent leurs Bergeries, de façon qu'elles soient toujours propres, & en balayer toute l'humidité occasionnée par leur urine : il sera aisé de les tenir séches au moyen de planches percées dont elles seront parquetées, & sur lesquelles le troupeau se couchera. Il faut non-seulement purger

____

(1) Dans le Chap. précédent.

leur habitation de la boue ou du fumier, mais encore des serpens venimeux. A cet effet (2), sachez qu'il faut brûler du cedre odoriférant dans les étables, & tourmenter les serpens vénimeux par l'odeur du galbanum brûlé. Souvent des viperes dont le tact est dangereux, se sont trouvées cachées sous des crêches que l'on n'avoit jamais déplacées, & se sont enfuies d'effroi en voyant la lumiere ; souvent des couleuvres se sont habituées à fixer leur séjour dans une étable : dans l'un & l'autre cas, *pâtre*, *ramassez des pierres*, comme le prescrit le même Auteur (2), *ou prenez un bâton de robre*, & *écrasez ces animaux, au moment qu'ils vous menacent le plus, en gonflant leurs cols & en faisant entendre leurs sifflemens*, ou pour prévenir les dangers que l'on court soi-même, lorsqu'on est contraint d'en venir à cette extrémité, brûlez souvent des cheveux de femme ou de la corne de cerf, dont l'odeur est excellente pour chasser ces sortes d'animaux pestilentiels des étables. On ne peut fixer pour la tonte un temps certain, & qui soit le même pour toutes les contrées, parce que l'Eté n'est pas également tardif ni également hâtif dans tous les pays ; ainsi la meilleure méthode est d'examiner les temps dans lesquels les brebis ne seront exposées à souffrir ni du froid lorsqu'on les aura tondues, ni du chaud lorsqu'elles auront encore leur laine. Au surplus, en tel temps qu'une brebis ait été ton-

____

(1) Citation de Virgile, Liv. III. des Géorg.

due, il faudra la frotter avec la composition suivante : on mêlera ensemble à doses égales du
bouillon de lupins, de la lie de vieux vin & de
la lie d'huile, & lorsque la brebis sera tondue, on
l'arrosera de ce mêlange de liqueurs; quand son
dos, que l'on frottera bien pendant trois jours, en
aura été bien imbibé, on la menera le quatrieme jour au bord de la mer, si elle est dans le voisinage, pour l'y plonger, mais si la mer est éloignée, on mettra du sel dans de l'eau de pluie
qu'on laissera à l'air jusqu'à ce qu'elle en soit
bien impregnée, après quoi on s'en servira pour
laver le troupeau. Celsus (3) assure qu'en prenant
toutes ces précautions, ce bétail ne peut pas devenir galleux de l'année; mais un fait qui n'est point
douteux, c'est que sa laine reviendra plus douce
& plus longue qu'elle ne l'étoit auparavant.

CHAPITRE V.

COMME nous avons passé en revue les soins &
les attentions que demandent les brebis qui se
portent bien, nous allons prescrire à présent la
façon dont on doit soulager celles qui sont défec-
tueuses ou malades, quoique presque toute cette
partie-ci de ce traité ait déja été epuisée, lors-

(3) Voy. la Note 32 du Chap. I. Liv. I.

que nous avons donné dans le premier Livre (1)
la façon de traiter les grands bestiaux : en effet,
comme la constitution du corps est presque la
même dans les petits quadrupedes que dans les
grands, il y a très-peu de différences à remarquer
dans leurs maladies comme dans les remedes
qu'on y applique, encore même ces différences
sont-elles légeres ; néanmoins, si légeres qu'elles
soient, nous ne les passerons point sous silence. Si
un troupeau entier est malade, il faut, conformément à ce que nous avons ordonné ci-dessus (2),
& que nous croyons devoir répéter de nouveau
(parce que nous pensons que cette méthode est
très-salutaire), changer dans ce cas là les pâturages
& l'aiguade de toute la contrée, & chercher un autre climat (car c'est le remede le plus efficace);
mais il faudra avoir soin en faisant cette mutation
de choisir des campagnes couvertes d'arbres, si la
maladie a été occasionnée par la chaleur & par
l'ardeur du Soleil, & des lieux exposés au Soleil,
si c'est le froid qui l'a occasionnée. On aura soin
de conduire le troupeau doucement & sans le trop
harceler, pour ne pas augmenter sa foiblesse par la
fatigue d'un long chemin, quoiqu'il ne faudra
pas non plus le conduire absolument avec lenteur,
ni sans le presser en aucune maniere, parce que,
s'il n'est pas expédient de trop émouvoir les bê-

---

(1) Voy. la Note 7 du Chap. précédent.
(2) Dans le Chap. V. du Liv. VI.

tes déja fatiguées par la maladie, & de leur diſtendre les membres, il eſt utile d'un autre côté de les exercer modérément & de les réveiller, pour ainſi dire, de leur aſſoupiſſement, ſans permettre qu'elles tombent dans l'engourdiſſement & meurent en léthargie. Lorſqu'enſuite le troupeau ſera arrivé à ſa deſtination, on l'y diſtribuera aux colons du pays par petits pelotons : en effet, il ſe portera mieux étant ainſi diviſé que s'il étoit entier, ſoit parce que l'air de la maladie elle-même ſera moins contagieux dans un plus petit nombre de bêtes, ſoit parce qu'on trouvera plus de facilités à donner ſes ſoins à un troupeau dès qu'il ſera moins nombreux. Voilà donc ce que l'on aura à obſerver, ſi toutes les brebis généralement ſont malades, en y joignant les autres préceptes que nous avons détaillés dans le Livre précédent (pour ne pas répéter ici les mêmes choſes). Voici à préſent ce qu'il faudra obſerver, lorſqu'il n'y aura que quelques bêtes malades. Les brebis ſont infectées de la galle plus ſouvent que tout autre animal : cette maladie leur vient communément, comme dit notre Poëte (3), *lorſqu'une pluie froide les a pénétrées juſqu'aux os, & qu'elles ont été expoſées en Hiver aux gelées blanches*, lorſqu'après la tonte on n'a pas eu recours au remede que nous avons donné (4), lorſqu'on n'a

---

(3) Virgile, Liv. III. des Géorg.
(4) Dans le Chap. précédent.

pas lavé dans la mer ou dans une riviere la craſſe de leurs corps occaſionnée par les ſueurs de l'E-té, lorſqu'après la tonte du troupeau, on l'a ex-poſé à ſe bleſſer dans des buiſſons ſauvages & dans des épines, enfin lorſqu'on l'a mis dans des étables qui avoient ſervi précédemment à des mules, à des chevaux ou à des ânes : mais c'eſt ſur-tout le défaut de nourriture qui occaſionne cette maladie, en occaſionnant la maigreur dont elle eſt une ſuite. On s'apperçoit que cette mala-die commence à gagner ces animaux, lorſqu'ils ſe grattent & ſe mordent la partie malade, qu'ils y portent la corne ou le pied, & qu'ils la frottent contre un arbre ou contre les murailles. Auſſitôt donc que l'on voit une brebis occupée de ces petits maneges, il faut la prendre & écarter ſa laine pour examiner la peau de deſſous qui doit être rude & couverte d'une eſpece de craſſe. Il faut aller au-devant de cette maladie dès qu'elle commence à paroître, de peur qu'elle n'infecte tout le troupeau, & même promptement, d'autant que les brebis ſont ſujettes à la contagion, plus particuliérement encore que les autres beſtiaux. Or il y a pluſieurs remedes, que nous allons tous donner, non pas qu'il ſoit néceſſaire de les employer tous à la fois, mais parce qu'il y en a dans le nombre que l'on ne peut pas trouver ſous ſa main dans certaines contrées, & afin que ſur la quantité on puiſſe au moins en trouver quelqu'un par le moyen duquel on par-vienne à les guérir. D'abord on peut employer avec succès la composition que nous avons donnée plus haut (4), c'est-à-dire, un mèlange par portions égales de lie de vin , de lie d'huile & de bouillon de lupins , auquel on ajoutera de l'ellebore blanc pilé. Le jus de la ciguë verte peut aussi enlever cette maladie : on coupe à cet effet cette plante au Printemps , lorsqu'elle commence à être en tige , sans attendre qu'elle soit en graine , on la pile & on serre dans un vase de terre le jus que l'on en a exprimé , en y ajoutant un *sémodius* de sel rôti sur deux *urnæ* de jus. Lorsque cela est fait, on enduit le vase pour le bien boucher & on l'enfouit dans du fumier ; après quoi , ce médicament ayant été cuit pendant toute l'année par la vapeur du fumier , on l'en tire pour l'appliquer chaud sur la partie malade , après l'avoir grattée préalablement jusqu'au vif avec une brique rude ou avec la pierre ponce. On traite aussi la même maladie avec de l'huile cuite jusqu'à diminution des deux tiers , comme avec de vieille urine d'homme dans laquelle on plonge des tuiles ardentes. Mais il y a des personnes qui aiment mieux mettre cette urine sur le feu , pour la faire cuire jusqu'à diminution d'un cinquieme , avec pareille quantité de jus de ciguë verte , & qui y répandent ensuite de la poterie réduite en poudre , de la poix fondue & du sel rôti à la dose d'un *sextarius* chacun. Du souffre égrugé & de la poix fondue épaissis ensemble par portions égales à l'aide d'un feu lent , font aussi très-bien à cette maladie. Mais le Poëme des Géorgiques (5) assure qu'il n'y a point de meilleur remede *que de couper avec le fer l'extrémité des levres de chaque ulcere, parce que le virus subsiste & fait des progrès tant qu'il n'est pas à découvert.* C'est pourquoi il faut ouvrir les ulceres, & les traiter avec des médicamens, comme toute autre plaie. Il ajoute ensuite, avec non moins de prudence, que lorsque les brebis ont la fievre, il faut leur tirer du sang du talon ou d'entre les cornes du pied, d'autant qu'il a très-souvent (5) *été utile de prévenir le ravage que peuvent causer les feux qui s'allument dans leur corps, & de piquer entre les extrémités de leurs pieds, la veine dont le battement annonce une trop grande abondance de sang.* On leur tire encore du sang sous les yeux ainsi que des oreilles. Les cloux infectent aussi les brebis de deux manieres, soit lorsque l'on voit du pus & une entretaillure dans la séparation même de la corne du pied, soit lorsqu'il vient à s'y former une petite tumeur, vers le milieu de laquelle s'éleve un poil semblable à un poil de chien, & sous laquelle est renfermé un petit ver. Le pus & l'entretaillure disparoîtront, soit en les frottant simplement avec de la poix fondue, ou avec de l'alun & du souffre mêlés ensemble dans du vinaigre, ou avec de l'alun broyé avec une jeune grenade, dont les grains ne sont

---

(5) Virgile, Liv. III. des Géorg.

pas encore formés, & arrosé de vinaigre, soit en les saupoudrant de vert-de-gris, soit en appliquant dessus une noix de galle brûlée & pulvérisée dans du vin dur. Il faut cerner avec le fer la petite tumeur qui renferme un petit ver, mais en y apportant la plus grande précaution, de peur d'aller dans l'opération jusqu'au corps même de cet animal, parce que si on le blessoit, il jetteroit un jus vénimeux sur la plaie, qui deviendroit en conséquence si incurable, qu'il faudroit en venir par la suite à couper le pied de la brebis. Lorsqu'on aura cerné avec attention cette petite tumeur, on arrosera la plaie de suif fondu qu'on fera dégoutter d'une torche enflammée. Il faut traiter une brebis pulmonique de la même maniere qu'on traite une truie en pareil cas, c'est-à-dire, qu'il faut lui insérer dans l'oreille la racine que les Médecins Vétérinaires appellent *consiligo* (6) : nous en avons déja parlé (7), en donnant la méthode de traiter les grands bestiaux. Cette maladie vient communément à tous les quadrupedes en Eté, lorsque l'eau vient à leur manquer ; c'est pourquoi il faut les mettre à portée de boire copieusement pendant les chaleurs. Celsus (8) est d'avis que, lorsqu'une brebis a les poulmons attaqués, on lui donne autant de vinaigre fort qu'el-

---

(6) C'est-à-dire, *de la pommelle.*

(7) Dans le Chap. V. du Liv. VI.

(8) Voy. la Note 32 du Chap. I. Liv. I.

le en pourra supporter, ou qu'on lui verse, avec
une petite corne dans la narine gauche, la valeur
de trois *hemina* de vieille urine d'homme chaude,
& qu'on lui insere dans la gorge un *sextans* de
graisse de porc. La dartre vive, que les Pastres appellent *pusula*, est encore une maladie incurable :
effectivement, si on ne l'arrête pas dès qu'une des
bêtes du troupeau en sera atteinte, la contagion
qu'elle mettra dans le troupeau le fera périr en
entier, d'autant que ni les remedes ni le fer ne
peuvent en approcher, parce qu'elle s'irrite communément au moindre tact. Les seuls remedes
qu'elle admette sont les fomentations de lait
de chevre, dont tout l'effet ne consiste encore
qu'à tempérer la fureur de la maladie, en dif-
férant, plutôt qu'en empêchant la défaite totale
du troupeau. Mais Bolus de Mendesum, ce célebre Auteur Egyptien, dont les mensonges, auxquels les Grecs ont donné le nom d'ὑπομνήματα
(9), sont attribués faussement à Démocrite (10),
pense qu'il faut examiner souvent & avec attention le dos des brebis, pour voir si elles ne sont
pas attaquées de cette maladie, & que dès que
l'on en trouve une par hazard qui en est at-
taquée, le moyen d'en arrêter les progrès est
de faire sur le champ une fosse à la porte de l'é-

---

(9) Qui veut dire, *répertoires.*

(10) Voy. la Note 23 du Chap. I. de l'Economie rurale
de Varron, Liv. I.

table, d'y enterrer toute vivante & couchée sur le dos celle qui sera couverte de pustules, & de laisser aller tout le troupeau sur elle. On chasse la bile, qui n'est pas une maladie moins pernicieuse aux brebis en Eté, en leur faisant boire de vieille urine d'homme ; c'est encore le remede qu'on donne à ce bétail quand il a la jaunisse. Mais si une brebis est incommodée par la pituite, on lui insere dans les narines des tiges d'origan ou de cataire sauvage enveloppés dans de la laine, & on les y remue jusqu'à ce qu'elle ait éternué. Lorsque les brebis ont la jambe rompue, on les guérit en l'enveloppant de laine imbibée d'huile & de vin, & en attachant ensuite autour de la fracture des éclisses, comme on fait aux hommes en pareil cas. La renouée cause encore une maladie grave aux brebis : lorsqu'elles ont mangé de cette herbe, elles ont tout le ventre tendu, sont resserrées, & rendent par la gueule une espece d'écume légere qui est d'une très-mauvaise odeur. Il faut alors leur tirer promptement du sang sous la queue dans la partie voisine des fesses, ainsi que de la levre supérieure. Il faut inciser avec le fer les oreilles des brebis qui ont de la peine à respirer, & les faire changer de pays, pratique que nous croyons nécessaire dans toutes les maladies contagieuses. Il faut aussi secourir les agneaux, lorsqu'ils ont la fievre : on traira à cet effet des brebis à part, & on mêlera le lait qu'on leur aura tiré avec

pareille

pareille quantité d'eau de pluie pour le faire boire aux agneaux ; bien des gens les guérissent en ce cas avec du lait de chevres qu'ils leur versent dans le gosier avec une corne. Il y a aussi une maladie dartreuse, que les Pâtres appellent *ostigo*, qui est mortelle aux agneaux qui tettent. Elle leur arrive communément, de même qu'aux boucs, lorsque le Pâtre les a laissé sortir imprudemment, & qu'ils ont mangé de l'herbe qui étoit couverte de rosée, ce à quoi il ne faut point les exposer. Mais lorsqu'il sera arrivé qu'ils en auront mangé, & qu'ils auront en conséquence la gueule & les levres couvertes d'ulceres sales, comme s'ils étoient attaqués de la *pusula*, on y remédiera avec de l'hyssope & du sel broyés ensemble par portions égales, en frottant de cette composition le palais, la langue & toute la gueule de l'animal ; ensuite après avoir lavé les ulceres avec du vinaigre, on les enduira de poix fondue & de graisse de cochon. Quelques personnes aiment mieux mêler ensemble un tiers de vert-de-gris & deux tiers de vieux - oing pour employer ce médicament chaud ; d'autres nettoyent les ulceres & le palais avec des feuilles de cyprès broyées dans de l'eau. Nous avons déja donné la méthode de la castration (11), car cette opération ne se fait pas autrement aux agneaux qu'aux grands quadrupedes.

---

(11) Dans le Chap. XXVI. du Livre précédeut.

Tome IV. C

CHAPITRE VI.

COMME nous avons suffisamment parlé des brebis, nous allons à présent passer aux chevres. Ce genre de bétail recherche plus les lieux couverts de broffailles que les campagnes, & il s'accommode très-bien des lieux fauvages & des forêts pour fa pâture. En effet il n'a pas d'éloignement pour les buiffons, les épines ne lui déplaifent point, & il préfere même à tout les arbriffeaux & les taillis. Les arbriffeaux qui lui plaifent font l'arboufier, l'alaterne, le cytife fauvage, ainfi que les taillis d'yeufes & de chênes qui ne font point hauts. Un bouc paffe pour excellent, quand il a fous la machoire deux petites verrues qui lui pendent du col, le corps très-grand, les jambes épaiffes, le col plein & court, les oreilles tombantes & lourdes, la tête petite, le poil noir, dru, brillant & très-long : car on ne tond pas moins cet animal que la brebis, & (1) *on fe fert de fon poil dans les camps, comme pour treffer des voiles à l'ufage des miférables matelots.* Le bouc eft affez propre à la génération à l'âge de fept mois, puifqu'il eft fi peu retenu dans fa brutalité, qu'il viole fa mere dans le temps même qu'il la tette : auffi

---

(1) Citation de Virgile, Liv. III. des Géorg.

vieillit-il promptement & avant d'être parvenu
à l'âge de six ans, parce qu'il se trouve épuisé par
les plaisirs prématurés dont il a joui dès les premiers instans de son enfance. C'est pourquoi, pour
peu qu'il ait cinq ans, on le regarde comme peu
propre à couvrir les femelles. On approuve sur-
tout les chevres qui sont les plus ressemblantes
au bouc tel que nous l'avons dépeint, pourvu
qu'elles aient en outre le pis très-grand & beaucoup de lait. Nous acquerrons ce bétail sans cornes sous un climat tempéré, car il en a toujours
dans les climats orageux & pluvieux. Pour ceux
de ces animaux qui servent à propager le troupeau, il faut qu'ils soient sans cornes en tout
pays, parce que ceux qui en ont, sont communément dangereux par leur pétulance. Mais il
ne faut pas établer ce bétail au nombre de plus
de cent têtes, au lieu qu'on peut mettre jusqu'à
mil brebis dans une même étable, & qu'elles y
seront aussi commodément que si elles étoient en
plus petit nombre. Lorsque l'on commence à
former un troupeau de chevres, il vaut mieux
l'acheter en entier, que d'en prendre quelques-
unes par-ci par-là dans différens troupeaux, afin
qu'elles ne se séparent point par petits pelotons,
lorsqu'elles iront paître, qu'elles se tiennent tran-
quillement à l'étable ensemble, & qu'il regne
une plus grande union entre elles. Le chaud nuit
à la vérité à ce bétail, mais le froid lui est en-

core plus pernicieux, & sur-tout quand les chevres
sont pleines, parce que les gelées de l'Hiver détruisent leur fruit. Au reste le chaud & le froid ne
sont pas les seules causes de leur avortement, &
il est également à craindre lorsqu'elles viennent à
manger du gland sans s'en rassasier ; aussi ne doit-on
pas leur en laisser manger, à moins qu'on ne soit à
portée de leur en donner abondamment. Le temps
que nous prescrivons pour les faire couvrir, c'est
pendant l'Automne quelque temps avant le mois
de Décembre, afin qu'elles mettent bas à l'approche du Printemps, lorsque les arbrisseaux
commenceront à bourgeonner & que les forêts se
pareront de nouvelles feuilles. Il faut que le sol
de leur étable soit naturellement couvert de pierres ou pavé à la main, parce qu'on n'étend point
de litiere sous ces animaux : & un Pâtre attentif
aura soin de la balayer tous les jours, pour n'y
point laisser séjourner de crottes ni d'eau, & afin
d'éviter qu'il s'y forme de la fange, toutes choses
qui sont pernicieuses aux boucs. Quand les chevres
sont de bonne race, elles font souvent deux petits
à la fois & quelquefois trois : le pire qui puisse
arriver, c'est lorsque deux meres n'en font que
trois à elles deux. Lorsque les chevreaux sont
nés, on les éleve de la même maniere que les
agneaux, avec cette différence qu'il faut réprimer davantage leur pétulance, & la contenir
dans des bornes plus étroites. En outre, pour

leur procurer du lait en abondance , il faudra
leur donner de la graine d'orme, ou du cythise,
ou du lierre, ou même des cimes de lentisque
& d'autres feuillages légers. Mais , de deux ju-
meaux , on gardera pour entretenir le troupeau ,
celui qui paroîtra le plus robuste, & on vendra
l'autre aux marchands. Il ne faut pas donner le
bouc à des chevres qui n'àient qu'un an ou deux,
(quoiqu'elles soient en état de faire des petits à
l'un ou l'autre de ces âges) parce qu'on ne doit
pas en élever dont la mere ait moins de trois
ans : s'il arrive quelles en fassent à un an ,
on les leur ôtera au moment de leur naissance ,
au lieu qu'on leur laissera ceux qu'elles auront
mis bas à deux ans , jusqu'à ce qu'ils soient
bons à être vendus. Il ne faut pas non plus garder les meres passé l'âge de huit ans , parce
que la fatigue qu'elles éprouvent en mettant bas
souvent les rend stériles. Le maître du troupeau
doit être vif, dur, leste, très-laborieux , alerte ,
hardi & en état d'aller sans peine à travers les
rochers, les deserts & les buissons. Il ne doit pas
suivre le troupeau , comme font les Pâtres des
autres bestiaux, mais il doit communément le
précéder : c'est pour cela qu'il est nécessaire qu'il
soit très-leste. Quand les chevres paissent dans
des lieux couverts de broussailles , elles précédent toujours les boucs, mais il faut de temps en
temps les arrêter , de peur qu'elles ne courent
trop vite, afin qu'en paissant lentement & avec

tranquillité, leurs pis se grossissent & qu'elles ne soient pas trop décharnées.

CHAPITRE VII.

LORSQU'UNE maladie contagieuse doit affliger les autres especes de bestiaux, on les voit auparavant maigrir de langueur & de mal-aise, il n'y a que les chevres qui tombent tout-à-coup, dans le moment même qu'elles sont très-grasses & très-gaies, comme si un désastre général arrivoit à tout le troupeau ; c'est le plus ordinairement l'abondance des pâturages qui occasionne cet accident. C'est pourquoi, dès que la maladie pestilentielle en aura attaqué une ou deux, on leur tirera du sang à toutes, & on ne les laissera pas paître pendant toute la journée, mais on les renfermera dans leur étable pendant l'espace de quatre heures vers le milieu du jour. Si c'est, au contraire, une autre genre de maladie qui les tourmente, on les médicamentera avec un breuvage composé de roseaux & de racines d'épine blanche sauvage qu'on broyera avec des pilons de fer, & sur lesquelles on versera de l'eau de pluie, la seule qu'on leur donnera à boire. Si ces précautions ne chassent point la maladie, il faut les vendre, ou, si on ne peut pas même parvenir à s'en défaire, il faut les égorger & les saler. Ensuite on remontera an bout de quelque temps un autre troupeau, après avoir attendu néanmoins que le mauvais temps de l'année soit passé, c'est-à-dire, qu'il ne faudra le former qu'en Eté, si l'on est en Hiver, ou au Printemps, si l'on est en Automne. Mais lorsqu'il n'y en aura que quelques-unes de malades en particulier, on leur donnera à l'étable les mêmes remedes qu'aux brebis. Ainsi, quand l'eau aura boursoufflé leur peau, maladie que les Grecs appellent *ὕδρωπα*, on leur fera une ouverture légere à la peau sous l'épaule, pour donner un écoulement à l'humeur morbifique, après quoi on pansera la plaie occasionnée par l'opération avec de la poix fondue. Lorsqu'après avoir mis bas, elles auront les parties gonflées, ou que l'arriere-faix ne sera pas sorti heureusement, on leur versera dans la gorge un *sextarius* de vin cuit jusqu'à diminution de moitié, ou, si l'on n'en a point, une pareille mesure de bon vin, & on leur remplira les parties de cérat liquide. Mais pour ne pas entrer ici dans le détail de toutes les maladies auxquelles elles sont sujettes, nous dirons en général qu'il faut les traiter de la maniere que nous avons prescrite ci-dessus (1) pour les brebis.

---

(1) Dans le Chap. V.

CHAPITRE VIII.

IL ne faudra point non plus négliger de faire du fromage, sur-tout dans les cantons éloignés de tout, où l'on ne trouveroit point son avantage à porter le lait en nature (1). Si le fromage est fait avec une liqueur peu épaisse, il faudra le vendre le plutôt qu'il sera possible, & avant qu'il ait perdu le suc de la nouveauté, au lieu que s'il est fait avec une liqueur grasse & épaisse, on pourra le garder plus longtemps. Au reste on doit le faire avec du lait pur & très-nouveau : car lorsqu'on laisse reposer le lait ou qu'on le mêlange, il s'aigrit en peu de temps. On le fait communément cailler avec de la presure d'agneau ou de chevreau, quoiqu'on puisse également ment le faire avec de la fleur de chardon sauvage, ou de la graine du chardon appellé *cnecus*, de même qu'avec le lait que rend le figuier, lorsqu'on fait une incision à son écorce dans les parties où elle est verte. En général, le meilleur fromage est celui dans la composition duquel il entre le moins de drogues. Il faut pour un *sinus* de lait au moins la

---

(1) Effectivement on ne peut point trouver son avantage à porter le lait en nature, si ce n'est aux Villes dont on est fort près, puisqu'il s'aigriroit dans la route, au lieu que le fromage est plus aisé à transporter & à garder.

valeur d'un *denarius* d'argent pesant de présure,
& il n'est point douteux que le fromage que l'on
fait cailler avec de petites branches de figuier,
n'ait un goût très-agréable. Mais lorsque le vase
dans lequel on a tiré le lait est plein, il faut le
tenir dans un certain degré de chaleur, sans cependant le laisser trop près du feu, comme font
certaines personnes, mais en l'en approchant à
une certaine distance; & dès que le lait sera caillé,
on le tirera de ce vase pour le mettre soit sur de
petits paniers de jonc, soit dans des corbeilles ou
dans des moules, parce qu'il est très-important
de passer le petit lait dès le premier moment,
pour le séparer de la matiere coagulée. C'est pourquoi les Paysans n'attendent point qu'il se soit
égoutté de lui-même, ce qu'il ne feroit que lentement (2), mais dès que le fromage est devenu un peu ferme, ils le chargent de poids pour
en exprimer le petit lait. Quand cela est fait, on
retire le fromage des moules ou des corbeilles,
pour l'arranger aussitôt dans un lieu frais & ombragé sur des tablettes très-propres, afin qu'il ne
puisse pas se gâter; après quoi on le saupoudre de
sel égrugé, afin que toute la liqueur acide qu'il
contient se seche, & lorsqu'il est bien raffermi, on

---

(1) Effectivement, lorsque le petit lait ne tombe que
goutte-à-goutte, il se trouve dans le fromage des endroits
où il en séjourne quelques parties, qui suffisent pour occasionner la putréfaction.

le comprime violemment pour le rendre encore plus compact, puis on répand deſſus du ſel rôti, & on le charge de poids pour le condenſer de plus en plus. Lorſqu'on a fait cette opération neuf jours de ſuite, on lave les fromages dans de l'eau douce, & on les arrange chacun à l'ombre ſur des claies, de façon qu'ils ne ſe touchent pas mutuellement, & qu'ils ſoient à portée de ſe ſécher tant ſoit peu; après quoi, pour qu'ils ſe conſervent plus tendres, on les entaſſe ſur différens planchers dans un lieu clôs & qui ne ſoit point expoſé aux vents: avec ces précautions, le fromage ne ſe remplit pas d'yeux & ne devient ni trop ſalé ni trop dur. Le premier de ces trois défauts arrive communément lorſqu'il n'a pas été aſſez comprimé, le ſecond lorſqu'il a été trop ſalé, & le troiſieme lorſqu'il a été brûlé par le Soleil. On peut tranſporter le fromage fait de cette façon même au-delà des mers: car pour celui qu'on doit conſommer dans ſa nouveauté ſous peu de jours, on le fait avec de moindres apprêts, puiſqu'après l'avoir retiré des paniers de joncs, on ſe contente de le tremper dans du ſel ou dans de la ſaumure, & de le faire enſuite un peu ſécher au Soleil. Quelques-uns, avant d'aſſujettir les beſtiaux dans des carcans pour les traire, mettent au fond du vaſe dans lequel ils doivent tirer le lait, des pignons verts ſur leſquels ils le tirent, & qu'ils n'ôtent que lorſqu'ils transferent ſur des moules la matiere coagulée. D'autres broyent les coques même de ces pignons verts, & les mettent dans le lait pendant qu'il caille. Il y en a qui font coaguler avec le lait du thim broyé & passé par un crible. On peut par la même méthode lui donner tel goût que l'on veut, en y ajoutant des ingrédiens pris à son choix. Tout le monde connoît la maniere de faire le fromage que nous appellons *manu pressum* (3). Car dès que le lait est un peu caillé dans le vase où on l'a tiré, on le coupe pendant qu'il est encore tiede, & après avoir versé de l'eau bouillante par-dessus, on le figure à la main, ou bien on le met dans des moules de bois, afin qu'il en prenne la forme. Le fromage bien impregné de saumure n'est pas d'un mauvais goût, quand on l'a coloré par la suite avec de la fumée de bois de prunier-pomme ou de chaume. Mais revenons à présent aux animaux dont cette digression nous a écartés.

CHAPITRE IX.

En tel genre de quadrupede que ce soit, on choisit avec attention l'espece du mâle, parce que la progéniture est plus souvent ressemblante au pere qu'à la mere. C'est pour cela que, lorsqu'il est ques-

______

(3) C'est-à-dire, *pressé à la main.*

tion de porcs, on approuve les mâles quand ils
sont remarquables par la grosseur générale de leur
corps, pourvu cependant qu'ils l'aient plutôt quarré
ou rond que long, quand ils ont le ventre bas, les
fesses vastes, les jambes & la corne du pied moins
longues à proportion que le reste du corps, le
col ample & plein de glandes, le grouin court
& camus. Mais ce qui est le plus essentiel pour
l'objet qu'on se propose, c'est que les mâles soient
très-enclins à la volupté; ils engendrent très-bien
pour peu qu'ils aient un an & jusqu'à ce qu'ils
en aient quatre, quoiqu'ils puissent couvrir les
femelles même à six mois. Les truies sont dans
le cas d'être approuvées, lorsqu'elles ont la taille
très-longue, & qu'elles ressemblent pour le surplus des membres aux verrats que nous venons de
décrire. Si le pays, où l'on est, est froid & sujet aux
brouillards, on choisira le troupeau dont la soie sera
la plus dure, la plus fournie & la plus noire. S'il
est tempéré & exposé au Soleil, on pourra nourrir
des porcs pelés, ou même des porcs blancs, tels
qu'en ont ordinairement les Boulangers. La truie
passe pour être en état de cochonner jusqu'à sept
ans; mais plus elle est féconde, plutôt elle vieil-
lit. Quand elle a un an, elle conçoit assez bien;
mais il faut qu'elle soit couverte au mois de Février, afin qu'ayant porté quatre mois elle co-
chonne au cinquieme, & dans un temps où les herbes seront deja fortes, parce que les porcs trouveront moyennant cela un lait qui sera bien à

son point de maturité , & que dès qu'ils cesse-
ront de tetter , ils pourront se nourrir de paille
ainsi que de la graine qui viendra à tomber des
légumes. C'est ainsi qu'on le pratique dans les
cantons éloignés de tout , où l'on n'a point d'autre utilité en vue que celle de peupler le troupeau ; car pour les pays voisins des villes , il faut
y vendre les cochons de lait , moyennant quoi les
meres n'ayant point la peine de les élever , donneront plutôt de secondes ventrées , & cochonneront
par conséquent deux fois par an. Lorsque les mâles
ont commencé à couvrir les femelles dès l'âge
de six mois , ou qu'ils ont souvent travaillé à cette besogne , il faut les châtrer à trois ou quatre
ans , afin de pouvoir les engraisser. On applique
aussi le fer à la matrice des femelles , & on en bouche le passage par cette opération , afin qu'elles
ne puissent pas engendrer ; mais je ne vois pas la
raison qui peut porter à faire cette opération , si
ce n'est la disette de nourriture où l'on peut être ,
puisque quand on a de la pâture en abondance ,
il est toujours plus avantageux de se procurer des
ventrées. Ce bétail s'accommode de toute sorte
de campagnes , telle qu'en soit la situation. En effet il profite aussi bien sur les montagnes que
dans les champs , & mieux néanmoins dans les
terres marécageuses , que dans celles qui sont seches. Les forêts lui sont aussi très - convenables ,
lorsqu'elles sont couvertes de chênes , de lieges ,
de hêtres , de *cerri* , d'yeuses , d'oliviers sauvages ,

de tamaris, de coudriers & d'arbres à fruits sauvages, tels que l'épine blanche sauvage, le carougier, le génévrier, le micacoulier, le pin,
le cornouiller, l'arbousier, le prunier, le paliure
& les poiriers sauvages, parce que ces fruits
mûrissant en divers temps, sont suffisans pour rassasier le troupeau toute l'année. Mais si l'on
manque d'arbres, on s'attachera aux pâturages
des champs, en donnant la préférence à ceux qui
seront limoneux sur ceux qui seront secs, tant
afin que ces animaux puissent fouiller dans les
marais pour y déterrer des vers, & se veautrer
dans la boue, qui est une chose délicieuse pour
eux, qu'afin qu'ils puissent avoir de l'eau à discrétion, parce qu'il est très-utile qu'elle ne leur
manque pas sur-tout pendant l'Eté, & qu'ils soient
à portée d'arracher de terre les petites racines
des forêts aquatiques qui sont de leur goût, telles que celles du jonc d'eau, celles du jonc ordinaire & celles du roseau dégénéré, que le vulgaire
appelle *canna*. Les truies engraissent aussi dans les
champs cultivés, pourvu qu'ils soient couverts
d'herbes & plantés d'arbres à fruits de différentes
especes, afin qu'elles puissent y trouver dans les
divers temps de l'année des pommes, des prunes, des poires, des noix de toutes formes & des
figues. Mais en telle abondance que soient ces
fruits, il ne faudra pas épargner pour cela les
greniers, & on aura soin de leur donner de la pâture à la main, lorsqu'il en manquera au-dehors.

C'est pourquoi on serrera à cet effet beaucoup de gland, qu'on plongera dans des réservoirs d'eau, ou qu'on fera sécher sur des planchers à la fumée. Il faut aussi leur donner la facilité de se nourrir de fèves & d'autres légumes semblables, lorsque le bon marché de ces denrées le permettra, & principalement au Printemps pendant que les pâturages verts seront encore en lait, attendu qu'ils sont communément mal sains pour les truies dans ce temps-là. C'est pourquoi, avant de les mener le matin à la pâture, on les sustentera avec des nourritures dont on aura fait provision, de peur que si elles mangeoient des herbes non mûres, ces herbes ne leur lâchassent le ventre & ne les fissent maigrir par leur poison. Il ne faut pas non plus les renfermer toutes ensemble comme les autres troupeaux, mais on fera des toîts le long d'une gallerie, dans lesquels on les renfermera quand elles auront mis bas, ou même quand elles seront pleines. En effet, si elles étoient renfermées comme tous les autres bestiaux par bandes & pêle-mêle, elles se veautreroient plus communément encore que les autres animaux les unes sur les autres, & se feroient avorter. C'est pourquoi il faut, comme je l'ai dit, construire des toîts attenant les murailles, lesquelles auront quatre pieds de hauteur, de peur que la truie ne puisse en franchir la clôture. On ne doit pas non plus faire de couverture à ces toîts, de maniere que le gardien ne puisse pas faire la revue des pourceaux par en-haut, & retirer de-dessous les meres ceux qu'elles pourront avoir étouffés en se veautrant sur eux. Ce gardien doit être vigilant, diligent, industrieux, soigneux. Il faut qu'il ait présentes à la mémoire toutes les truies qu'il a à nourrir, tant celles qui ont déja porté que les jeunes, afin de discerner la ventrée de chacune. Il aura toujours les yeux sur celles qui seront pleines, & les renfermera dans leur toît, afin qu'elles y cochonnent. Dès qu'elles auront cochonné, il fera attention au nombre & à la qualité des pourceaux qui seront nés, & veillera sur-tout à ce qu'aucun ne soit élevé par une autre nourrice que sa mere : car dès que les pourceaux viennent à sortir de leur toît, ils se confondent aisément les uns avec les autres, & lorsque la truie est couchée, elle présente indifféremment son pis au pourceau d'une autre mere comme au sien propre. C'est pourquoi la principale fonction de celui qui prend soin de ces bêtes, est de les renfermer chacune avec leurs petits. S'il n'a pas la mémoire assez sûre pour reconnoître les petits de chaque truie, il leur fera sur le corps avec de la poix fondue une marque distinctive, qui sera la même tant pour la mere que pour les petits, afin de reconnoître chaque ventrée ainsi que la mere soit à une lettre, soit à une autre marque semblable. Car lorsqu'on à un grand nombre de truies, il faut que le gardien emploie différentes marques, de peur qu'il ne vienne à les confondre

faute

faute de mémoire. Cependant comme cette opération paroît être d'une exécution difficile dans des troupeaux nombreux, il sera plus commode de construire les toîts de telle façon, que la porte en soit placée à une certaine hauteur, pour que la mere puisse passer par cette porte, sans que les cochons de lait puissent la franchir. Moyennant cette précaution, il ne se glissera pas de pourceaux étrangers dans aucun toît, & chaque ventrée attendra sa mere dans le sien. Une ventrée ne doit pas néanmoins excéder le nombre de huit têtes, non pas que j'ignore que la fécondité des truies peut en donner davantage, mais parce que celles à qui on en laisse élever un plus grand nombre cessent plutôt de porter. Il faut aussi sustenter avec de l'orge cuit celles auxquelles on laisse leurs petits, de peur qu'elles ne tombent dans une maigreur extrême, qui pourroit être suivie de quelque maladie. Celui qui prendra soin des porcs balaiera souvent leur cour, s'il se pique d'être attentif à son devoir, & encore plus souvent leurs toîts: car quoique cet animal soit mal-propre quand il est à paître, il veut cependant que sa retraite soit très-propre. Voilà à peu près la façon de tenir les porcs quand ils se portent bien.

CHAPITRE X.

L'ORDRE nous conduit à parler des soins qu'il
en faut prendre lorsqu'ils sont malades. On reconnoît que les truies ont la fievre, lorsqu'elles
portent la tête de travers & inclinée vers la terre, lorsqu'après avoir couru un certain temps,
elles s'arrêtent tout-à-coup au milieu des pâturages, & qu'étourdies par une espece de vertige
qui leur prend, elles tombent à terre. Il faut
remarquer de quel côté panche leur tête, pour
leur tirer du sang de l'oreille opposée. On ouvrira aussi, à la distance de deux doigts des fesses,
une veine assez grosse qu'elles ont sous la queue,
après l'avoir néanmoins fouettée avec des sarmens,
pour n'y introduire le fer que lorsque les coups
de verges l'auront suffisamment gonflée : la saignée faite, on bandera la plaie avec de l'écorce
de saule ou même d'orme. A la suite de cette
opération, on retiendra l'animal dans son toit pendant l'espace d'un ou deux jours, & on lui donnera de l'eau tiede autant qu'il en voudra, avec un
sextarius de farine d'orge. Lorsque les porcs ont
les écrouelles, on leur tire du sang sous la langue; & après cette saignée, on leur frotte tout
le grouin avec du sel égrugé & de la farine de
froment. Quelques personnes s'imaginent que

c'eſt un remede plus efficace de leur faire prendre avec une corne trois *cyathi* de *Garum* (1),
& de leur attacher au col des tiges de férule
fendues en deux & ſuſpendues avec un cordon de
lin, de façon qu'elles portent ſur leurs écrouelles.
On regarde auſſi comme un remede ſalutaire,
lorſqu'ils ont envie de vomir, la ſcieure d'yvoire
mêlée avec du ſel rôti & des fèves broyées en
farine bien menue, qu'on leur donne à jeun &
avant de les mener paître. Quelquefois auſſi tout
un troupeau de porcs eſt malade à la fois, de façon qu'ils maigriſſent, qu'ils ne prennent plus
de nourriture, & que, lorſqu'on les mene pâi-
tre, ils ſe veautrent au milieu de la campagne,
& paroiſſent oppreſſés par une eſpece de léthargie, qui les force à s'endormir au Soleil d'Eté.
Lorſque cet accident arrive, on renferme tout le
troupeau dans une étable couverte, & on l'empêche pendant toute une journée de boire & de
manger; le lendemain on broye de la racine de
concombre ſauvage, que l'on fait infuſer dans de
l'eau dont on fait boire aux porcs à leur ſoif; dès
qu'ils l'ont bûe, l'envie de vomir leur prend &
ils ſe purgent par le vomiſſement : quand ils ont
rendu toute la bile qu'ils avoient dans le corps,
on leur donne de la geſſe ou des fèves ſur leſquelles on verſe une ſaumure forte, après quoi
on leur permet de boire de l'eau chaude (com-

____

(1) Voy. la Note 2 du Chap. IX. Liv. VI.

me on fait aux hommes). Si la soif est pernicieuse en Eté à toute sorte de quadrupedes , elle
l'est encore plus aux porcs qu'à tout autre : c'est
pourquoi nous ne prescrivons point de les mener
deux fois par jour à l'eau, comme on y mene les
chevres ou les brebis , mais nous conseillons de
les tenir continuellement , autant que faire se
pourra, sur les bords d'un fleuve ou d'un étang
au lever de la Canicule, parce qu'il ne suffit pas
à ces animaux, qui sont très-chauds de leur nature , de boire l'eau , mais qu'il faut encore
qu'ils y plongent leur malpropreté, pour rafraîchir leur graisse ainsi que leur ventre disten-
du par la pâture dont il est plein , d'autant
que rien ne leur plaît autant que de se veautrer
dans des ruisseaux ou dans des lacs bourbeux. Si
la situation des lieux ne permet point de leur
procurer ces facilités, il faut au moins leur donner à boire de l'eau de puits , qu'on mettra
abondamment dans leurs auges, parce que , s'il
arrivoit qu'ils n'en eussent pas à discrétion , ils
deviendroient bientôt pulmoniques. On guérit
parfaitement cette maladie en leur insérant dans
les oreilles de la racine de pommelée, plante dont
nous avons déja parlé avec assez de détail en différentes occasions (2). Ils ont aussi coutume d'être
tourmentés par des douleurs de rate, parce que

(1) Dans les Chap. V & XIV. du Liv. VI, & dans le
Chap. V. de celui-ci.

ce viscere est sujet à se vitier chez eux, lorsqu'il survient une grande sécheresse & que, pour me servir du Poëme des Bucoliques (3), *les fruits sont épars à terre sous l'arbre qui les a produits.* En effet ce bétail étant insatiable, pour peu que les truies se soient livrées avec excès à la douceur de la pâture, elles sont tourmentées en Eté par un gonflement de rate. On y remédie en fabriquant des auges de tamaris & de houx frelon, qu'on remplit d'eau pour la leur présenter lorsqu'elles ont soif : en effet le suc de ces bois est médicinal (4) au point qu'étant ainsi filtré dans leur boisson, il arrête ce gonflement interne.

CHAPITRE XI.

ON a l'attention de ne châtrer ce bétail qu'en deux temps de l'année, sçavoir au Printemps & en Automne ; & il y a deux manieres de faire cette opération. La premiere est celle que nous avons déja donnée (1), & qui consiste à faire deux

---

(3) Virgile, Eglogue 7.

(4) Pline 24, 9, dit qu'on faisoit manger & boire les animaux & les hommes mêmes qui avoient mal à la rate, dans des vases faits de tamaris. Ce remede est assez semblable, n'en déplaise aux Médecins de l'Antiquité, au pain trempé dans du Vin, que prescrit Moliere pour faire parler les muets.

(1) Dans le Chap. XXVI. du Liv. VI.

ouvertures à l'effet de tirer un teſticule par chacune : l'autre eſt plus belle, quoique plus périlleuſe,
mais tel danger qu'il y ait à la faire, je ne la paſ-
ſerai pas ſous ſilence. Après avoir arraché un des
teſticules & l'avoir coupé avec le fer, on inſere le
biſtouri par cette premiere ouverture, & l'on in-
ciſe vers le milieu la peau qui ſert de cloiſon
aux deux teſticules, à l'effet d'arracher de même le ſecond teſticule avec les doigts qu'on à
ſoin de recourber, moyennant quoi on ne fait qu'u-
ne cicatrice, au panſement de laquelle on emploie
les remedes que nous avons enſeignés pour la premiere opération (1). Je ne crois pas non plus devoir paſſer ſous ſilence un article qui intéreſſe la
religion du Chef de famille. Il y a des truies qui
dévorent leurs petits : lorſque ce cas arrive, on ne
doit pas le regarder comme un prodige, parce que
ce ſont entre tous les beſtiaux ceux qui ſouffrent
le moins patiemment la faim, de façon qu'il
arrive quelquefois que, lorſque des truies manquent de pâture, non-ſeulement elles dévorent
les pourceaux de leurs pareilles (ſi on les laiſſe
faire) mais encore les leurs propres. J'ai traité
avec aſſez d'exactitude (ſi je ne me trompe) des
bêtes de ſomme & des autres beſtiaux, ainſi que
des maîtres de troupeaux, dont l'induſtrie s'occupe du ſoin de panſer & d'entretenir les quadrupedes, tant dans l'intérieur de la maiſon qu'au dehors.

CHAPITRE XII.

JE vais parler à présent, ainsi que je m'y suis engagé dans la premiere partie de ce traité (1), des gardiens muets du bétail, quoique ce soit à tort que l'on donne aux chiens le titre de gardiens muets. En effet, trouve-t-on des hommes qui avertissent de la présence d'une bête féroce, ou de celle d'un voleur d'une maniere plus intelligible ou avec des cris plus perçans, que ne le font ces animaux par leurs aboyemens? Y a-t-il des serviteurs plus attachés à leur maître, des compagnons plus fideles, des gardiens plus incorruptibles qu'eux? peut-on enfin trouver des sentinelles plus vigilantes, & des vengeurs ou des défenseurs plus courageux? Un Agriculteur doit donc se pourvoir d'un chien, & l'entretenir de préférence à tout autre animal, parce que ce sera lui qui gardera la Métairie, les fruits, les gens de la maison & les bestiaux. Il y a trois différentes méthodes à suivre dans l'acquisition comme dans l'entretien de cet animal, suivant les différens objets auxquels on le destine. En effet, il y a une espece de chien que l'on ne choisit que pour éventer les embuscades dressées par les hommes, & qui sert à garder la Mé-

____

(1) Dans le Chap. I. du Liv. VI.

D iv

tairie avec ſes dépendances ; au lieu que les chiens de la ſeconde eſpece ſont choiſis pour repouſſer les attaques des hommes ainſi que celles des bêtes féroces, de ſorte que ceux de cette ſeconde eſpece ne doivent pas moins avoir l'œil ſur les beſtiaux qui paiſſent au-dehors, que dans l'intérieur de la maiſon ſur les étables. Il en eſt une troiſieme eſpece, que l'on n'acquiert que pour la chaſſe, & qui non-ſeulement n'eſt d'aucune utilité à un Agriculteur, mais qui le détourne même de ſon travail & lui fait négliger ſes occupations. Il nous ſuffira donc de parler du chien des Métairies & de celui des Pâtres, puiſque le chien de chaſſe eſt un objet abſolument étranger à l'Art que nous profeſſons. Il faut choiſir pour la garde de la Métairie un chien d'une corporence très-ample, & dont l'aboyement ſoit étendu & ſonore, tant afin qu'il puiſſe épouvanter les malfaiteurs, d'abord par le bruit de ſes heurlemens & enſuite même par ſon aſpect, qu'afin qu'il puiſſe mettre en fuite ceux qui s'aviſeroient de tendre des embuches, quelquefois même avant d'en être apperçu & par la ſeule horreur qu'inſpireront ſes heurlemens. Il faut qu'il ſoit d'une ſeule couleur : on préférera la couleur blanche dans le chien du Pâtre, & la noire dans celui de la Métairie ; quant aux couleurs bigarrées, on ne les approuve ni dans l'un ni dans l'autre de ces animaux. Le Pâtre donne la préférence à la couleur blanche, parce qu'elle ne peut pas être confondue avec celle des

bêtes féroces : en effet, il est quelquefois très essentiel, lorsqu'il s'agit de repousser des loups pendant
l'obscurité du matin ou du soir, qu'il y ait une différence bien marquée entre la couleur du chien &
celle de ces bêtes, de peur que, si la blancheur
du chien ne le faisoit pas reconnoître, le Pâtre
ne vint à le frapper, croyant frapper un loup.
Pour le chien de la Métairie, que l'on oppose aux
attaques des hommes, il doit être noir, parce
que si le voleur vient en plein jour, l'aspect
de cet animal lui paroîtra d'autant plus terrible,
& que s'il vient de nuit, l'affinité de cette couleur avec les ténebres l'empêchera même de l'appercevoir, de sorte que l'animal échappant aux
yeux au milieu de l'obscurité, pourra s'approcher
avec plus de sureté de ceux qui se tiendroient
en embuscade. On approuve plutôt un chien
quarré qu'un chien long ou court, pourvu qu'il ait
la tête assez grosse pour qu'elle paroisse faire la
plus considérable partie de son corps, les oreilles
renversées & pendantes, les yeux noirs ou verdâtres & éclatans d'une lumiere vive, la poitrine
ample & bien garnie de poils, les épaules larges, les jambes épaisses & hérissées, la queue
courte, & enfin les pattes & les ongles très - larges, auquel cas on les appelle *dgawai*. Voilà la
figure du chien de Métairie la plus à desirer. Son
naturel ne doit être ni très doux ni au contraire farouche & cruel, parce que dans le premier
cas, il caresse tout le monde sans en excepter les

voleurs, & que dans le second cas il saute jusques sur les gens de la maison même. Il suffit qu'il soit sévere sans être caressant, & que son œil s'enflamme toujours contre les étrangers, & quelquefois même contre ses camarades de servitude (1). Les chiens doivent sur-tout se montrer vigilans en tout ce qui concerne la garde à laquelle ils sont commis : il ne faut pas qu'ils soient vagabonds, ils doivent au contraire être assidus & plutôt circonspects que téméraires, parce que lorsqu'ils sont circonspects, ils n'annoncent rien qu'ils ne soient certains d'avoir vu, au lieu que lorsqu'ils sont téméraires, il arrive souvent qu'ils prennent l'alerte sur de vains bruits & sur des soupçons mal fondés. J'ai cru devoir entrer dans ce détail par rapport à leurs qualités, parce que, comme la nature ne forme point seule les mœurs, à moins que l'éducation n'y soit jointe, il faut, lorsque nous serons dans le cas d'en acheter, que nous les choisissions tels que nous venons de les dépeindre, & que lorsque nous éleverons ceux qui seront nés chez nous, nous les formions d'après ces principes. Peu importe que les chiens de Métairies soient lourds de corps & peu légers à la course, parce que leur ministere s'exerce plutôt de près & dans le lieu même qu'ils occupent, que de loin & dans

---

(1) C'est-à-dire, contre les esclaves de la maison. Cette expression prouve jusqu'à quel point les Romains portoient le mépris pour les malheureux réduits à l'esclavage.

un champ spacieux. En effet, ils doivent toujours
rester autour de l'enclos & dans le bâtiment même , sans s'en écarter jamais à trop de distance.
Il leur suffit , pour bien remplir leurs fonctions,
de flairer avec sagacité ceux qui viennent dans
de mauvais desseins , de les épouvanter par
leur aboyement , & de ne s'en pas laisser trop
approcher ou de se jetter sur eux avec fureur,
au cas qu'ils s'obstinent à avancer, d'autant que
le premier devoir d'un chien est de ne point
se laisser attaquer , & le second de se ven-
ger avec courage & persévérance lorsqu'on l'aga-
ce. Voilà pour ce qui est des chiens qui gardent
la maison : voici ce qui concerne ceux des Pâtres.
Le chien destiné à garder le bétail ne doit être
ni aussi efflanqué ni aussi léger que celui qui est
destiné à courir après les daims, les cerfs & les
animaux les plus légers , comme il ne doit pas
non plus être aussi gras ni aussi lourd que celui
qui est destiné à garder la Métairie & les greniers; il faut néanmoins qu'il soit robuste & même prompt & dispos jusqu'à un certain point,
parce qu'on le prend autant pour attaquer & pour
se battre que pour courir , puisque sa destination est de repousser les embuches dressées par
les loups, de suivre ces animaux lorsqu'ils s'en-
fuyent avec leur proie & de la leur faire lâcher pour la rapporter. Aussi une taille longue
& élancée est-elle plus convenable à ce chien,
vu cette destination, qu'une taille courte ou mê-

me quarrée, parce que (comme je l'ai dit) il est souvent contraint par nécessité de poursuivre avec rapidité les bêtes féroces : au surplus on approuve ses membres, lorsqu'ils sont semblables à ceux du chien de la Métairie. Il faut donner à peu près la même nourriture à ces deux especes de chiens, c'est à-dire, que si l'on a des possessions assez étendues pour comporter plusieurs troupeaux de bestiaux, on pourra très-bien nourrir tous les chiens indistinctement avec de la farine d'orge trempée dans du petit lait, au lieu que si la terre que l'on possede est plantée en arbrisseaux & sans pâturages, on les nourrira de pain de bled & de froment, en y ajoutant cependant du bouillon de fèves qu'on leur donnera tiede, parce que s'il étoit bouillant, il leur donneroit la rage. Il ne faut permettre à ce quadrupede, tant mâle que femelle, de s'accoupler qu'au bout d'un an, parce que si on lui permettoit de le faire dans l'enfance, le plaisir, en lui affoiblissant le corps & en abattant ses forces, lui énerveroit le courage. On ôtera aux chiennes leur premiere portée, parce qu'une jeune chienne que l'on fait nourrir s'en acquitte toujours mal la premiere fois, & que ce travail l'empêche de prendre de l'accroissement dans sa stature. Les mâles engendrent vigoureusement jusqu'à dix ans, passé lequel temps, ils ne paroissent plus propres à cette fonction, parce qu'une race issue de vieux chiens est toujours lâche. Les femelles conçoivent jusqu'à neuf ans, & ne sont plus bonnes à rien paſſé dix ans. Il ne faut pas laiſſer ſortir les petits chiens pendant les ſix premiers mois qui ſuivent leur naiſſance , juſqu'à ce qu'ils ſe ſoient fortifiés, ſi ce n'eſt pour les laiſſer aller jouer & folâtrer auprès de leur mere : au bout de ce temps, il faut les enchaîner pendant le jour & les détacher pendant la nuit. On ne doit jamais ſouffrir que ceux dont on veut conſerver le naturel généreux, ſoient élevés par une autre nourrice que par celle qui leur a donné le jour, parce que le lait qu'ils puiſeront dans le ſein maternel, joint au courage perſonnel de leur mere , leur donnera toujours plus d'ardeur & fortifiera bien autrement leur corps , que ne pourroit faire celui d'une autre chienne. Si une chienne qui a fait des petits vient à manquer de lait , il conviendra de leur donner du lait de chevres préférablement à tout autre , juſqu'à ce qu'ils aient quatre mois. Il faut leur donner des noms qui ne ſoient pas trop longs à prononcer, afin qu'ils s'entendent plutôt appeller , quoiqu'il ne faille pas non plus leur en donner de trop courts ni qui aient moins de deux ſyllabes. Tels ſeront les mots Grecs σκύλαξ (3) & λάκων (4), & les mots Latins *ferox* (5) & *celer* (6) : tels ſeront encore

---

(3) Qui veut dire, *petit chien.*

(4) C'eſt-à-dire , *chien de Laconie.* Ils étoient fort eſtimés, Voy. l'Economie rurale de Varron , Liv. II. Chap. IX.

(5) C'eſt-à-dire , *fier.*

(6) C'eſt-à-dire, *léger à la courſe.*

pour les femelles les mots Grecs σπουδή (7), αλκή (8), ῥώμη (8), & les mots Latins *lupa* (9), *cerva* (10), *tigris* (11). On coupera la queue des petits chiens quarante jours après leur naissance de la maniere qui suit : on prend avec les dents le nerf qui traverse les jointures de l'épine du dos & qui s'étend jusqu'à l'extrémité de la queue, & après l'avoir un peu tiré à soi on le rompt : moyennant cette opération, la queue ne prend jamais une extension désagréable, & même (si l'on en croit un grand nombre de Pâtres) on préserve par là les chiens de la rage, qui est une maladie mortelle à cette espece de bête.

---

(7) C'est-à-dire, *prompte.*
(8) C'est-à-dire, *forte.*
(9) C'est-à-dire, *Louve.*
(10) C'est-à-dire, *Biche.*
(11) C'est-à-dire, *tigresse.*

CHAPITRE XIII.

IL arrive communément que les mouches ulcerent pendant l'Eté les oreilles des chiens, au point que ces animaux finissent souvent par les perdre absolument. Pour prévenir cet accident, il faut leur frotter les oreilles avec des amandes ameres pilées; mais si elles sont déja infectées par les ulceres, on distillera sur la plaie de la poix fondue cuite avec de la graisse de cochon. Les tiques tomberont aussi par l'application de ce médicament : car il ne faut pas les arracher avec la main, de peur d'occasionner des ulceres, comme je l'ai dit ci-dessus (1). On guérit un chien sujet aux puces, en le frottant soit de cumin broyé avec de l'ellebore blanc à doses égales & trempé dans l'eau, soit de jus de concombre sauvage, ou, à défaut de ces drogues, en lui versant de vieille lie d'huile sur tout le corps. S'il a la galle, on broye du cythise & du sesame en pareille quantité, pour en faire avec de la poix fondue un onguent dont on frotte la partie malade. On croit ce remede également

---

(1) Apparemment dans le Chap. V. en parlant de ce petit ver renfermé sous une tumeur qu'il a conseillé d'ôter aux brebis avec précaution, de peur de l'écraser.

bon pour les hommes. Lorsque cette maladie est très-violente, on la dissipe avec de la résine de cedre. Il faut traiter les autres maladies des chiens avec les méthodes que nous avons prescrites pour les autres animaux. Nous terminerons ici ce qui regarde le petit bétail, & nous donnerons dans le Volume suivant des préceptes sur les engrais que l'on fait dans l'intérieur des Métairies, ce qui comprendra tout ce qui est relatif aux soins qu'exigent les oiseaux, les poissons & les quadrupedes des forêts.

Fin du septieme Livre.

L'ÉCONOMIE RURALE

DE L. JUNIUS MODERATUS

COLUMELLE.

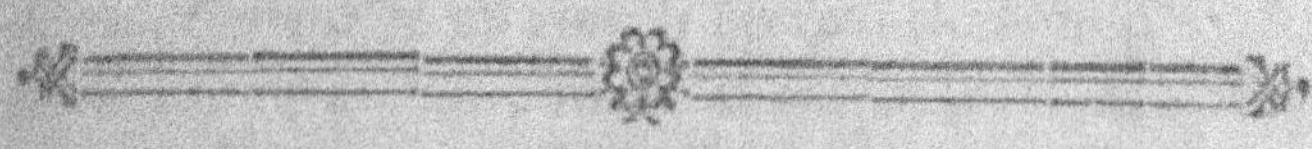

LIVRE HUITIEME.

CHAPITRE PREMIER.

Nous avons donné dans les sept premiers Livres, Publius Silvinus, à peu près tout ce qu'il falloit pour completer l'Art de faire valoir & de cultiver les terres, ainsi que ce qui concernoit la méthode de gouverner les bestiaux : si nous ajoutons à ce traité le huitieme Livre que voici,

c'est moins parce que les objets dont il y sera
question sont essentiellement & immédiatement
du ressort des gens de la campagne, que parce
qu'ils concernent une administration qui ne peut
avoir lieu que dans les campagnes ou dans les Métairies, & que les profits qu'elle rapporte tournent
plus à l'utilité des gens de la campagne qu'à celle
des habitans des villes. En effet, l'engrais des volailles, ainsi que celui des gibiers & des poissons
qu'on nourrit dans les Métairies, ne laisse pas que
de rapporter au cultivateur des profits considérables, de même que celui des bestiaux, tant parce
que la fiente d'une partie de ces animaux sert de
remede aux vignes qui sont trop maigres, ainsi
qu'à tous les arbres & aux terres labourables, que
parce que les éleves qu'il fait de la sorte fournissent non - seulement la cuisine de ses gens, mais
encore sa table même d'excellens mets, & qu'enfin
ils rehaussent le revenu de la Métairie par l'argent
qu'ils produisent à la vente. C'est pour cela que
j'ai cru devoir aussi traiter de ces autres nourritures. Or elles se font communément ou dans la
Métairie même, ou dans ses environs. Celles qui
se font dans la Métairie sont comprises sous
ce que les Grecs appellent des ὀρνιθῶνες (1) & des

---

(1) C'est-à-dire, *des volieres*, d'ὄρνις, qui veut dire *oiseau*.
Columelle applique cependant ce mot plus particuliérement
aux poulaillers, qu'aux volieres où sont renfermés les autres oiseaux.

περιστερεῶνες. (2) On y gouverne encore avec beaucoup de soin, lorsque l'on a de l'eau à sa disposition, des ἰχθυοτροφεῖα (3); ce sont, pour m'exprimer plutôt en Latin, comme les *stabula* (4) des oiseaux de basse-cour, & de ceux que l'on enferme dans des cabinets pour les engraisser, ou les *receptacula* (5) des animaux aquatiques. On place aussi autour des Métairies des μελισσῶνες (6), des χηνοτροφεῖα (7), & même on s'attache à y gouverner des λαγοτροφεῖα (8). Nous appellons encore tous ces différens lieux des *apiaria*, quand ils servent de retraites aux abeilles, des *aviaria*, quand ils en servent aux oiseaux aquatiques qui se plaisent dans les étangs & dans les réservoirs d'eau, ou enfin des *vivaria*, quand ils en servent aux bêtes fauves que l'on garde dans des bois clos.

---

(2) C'est-à-dire, *des colombiers*, de περιστερα, qui veut dire *colombe*.

(3) C'est-à-dire, *des viviers*, d'ἰχθύς, qui veut dire *poisson*, & τρέφω, qui veut dire *nourrir*.

(4) C'est-à-dire, *des étables*. Ce mot s'appliquoit en Latin à tout endroit qui servoit de retraite à tel genre d'animaux que ce fût.

(5) C'est-à-dire, *des asyles*.

(6) C'est-à-dire, *les endroits où sont les ruches*, de μέλισσα, qui veut dire *abeille*.

(7) C'est-à-dire, *les endroits où l'on nourrit les oies*, de χήν, qui veut dire *oie*, & τρέφω, qui veut dire *nourrir*.

(8) C'est-à-dire, *les parcs où l'on ne mettoit que des lievres* dans l'origine, de λαγώς, qui veut dire *lievre*, & τρέφω, qui veut dire *nourrir*, & où l'on mit par la suite de toutes sor-

CHAPITRE II.

JE commencerai donc par donner des préceptes de nourriture & d'éducation relatifs à toutes les volailles & à toutes les especes de gibier, qu'on éleve dans l'intérieur des Métairies. On peut à la vérité mettre en question si les gens de la campagne doivent avoir chez eux de toutes ces especes d'animaux; mais la question est résolue par rapport aux poules, & elles sont communément l'objet le plus habituel des soins que doivent prendre les Agriculteurs. On en compte de trois especes : les poules de basse-cour, les poules sauvages & celles d'Afrique. Les poules de basse-cour sont celles que l'on voit ordinairement dans presque toutes les Métairies. Les sauvages, qui leur ressemblent, sont celles que les Oiseleurs prennent à la chasse ; il s'en trouve beaucoup dans l'Isle de la mer de Ligurie, à laquelle les Matelots donnent le nom de *Gallinaria*, qui est précisément le nom de cet oiseau un peu allongé (1). Celles d'Afrique, que bien des gens appellent poules de Numidie, ressemblent aux poules Mé-

---

tes de bêtes fauves. Voy. le Chap. XII. du Liv. III. de l'Economie rurale de Varron.

(1) *Gallina* en Latin veut dire *poule*.

léagrides (2) , avec cette différence qu'elles ont la crête & la barbe rouge, au lieu que les Mé-léagrides (2) les ont bleues. Mais entre ces trois especes d'oiseaux, c'est proprement à ceux de basse-cour que l'on donne le nom de poules, lorsqu'ils sont femelles, celui de coqs, lorsqu'ils sont mâles, & celui de chapons, lorsqu'ils ne sont mâles qu'à demi; car c'est le nom qu'on leur donne lorsqu'on les a châtrés, pour éteindre absolument en eux tout penchant à la volupté. Au reste, on ne les réduit pas seulement à cet état en les privant des parties génitales, mais encore en leur brûlant simplement les ergots avec un fer chaud, après quoi, lorsque l'activité du feu les a consommés, on frotte avec de la terre à Potier la plaie qui résulte de cette opération, jusqu'à ce qu'elle soit parfaitement guérie. Il ne faut donc pas négliger le revenu que peuvent produire ces poules des Métairies , pour peu qu'on les éleve avec cette intelligence, qui a rendu célebres la plupart des Grecs & principalement les habitans de Delos (3) en cette partie. Il est vrai que, comme ces peuples recherchoient ceux de ces animaux qui avoient la plus grande taille & qui montroient le plus de courage dans les combats, ils préféroient à tous autres ceux de

---

(2) Voy. la Note 5 du Chap. IX. de l'Economie rurale de Varron, Liv. III.

(3) Voy. la Note 1 *ibid*.

Tanagra & de Rhodes, ainſi que ceux de Chalcidie & de Medie, que le vulgaire appelle *Melica* en changeant une lettre à leur nom (4) ; au
lieu que nous approuvons ceux de notre pays
préférablement aux autres, parce que nous ne
faiſons point cas de cette paſſion des Grecs, qui
les portoit à élever pour les combats les plus fiers
de ces oiſeaux : en effet, notre but eſt d'aſſurer
un fond de revenu aux Chefs de famille induſ-
trieux, & non pas aux gens qui s'adonnent à dreſſer
des oiſeaux pour les combats, & qui compromettent
tout leur patrimoine, au riſque de s'en voir aſſez
ſouvent dépouillés à l'occaſion d'un coq, qui aura
remporté la victoire ſur ſon adverſaire. Ainſi, quiconque voudra ſuivre nos préceptes, examinera
d'abord le nombre de femelles qu'il lui faudra
acquérir & les qualités qu'elles devront avoir,
enſuite la maniere de les entretenir & de les engraiſſer, troiſiémement les temps de l'année où il
devra réſerver leur ponte pour la faire couver &
éclorre par la ſuite, & enfin les ſoins qu'il aura à
prendre pour que les poulets ſoient élevés comme il convient. C'eſt en effet par ces ſoins & par les
occupations qu'ils entraînent après eux, que l'on
peut tirer parti de l'économie de la baſſe cour,
que les Grecs appellent ὀρνιθοτροφία (5). Or le nom-

____

(4) *Melica* au lieu de *Medica*.

(5) *Education des oiseaux*, d'ὄρνις, qui veut dire *oiseau*, &
τρέφω, qui veut dire *nourrir*.

bre qu'il s'en faudra procurer est de deux cent
têtes, & ce nombre partagera les soins d'un seul
& unique gardien, pourvu cependant qu'on lui
associe une vieille femme ou un enfant, qui gar-
deront ces oiseaux quand ils s'éloigneront, de
peur qu'ils ne soient volés par les hommes qui
leur tendront des piéges, ou enlevés par les animaux qui les guetteront. Il n'y a point de profit
à acheter des poules, à moins qu'elles ne soient
très-fécondes. Il faut qu'elles aient le plumage
rouge ou brun & les aîles noires : on les choisira
même toutes, si faire se peut, de l'une de ces couleurs, ou d'une couleur qui en approche, ou du
moins on évitera d'en avoir de blanches, parce
qu'elles sont pour la plupart délicates & peu viva-
ces, & qu'on n'en trouve pas même aisément de fécondes entre un grand nombre de telles. D'ailleurs, comme la blancheur est une couleur remar-
quable, plus elles sont blanches, plus elles sont
exposées à être enlevées par les oiseaux de proie
& par les aigles. Il faut donc que celles qui sont
destinées à pondre soient d'une bonne couleur,
qu'elles aient le corps robuste & quarré, la poitrine large, la tête grande, de petites huppes droites & rouges, les oreilles blanches, qu'elles pa-
raissent très-amples sous cette forme & qu'elles
aient les ongles inégaux : celles qui ont cinq ongles,
& dont les pattes ne sont point traversées par des
éperons, passent pour les meilleures, parce que
celles qui se font distinguer par cet appanage ré-

E iv

fervé aux mâles, font rétives au coït & dédaignent de fouffrir le coq, outre qu'elles font rarement fécondes, & qu'elles caffent même leurs œufs avec la pointe de leurs ongles lorfqu'elles viennent à les couver. Rejettez tout coq qui ne fera pas très-lafcif, & recherchez dans ces animaux la même couleur & le même nombre d'ongles que dans les poules; on leur veut cependant une taille plus haute. Il faut qu'ils aient la crête haute, de couleur de fang & bien droite, les yeux roux ou tirant fur le noir, le bec court & crochu, les oreilles très-grandes & très-blanches, la cravatte d'un rouge tirant fur le blanc & pendante comme la barbe d'un vieillard, les plumes du col bigarrées ou d'un jaune d'or, & qu'en tombant fur les épaules, elles couvrent le col & le chignon, la poitrine large & pleine de mufcles, les aîles fortes & femblables à des bras, la queue très-longue & partagée en deux rangs, fur le côté de chacun déborderont des plumes : il faut encore qu'ils aient de grandes cuiffes & qu'elles foient couvertes de plumes qui fe hériffent fouvent, qu'ils aient les pattes fortes fans être longues, mais qu'elles foient armées offenfivement comme d'une efpece d'épieu toujours prêt à attaquer. Quant à leurs mœurs, quoiqu'on ne les deftine point aux combats & qu'on ne les réferve point pour la gloire des victoires, on les approuve cependant très-fort, quand ils les ont nobles, qu'ils font fiers, vifs, éveillés, toujours

prêts à chanter, & qu'ils ne se laissent point aisément effrayer : en effet ils doivent quelquefois
faire tête aux autres animaux , & protéger la
troupe de femelles auxquelles ils sont mariés ,
en tuant même les serpens qui les menacent &
tous les autres animaux pernicieux. On se pour-
voit de cinq femelles pour chaque mâle de cette
espece ; car pour l'espece qui nous vient de Rhodes ou de Médie, comme elle est lourde & pe-
sante, & que les peres n'en sont pas bien lascifs ni
les meres bien fécondes, on n'en donne que trois
à chaque coq, encore sont-elles paresseuses non-
seulement à couver mais encore plus à faire éclorre
le peu d'œufs qu'elles ont pondus, & rarement
élevent-elles leurs poulets. Aussi ceux qui ont à
cœur d'avoir de ces especes d'oiseaux à cause de
leur beauté, font couver par des poules communes les œufs pondus par ces poules distinguées,
& font nourrir ensuite par ces mêmes poules les
poulets qu'elles ont fait éclorre de ces œufs.
Communément la volaille de Tanagra est de la
même taille que celle de Rhodes & de Médie,
& elle ressemble assez du côté des mœurs à celle
de notre pays, ainsi que celle de Chalcidie. Cependant les bâtards de toutes ces especes procréés
de poules de notre pays avec des mâles étrangers sont d'excellens poulets, parce qu'ils ont
la forme extérieure de leur pere, & qu'ils conservent la lubricité des poules de notre pays.
Je n'approuve pas la volaille naine, ni du côté de

la fécondité ni du côté des autres genres de profit qu'on en peut espérer, à moins que quelqu'une ne soit curieux de sa petitesse, & je n'en fais pas en vérité plus de cas que des mâles qui aiment à se battre ou qui ont l'humeur querelleuse, parce que communément ceux-ci molestent les autres & les empêchent de coquer les poules, sans cependant pouvoir eux-mêmes en satisfaire un grand nombre. Il faut par conséquent réprimer leur pétulance avec un morceau de quelque vieux cuir (6) taillé en rond, que l'on perce par le milieu, & dans lequel on insere la patte de ces animaux, pour corriger à l'aide de cette espece d'entrave la férocité de leurs mœurs. Mais je vais donner des préceptes, suivant l'ordre que je me suis prescrit, sur l'entretien de toutes ces especes de vôlaille.

CHAPITRE III.

IL faut placer les poulaillers du côté de la Métairie qui est en face de l'Orient d'Hiver, attenant le four ou la cuisine, afin que la fumée en

---

(6) Notre Auteur dit *corium ampullaceum*, soit qu'il veuille que ce cuir soit un débris de flacon (car les Anciens en faisoient de cuir), soit qu'il veuille qu'il soit courbé & arrondi, comme le seroit un pareil débris.

parvienne à la volaille, parce que c'est une chose qui lui est très-salutaire. Toute la basse-cour, c'est-à-dire, le poulailler, sera composée de trois cabanes construites l'une auprès de l'autre sur une seule ligne, & dont la face sera tournée du côté de l'Orient, comme je l'ai dit. Ensuite on pratiquera sur cette face une seule petite entrée pour la cabane du milieu : cette cabane, qui sera la moins haute des trois, n'aura que sept pieds en tout sens. Il faudra percer sur les murs de cette cabane, de droite & de gauche, attenant le mur faisant face à l'entrée, deux portes, dont chacune communiquera à une des deux autres cabanes. On adossera à ce même mur un foyer dont la largeur sera telle, qu'elle ne puisse point gêner les portes dont nous venons de parler, & que la fumée qu'il donnera puisse pénétrer dans les deux autres cabanes : celles-ci auront douze pieds tant de longueur que d'élévation, & leur largeur sera la même que celle de la cabane du milieu. L'élévation en sera coupée en deux étages, qui laisseront quatre pieds de libres par en haut & sept par en bas, attendu qu'ils en comprendront un. Ces deux étages sont faits pour la commodité des poules, & ils doivent être éclairés du côté de l'Orient, chacun par une petite fenêtre, qui servira aussi de passage aux poules, afin qu'elles puissent sortir le matin pour aller dans la cour & rentrer le soir au poulailler. Observez néanmoins qu'il faudra avoir soin de les tenir toujours renfermées pendant la nuit , afin qu'elles juchent plus en sûreté. On percera au-dessous des étages des fenêtres plus grandes que les précédentes , que l'on garnira de barreaux pour empêcher les animaux nuisibles de se glisser dans le poulailler, sans cependant trop intercepter le jour, afin que l'habitation de ces oiseaux soit plus agréable. Celui qui prend soin des poules doit visiter de temps en temps les œufs de celles qui couvent ou de celles qui pondent. On donnera à cet effet une telle épaisseur aux murs du poulailler, qu'on puisse y creuser des rangées de nids, dans lesquels elles pondront ou feront éclorre les poulets , parce qu'outre que cette méthode est plus belle à l'œil , elle leur est aussi plus salutaire que la pratique de quelques personnes, qui enfoncent profondément dans les murs des pieus , sur lesquels ils posent des paniers d'osier. Au reste, soit que les nids soient creusés dans les murs , comme nous l'avons dit, soit qu'ils soient formés par des paniers d'osier, il faudra qu'ils soient précédés de vestibules, par lesquels passeront les poules pour y parvenir , soit qu'elles veuillent pondre soit qu'elles veuillent couver , parce qu'il ne faut pas qu'elles entrent de plein vol dans leurs nids, de peur qu'en se jettant sur leurs œufs elles ne les cassent avec les pattes. On donnera ensuite à ces oiseaux la facilité de monter aux étages des deux cabanes , en appliquant à la muraille de petits soliveaux un peu raboteux, sur lesquels on prati-

quera des especes de marches , afin que les poules ne gliffent point en y montant. On appliquera auffi en-dehors, du côté de la cour, aux fenêtres dont nous avons parlé , de petites échelles
pareilles, fur lefquelles ces oifeaux fe traîneront
lorfqu'ils iront prendre le repos de la nuit. Mais
on veillera fur-tout à ce que ces poulaillers, ainfi
que les autres lieux propres à nourrir des oifeaux,
dont nous parlerons par la fuite , foient revêtus
tant en-dedans qu'en-dehors d'un enduit bien
poli, pour empêcher les chats ou les couleuvres
d'en approcher & en écarter les autres animaux
nuifibles. Il n'eft pas à propos que ces oifeaux
reftent fur un plancher plein pour dormir , de
peur qu'ils ne foient incommodés de leur propre
fiente , qui leur occafionneroit la goutte, fi elle
venoit à féjourner autour de leurs pattes & de
leurs ongles. Pour éviter cet accident, on équarrit
des perches, attendu que fi elles étoient unies &
arrondies dans toute leur longueur, elles ne pourroient pas retenir les oifeaux qui viendroient à fe
pofer deffus, après quoi, on les enfonce par les extrémités dans les deux murs oppofés, de façon
qu'elles foient élevées à la hauteur d'un pied au-
deffus du plancher plein & diftantes de deux pieds
l'une de l'autre. Telle fera la difpofition du poulailler. Quant à la cour dans laquelle les poules auront la liberté de fe promener , elle doit être
plutôt feche que propre; car il eft très-important
qu'il ne s'y trouve point d'autre eau, que celle que

l'on mettra dans un endroit marqué pour leur servir de boisson , & qu'il faudra avoir soin de tenir
très-propre , parce que , lorsqu'elle est pleine de fumier , elle leur donne la pipie. On ne pourra cependant pas la conserver pure , si on ne la tient
pas renfermée dans des vases fabriqués exprès
pour cet usage. On aura donc, pour contenir leur
eau & leur mangeaille , des augets de plomb ,
parce que l'on a observé qu'ils étoient meilleurs
que des augets de bois ou de terre cuite. Ils seront fermés à l'aide de couvercles posés par-dessus
& percés de petits trous sur les côtés un peu au-
dessus du milieu de leur hauteur, de façon que
ces trous, par lesquels les oiseaux pourront passer la tête , soient éloignés les uns des autres
d'un *palmus*. Si ces augets n'étoient point couverts , les poules éparpilleroient avec leurs pattes
le peu d'eau ou de mangeaille qui y seroit renfermé. Il y a des personnes qui font ces trous par
en-haut sur les couvercles même , mais il faut
éviter cette pratique, parce que les poules venant
à se poser sur ces augets, salissent alors leur mangeaille & leur eau de leurs ordures.

CHAPITRE IV.

LA meilleure mangeaille que l'on puisse donner aux poules, c'est de l'orge pilé dans un mortier & de la vesce : on peut leur donner également de la gesse & même du millet & du panis, pourvu cependant que le bon marché de ces denrées le permette. Mais lorsqu'elles sont trop cheres, on peut très-bien leur donner des menues criblures de froment, car on feroit mal de leur donner cette espece de bled en nature, même dans les endroits où il seroit à très-bon marché, parce qu'il ne leur est pas bon. On peut aussi leur donner de l'yvroye bouillie, ainsi que du son dont on n'aura gueres séparé la farine, parce que, si on n'en laissoit point, il ne leur vaudroit rien, outre qu'il leur plairoit peu. On approuve très-fort l'usage de leur donner, quand elles sont maigres, des feuilles & de la graine de cythises, qu'elles aiment beaucoup, d'autant qu'il n'y a point de pays où l'on ne puisse se procurer ces arbrisseaux en très-grande quantité. Quoique le marc de raisin les nourrisse passablement bien, on ne doit cependant leur en donner que dans les temps de l'année où elles ne pondent point, parce qu'autrement elles pondroient rarement & ne feroient que de petits œufs ; mais rien n'empêche de les suftenter avec cette espece de nourriture après l'Automne, lorfqu'elles ont abfolument ceffé de pondre. Au refte, telle efpece de nourriture qu'on leur donne pendant qu'elles feront à errer dans la cour, il faudra la partager en deux portions, dont on leur jettera l'une au commencement du jour & l'autre avant la nuit, tant afin qu'elles ne s'éloignent pas trop au fortir de leurs retraites, & qu'elles y reviennent de meilleure heure & avant la chûre du jour par l'efpérance d'y trouver à manger, qu'afin qu'on foit plus fouvent à portée d'en faire la revue, parce que les troupeaux de volaille échappent aifément à la garde de celui qui les veille. Il faut aûffi mettre de la pouffiere & de la cendre le long des murs de la cour, dans tous les endroits qui s'y trouveront couverts d'une galerie ou d'un toir, afin que les poules puiffent s'en jetter fur le corps, parce que c'eft avec quoi elles nettoyent leurs plumes & leurs ailes, fi toute fois nous ajoutons foi à ce que dit Héraclite (1) d'Ephefe, que la boue fert de bain aux truies, comme la pouffiere ou la cendre en fervent aux

---

(1) C'eft celui qui pleuroit continuellement fur la mifere humaine. Il a beaucoup écrit, quoiqu'il paffe pour n'avoir jamais eu de Maître & pour s'être formé lui-même. On prétend qu'étant devenu hydropique, il ne voulut point avoir recours aux Médecins, mais que s'étant couvert de graiffe de bœuf, & s'étant endormi au Soleil, il fut dévoré par des chiens.

oifeaux

oiseaux de baſſe-cour. On doit faire ſortir les
poules du poulailler après la premiere heure du
jour (1) & les y renfermer avant la onzieme (2).
Tels ſeront les ſoins qu'il en faudra prendre dans
le temps où on leur laiſſera la liberté de courir,
quoiqu'il n'y aura pas d'autre différence dans
ceux qu'on en prendra quand elles ſeront renfermées dans la mue, ſi ce n'eſt qu'on ne les en
laiſſera point ſortir, mais qu'on leur donnera à
manger dans l'intérieur du poulailler trois fois
par jour, & que la doſe en ſera plus forte que
celle qu'on leur donne en-dehors, puiſqu'on leur
donnera par jour la valeur de quatre *cyathi* de
mangeaille par tête, au lieu qu'on n'en donne
que deux ou trois à celles qui ſont en liberté. Il
faut auſſi que celles qui ſont renfermées trouvent
un ample veſtibule en-dehors, où elles puiſſent
aller ſe mettre au Soleil, & que l'approche de ce
veſtibule ſoit deſfendue par des filets, de peur
que les aigles ou les oiſeaux de proie ne fon-
dent ſur elles. Au ſurplus, il n'y a de profit à
faire ces dépenſes & à prendre ces ſoins, que
dans les lieux où l'on peut tirer un bon prix de
ces oiſeaux. L'article le plus eſſentiel par rapport à cette eſpece de troupeau, comme par rapport à tout autre, conſiſte dans la fidélité de celui qui eſt prépoſé à ſa garde : en effet, pour peu

---

(1) Voy. la Note 9 du Chap. XI. de l'Economie rurale de
Varron, Liv. II.

qu'il manque à cette vertu vis-à-vis de son maître, le lucre que celui-ci retirera du poulailler
ne compensera jamais, tel qu'il soit, la dépense
dans laquelle il le jettera. Nous avons assez parlé de l'entretien de ces animaux, ainsi nous allons passer à d'autres objets, en suivant l'ordre
que nous nous sommes prescrit.

CHAPITRE V.

Ces sortes d'oiseaux ont coutume de pondre
après le Solstice d'Hiver ; & les plus féconds commencent à le faire dans les lieux tempérés vers
les Calendes (1) de Janvier, & dans les pays froids
après les Ides (1) du même mois. Mais il faut
exciter leur fécondité par des nourritures convenables, afin qu'ils le fassent de meilleure heure.
On peut très-bien leur donner de l'orge à demi
cuit tant qu'ils en voudront, parce qu'il leur fera
avoir de plus gros œufs, & qu'il les fera pondre plus
souvent : il faut néanmoins assaisonner, pour ainsi
dire, cette nourriture, en l'entremêlant avec des
feuilles & de la graine de cythise, parce que l'un
& l'autre passent pour avoir la vertu de beaucoup
augmenter leur fécondité. La dose de la nourri-

____

(1) Voy. la Note 1 du Chap. XXVIII. de l'Économie rurale de Varron, Liv. I.

ture qu'on leur donnera sera, comme je l'ai dit (2), de deux *cyathi* d'orge pour les poules qui seront en liberté, pourvu qu'on y mêle quelque peu soit de cythise, soit de vesce ou de millet à défaut de cythise (3). Le gardien veillera à ce que ces oiseaux aient, pour y déposer leur ponte, des retraites garnies de paille très-propre, qu'il aura soin de nettoyer de temps en temps, en y remettant de nouvelle litiere & de la plus fraîche que faire se pourra, à la place de l'ancienne, sans quoi ils se trouveroient couverts de puces & d'autre vermine semblable, qu'ils apportent sur eux en rentrant dans leur retraite. Ce gardien doit être assidu & guetter les poules qui voudront pondre & qui ne manqueront point d'avertir du moment où elles le feront, par des hoquets fréquens entrecoupés de cris perçans. Il doit donc avoir l'œil sur elles jusqu'à ce qu'elles aient pondu & visiter aussi-tôt leurs retraites, pour ramasser les œufs qu'elles auront faits. Il marquera aussi jour par jour ceux qui auront été pondus dans la journée, afin de donner les plus frais à celles qui veulent couver, & que les paysans désignent par le nom de *glocientes* (4). On serrera ou l'on vendra

---

(2) Dans le Chap. précédent.

(3) Il sembleroit cependant qu'on n'en devroit jamais manquer, d'après ce qu'il a dit dans le Chap. précédent.

(4) Nous en avons fait le mot de *glosser* ou *glousser*, que nous employons dans la même signification.

les autres œufs ; mais les plus propres à être couvés sont les plus frais, quoiqu'on puisse aussi en faire couver de vieux, pourvu qu'ils n'aient pas plus de dix jours. Communément lorsque les poules ont achevé leur premiere ponte, elles commencent à vouloir couver vers les Ides (1) de Janvier, mais il ne faut pas permettre à toutes de le faire, d'autant que les jeunes sont plus propres à pondre qu'à faire éclorre des poulets : c'est pourquoi on leur fait perdre l'envie de couver, en leur passant une petite plume dans les narines. On permettra au contraire de couver à de vieilles poules qui l'auront déja fait souvent, & il faudra s'être bien assuré préalablement de leur habitude, parce qu'il s'en trouve qui font très-bien éclorre des poulets, comme il s'en trouve d'autres qui valent mieux pour les élever, quand ils sont éclos, & qu'il y en a, au contraire, qui cassent & qui mangent non-seulement les œufs des autres poules, mais les leurs propres, auquel cas il faut sur le champ les leur ôter. Quand les poulets qui seront éclos sous deux ou trois poules seront encore tout jeunes, il faudra les transférer sous la garde d'une seule poule, qui sera celle que l'on jugera la meilleure nourrice ; mais il faut faire cette opération dès les premiers jours & avant que la mere qu'on leur destinera, trompée par la ressemblance qui se trouvera entre ses petits & ceux des autres poules, puisse les discerner les uns d'avec les autres. Cependant il

y a une mesure à garder en cela, puisqu'il ne faut
pas donner à la même poule plus de trente poulets, & que l'on prétend qu'elle n'en pourroit pas
nourrir un plus grand nombre. On a soin de
mettre sous les poules les œufs que l'on veut leur
faire couver en nombre impair, comme aussi d'en
varier le nombre suivant les temps. En effet, il
faut en mettre quinze & jamais plus au premier
temps de l'Incubation, c'est-à-dire, au mois de
Janvier, dix-neuf & jamais moins au mois de
Mars, & vingt & un depuis le mois d'Avril & du-
rant tout l'Eté jusqu'aux Calendes (1) d'Octobre ;
après quoi il devient inutile de s'occuper de ce
soin, parce que la plupart des poulets qui viennent à éclorre pendant les froids ne peuvent pas
vivre. Bien des gens pensent néanmoins que la
couvée ne vaut rien même depuis le Solstice
d'Eté, parce que, quoiqu'il soit aisé d'élever les
poulets venus depuis ce temps-là, ils ne prennent cependant jamais un accroissement suffisant. Quoiqu'il en soit, il faut admettre la pratique d'en élever pendant l'Eté dans le voisinage des villes, où les poulets pris sous l'aile de
leur mere se vendent très-cher & où communément ils ne meurent point. Il faut aussi, lorsque l'on donne des œufs à couver, avoir toujours l'attention de ne le faire que quand la Lune croît & depuis son dixieme jour jusqu'à son
quinzieme, parce que c'est ordinairement le meilleur temps pour les donner à couver, & qu'il est

F iij

en outre essentiel de ménager cette opération de façon que la Lune soit encore croissante dans le temps que les poulets viendront à éclorre. Il faut vingt & un jours pour que les œufs de poules s'animent & qu'ils soient configurés en oiseaux, mais il en faut un peu plus de vingt-sept pour ceux de paones & d'oies. Si l'on est dans le cas de donner de ces derniers à couver à des poules, on commencera par les leur laisser couver pendant dix jours avant d'y joindre ceux de poules, qu'on leur donnera au nombre de quatre ou de cinq au plus, ayant soin de choisir les plus gros, parce que de petits œufs ne donnent jamais que de petite volaille. En outre, quand on voudra faire éclorre un plus grand nombre de mâles que de femelles, on fera couver les plus longs œufs (5) & les plus pointus, au lieu qu'on fera couver les plus ronds lorsqu'on voudra avoir plus de femelles. Voici la méthode de faire couver des œufs, telle qu'elle a été donnée par ceux qui apportent le plus grand scrupule dans ce genre d'administration. Ils commencent par choisir à cet effet les retraites les plus secrettes, afin que les meres qui seront occupées à couver n'y soient point inquiétées par les autres poules, ensuite

---

(5) Les anciens attribuoient encore d'autres qualités aux œufs longs, qui les rendoient supérieurs aux autres. Horace, Liv. II. Sat. IV. cité par Pline 10, 52, prétend qu'ils sont les meilleurs au goût & les plus nourrissans.

ils les nettoyent avec soin avant de rien étendre dessus, puis ils parfument la paille qu'ils ont dessein d'y étendre avec du souffre & du bitume, & font dégoutter dessus une torche allumée ; lorsque cette paille est ainsi corrigée, ils l'arrangent dans ces retraites, en y creusant des nids de façon que les poules, soit en s'y rendant, soit en les quittant, ne puissent pas faire rouler ni tomber leurs œufs. Il y a même un très-grand nombre de personnes qui mettent sous cette paille un peu d'herbe & de scions de laurier, ainsi que des gousses d'ail & des clous de fer, toutes choses qu'ils imaginent avoir la vertu de remédier au tonnerre, qui gâte les œufs & tue les poulets à demi formés, avant qu'ils aient toutes leurs parties développées. Celui qui met les œufs sous la poule se garde bien de les arranger dans le nid l'un après l'autre avec la main, mais il les porte tous dans une petite auge de bois & les coule ensuite tout doucement dans le nid, qu'il a préparé pour les recevoir. Il faut mettre de la mangeaille auprès des poules qui couvent, afin que ne souffrant point de la faim, elles restent dans leurs nids avec plus d'attache, & de peur que, si elles s'en éloignoient trop, leurs œufs ne vinssent à se refroidir. Quoiqu'elles les retournent elles-mêmes avec leurs pattes, il faut cependant que celui qui est chargé de ce soin en fasse la revue lorsque les meres seront sorties du nid & qu'il les retourne, tant afin qu'ils s'animent facilement,

en prenant de la chaleur par tous les côtés également, que pour retirer ceux qu'elles pourroient
avoir endommagés ou cassés avec leurs ongles.
Quand cela sera fait, il examinera au bout de
dix-neuf jours si les poulets ont percé la coque
des œufs avec leurs petits becs, & il écoutera
s'ils piaillent, parce qu'il arrive souvent que
l'épaisseur de la coque les empêche d'en sortir.
C'est pourquoi il faudra tirer avec la main les
petits poulets qui tiendront en-dedans des œufs
& les mettre sous la mere, afin qu'elle les échauffe, sans cependant continuer cette manœuvre plus
de trois jours de suite, attendu que tout œuf
qui ne dit mot au bout de vingt & un jours ne
renferme point d'être qui ait vie, & qu'il faut
le tirer de dessous la poule, afin qu'elle ne
soit pas retenue trop longtemps à le couver par
une vaine espérance de le voir éclorre. Il ne faut
pas enlever les poulets à leur mere, à mesure
qu'il en sera né quelqu'un, mais il faut les laisser un jour avec elle dans le nid, & les empêcher de boire & de manger jusqu'à ce qu'ils
soient tous éclos. Le lendemain du jour où toute
la couvée sera éclose, voici comme on les retirera du nid. On les mettra sur un crible qui aura
déja servi à passer de la vesce ou même de
l'yvroye, après quoi on les parfumera avec de la
fumée de branches de pouliot, qu'on brûlera à
cet effet, parce que cette plante passe pour avoir
la vertu de préserver les jeunes poulets de la pi-

pie, qui les tue de très-bonne heure; ensuite on les renfermera sous une cage avec leur mere, & on les y nourrira modérément de farine d'orge cuite dans de l'eau, ou de farine de bled *ador* (6) qu'on détrempera avec du vin, parce qu'il faut sur-tout éviter qu'ils ne prennent quelque indigestion : c'est pour cela qu'on les renferme au bout de trois jours dans une cage avec leur mere, & qu'on les tâte tous avant de les en faire sortir pour prendre de nouvelle nourriture, afin de voir s'ils n'en ont pas qui soit restée de la veille dans leur gosier : en effet, s'ils n'ont pas le jabot vuide, c'est une preuve d'indigestion, auquel cas on doit les empêcher de manger, jusqu'à ce que leur digestion soit achevée. Il ne faut pas non plus permettre aux jeunes poulets de s'écarter trop loin, mais il faut les retenir auprès de leur cage, en les nourrissant de farine d'orge jusqu'à ce qu'ils soient fortifiés, & prendre garde qu'ils ne soient atteints du souffle des serpens, dont l'odeur est si pestilentielle pour ces oiseaux, qu'elle les fait infailliblement mourir. On prévient cet accident en brûlant souvent auprès d'eux de la corne de cerf, ou du galbanum, ou des cheveux de femme, parce qu'ordinairement la fumée de toutes ces matieres chasse au loin ces animaux pestilentiels. Mais il faut aussi avoir

______

(6) Voy. la Note 1 du Chap. XXXIV. de l'Economie rurale de Caton.

soin qu'ils soient toujours maintenus dans une chaleur modérée, parce qu'ils ne peuvent supporter ni le chaud ni le froid ; aussi la meilleure méthode est-elle de les tenir enfermés avec leur mere dans l'intérieur du poulailler, & de ne leur laisser la liberté de courir qu'au bout de quarante jours. Il faut encore les prendre souvent entre les mains, dans les premiers jours du temps que l'on peut considérer comme leur enfance, & leur plumer le dessous de la queue, de peur que la fiente venant à salir les plumes de cette partie, elles ne s'endurcissent & ne finissent par boucher les conduits naturels : il arrive même souvent que, telle précaution que l'on prenne à cet égard, leur ventre n'a point d'issue pour se vuider, auquel cas on le perce avec une plume pour faciliter l'expulsion de leurs excrémens. Il faudra aussi empêcher que la pipie ne devienne funeste tant aux poulets, lorsqu'ils seront devenus forts, qu'aux meres elles-mêmes : à cet effet on leur donnera de l'eau très - pure dans des vases très - propres, & on parfumera toujours les poulaillers, en les nettoyant de façon qu'il n'y reste point de fiente. Si malgré ces précautions ils sont attaqués de cette maladie, il y a des personnes qui leur fourrent dans le gosier des gousses d'ail dérrempées dans de l'huile tiede. D'autres leur versent de l'urine d'homme tiede dans le bec, qu'ils tiennent bien serré, jusqu'à ce que l'amertume de cette liqueur les force de rejetter par les narines le réfultat des naufées occafionnées par cette maladie. Il eſt encore bon de leur donner de cette vigne, que les Grecs appellent ἀγρία σταφυλή (7), mêlée avec leur nourriture, ou broyée & jettée dans l'eau qu'ils doivent boire. Ces remedes ne s'emploient néanmoins que dans le temps où la maladie n'eſt pas encore forte : car ſi la pipie enveloppe l'œil, & que l'oiſeau refuſe toute nourriture, on lui ouvre les joues avec un fer, & on en exprime tout le pus qui eſt raſſemblé ſous les yeux, après quoi on ſaupoudre la plaie avec un peu de ſel égrugé. Cette maladie vient communément à ces oiſeaux, lorſqu'ils ont ſouffert du froid ou de la faim, de même que lorſqu'ils ont bû en Eté de l'eau qui a croupi dans les cours, où qu'on leur a laiſſé manger des figues ou des raiſins verts, quoiqu'ils n'en aient pas mangé tout leur ſaoul. Ce ſont en effet toutes nourritures qu'il faut leur refuſer : or, pour les en dégoûter, il ſuffira de leur préſenter, quand ils auront faim, une grappe de raiſin ſauvage vert cueillie dans des buiſſons, après l'avoir fait cuire avec de la fine farine de froment; effectivement ces oiſeaux offenſés par le goût de ce fruit, feront enſuite peu de cas de telle eſpece de raiſin que ce puiſ-

---

(7) C'eſt-à-dire, *vigne ſauvage.* C'eſt probablement la plante que Lémery appelle de *l'herbe aux poux* ou de la *ſtaphiſaigre,* plante ainſi nommée, parce que ſes feuilles ont quelque reſſemblance avec la *vigne ſauvage.*

fe être. Il en fera de même de la figue fauvage qui, mife dans leur mangeaille après avoir été cuite, leur donnera également du dégoût pour les figues. Il faut auffi fuivre par rapport à ce bétail l'ufage qu'on pratique par rapport aux autres beftiaux, & qui confifte à choifir les meilleurs d'entre ces animaux & à vendre les moins bons, de façon que le nombre s'en trouve diminué toutes les années en Automne, temps auquel ils ceffent de rapporter du profit. On fe défera donc des vieilles poules, c'eft-à-dire, de celles qui auront trois ans paffés, ainfi que de celles qui feront peu fécondes ou qui ne feront pas bonnes nourrices, & particuliérement de celles qui feront habituées à manger leurs propres œufs ou ceux des autres : on fe défera encore de celles qui auront commencé à chanter & même à gratter la terre à la mode des mâles, & enfin des poulets tardifs, qui, n'étant éclos qu'après le Solftice, n'auront pas pû prendre tout leur accroiffement. Quant eux mâles, on ne fuivra pas la même méthode, & l'on confervera au contraire ceux d'entre eux qui feront bons, tant qu'ils feront en état de coquer les poules, d'autant que la bonté maritale eft un mérite rare parmi les oifeaux de cette efpece. Il faut auffi retrancher aux poules les nourritures coûteufes dans le temps où nous avons dit qu'elles ceffoient de pondre, c'eft-à-dire, depuis les Ides (1) de Novembre : on fe contentera de leur donner alors du marc de raïſin, qui ſuffira pour les nourrir comme il faut, pour peu qu'on y joigne de temps en temps des criblures de froment.

CHAPITRE VI.

LA conſervation des œufs pendant un long eſpace de temps eſt encore un ſoin, qui n'eſt pas étranger à la matiere que nous traitons. On les garde fort bien pendant l'Hiver en les enveloppant de paille, & en Eté en les tenant dans du ſon. Quelques perſonnes commencent par les couvrir pendant ſix heures de ſel égrugé, de ſorte qu'elles ne les enfoncent dans la paille ou dans le ſon, qu'après les avoir eſſuyés. D'autres entaſſent par-deſſus des fèves avec leur peau, & beaucoup même y entaſſent des fèves moulues : d'autres les couvrent de ſel non égrugé : d'autres enfin les font durcir dans de la ſaumure chaude. Mais ſi le ſel, égrugé ou non, préſerve d'un côté les œufs de la corruption, d'un autre côté il diminue leur groſſeur, en empêchant qu'ils ne reſtent pleins (1).

____

(1) Ne pourroit-on pas attribuer cet effet à la même cauſe, qui fait que le ſel ſe liquéfie dans un air humide, & ces deux effets ne proviennent-ils point de ce qu'il attire à lui les parties liquides de l'œuf, comme il attire l'humidité de l'air, par une ſuite de ce principe d'adhéſion, qui fait que

ce qui éloigne l'acheteur. Aussi ceux même qui ne font que les tremper dans de la faumure, ne les confervent-ils jamais dans leur entier.

CHAPITRE VII.

QUoique l'engrais des poules foit plutôt du reffort d'un volailler que de celui d'un homme de la campagne, j'ai cependant crû devoir en donner la méthode, par la raifon que la pratique n'en eft pas difficile. Il faut avoir pour cela un lieu très-chaud, & dans lequel il pénetre très-peu de jour : on y mettra les poules renfermées chacune dans des cages très-étroites, ou dans des paniers fufpendus en l'air, de façon qu'elles y foient ref-ferrées au point de ne pouvoir pas fe remüer. Mais il y aura une ouverture à chacun des deux côtés oppofés de cette cage ou de ce panier, de façon qu'elles puiffent paffer la tête par l'une de ces ouvertures, & le derriere ainfi que la quene par l'autre, afin de pouvoir prendre leur nourri-ture & en rendre le fuperflu lorfqu'elle fera di-gérée, fans fe falir avec leur fiente. On étendra fous elles de la paille très-propre ou du foin mol-let, c'eft-à-dire, du regain, parce que, fi elles

___

tous les corps fluides s'attachent aux corps folides, comme étant refpectivement plus légers que ceux-ci.

étoient couchées durement, elles n'engraiſſeroient
pas facilement. On leur arrachera toutes les plumes de la tête ainſi que celles de deſſous les aîles
& celles des cuiſſes, tant afin qu'il ne s'y engendre
point de vermine, qu'afin que la fiente ne leur
occaſionne pas d'ulceres aux parties. On leur
donne pour nourriture de la farine d'orge, que
l'on paîtrit après l'avoir arroſée d'eau, & dont
on fait des boulettes qui ſervent à les engraiſſer.
On ne doit cependant leur en donner qu'avec ménagement les premiers jours, & juſqu'à ce qu'elles ſoient habituées à en digérer une plus grande
quantité, parce qu'il faut ſur-tout éviter les indi-
geſtions, & ne leur donner par conſéquent qu'autant de nourriture qu'elles en pourront digérer. Il
faut même éviter de leur en donner de nouvelle, avant d'avoir tâté leur jabot & de s'être aſſuré
qu'il n'y en reſte point d'ancienne. Lorſqu'enſuite
elles ſeront raſſaſiées, on deſcendra la cage & on
les en laiſſera tant ſoit peu ſortir, non pas néanmoins pour leur permettre de courir, mais plutôt
pour leur donner la liberté de chercher avec le bec
la vermine qui peut les piquer ou les mordre.
Voilà à peu près la méthode que ſuivent communément ceux qui engraiſſent la volaille. Car pour
ceux qui ne s'en tiennent pas à engraiſſer des
poules, mais qui veulent encore les attendrir,
ils verſent de l'hydromel nouveau ſur la farine
que nous avons indiquée, pour les en farcir enſuite. Quelques-uns les engraiſſent avec du pain

de froment trempé dans un quart de bon vin sur trois quarts d'eau. Une poule que l'on a commencé à mettre à l'engrais le premier jour de la Lune (attention qu'il faut aussi avoir), se trouvera parfaitement engraissée le vingtieme. Mais s'il arrive qu'elle se dégoûte de cette nourriture, il faudra lui en diminuer la dose pendant autant de jours, qu'il y en aura d'écoulés depuis qu'on aura commencé à l'engraisser, de façon néanmoins que toute la durée de l'engrais n'aille point jusqu'au vingt - cinquieme jour de la Lune. Au surplus, une des premieres attentions qu'il faudra avoir, consistera à réserver les plus grandes poules pour les tables les plus délicates : c'est le moyen d'être bien dédommagé de sa peine & de sa dépense.

CHAPITRE VIII.

ON emploie avec succès la même méthode pour rendre très-gras les pigeons ramiers ainsi que ceux de voliere, quoiqu'il n'y ait pas autant de profit à engraisser ces sortes d'oiseaux, qu'à les élever. En effet, c'est encore un genre de soin qui n'est pas étranger à la bonne économie d'un homme de la campagne, que celui de se pourvoir de ces animaux. Au reste, il y a moins d'embarras à les élever dans des contrées éloignées, parce qu'on les y laisse sortir librement, & qu'ils reviennent habituellement

bituellement aux lieux qu'on leur y affigne fur le haut des tours ou dans des bâtimens très-élevés, moyennant des fenêtres qu'on y laiffe ouvertes, & à travers lefquelles ils paffent pour aller chercher leur nourriture. On leur y donne à la vérité pendant deux ou trois mois de la nourriture qu'on a foin d'avoir en réferve, mais pendant les autres mois ils fe nourriffent eux-mêmes des grains qu'ils trouvent dans les champs, au lieu qu'ils ne pourroient pas le faire également dans le voifinage des Villes, où il font expofés à tomber dans les pieges de toute efpece que leur tendent les Oifeleurs. C'eft pourquoi on doit, dans ce dernier cas, les nourrir à la maifon, en les renfermant dans un endroit de la Métairie qui ne foit ni à fleur de terre ni froid, c'eft-à-dire, fur un plancher conftruit en un lieu élevé & expofé au Midi d'Hiver (1). On en creufera les murs, pour y difpofer des rangées de nids de la maniere que nous avons déja prefcrite en parlant du poulailler (2), & qu'il eft inutile de

---

(1) Voy. la Note 2 du Chap. VI. Liv. I, pour l'interprétation de ce que Columelle entend par le Midi d'Hiver. Peut-être néanmoins ne fuppofe-t-il point ici une différence, qui n'exifte réellement point, entre le Midi d'Hiver & celui d'Eté, & qu'il veut feulement défigner le lieu qui fera le plus chaud pendant l'Hiver, par telle raifon que ce foit, par exemple, comme il le dit plus bas, parce que le Soleil donnera deffus pendant la plus grande partie des jours d'Hiver.

(2) Dans le Chap. III.

répéter ici ; ou si l'on ne juge pas à propos de suivre cette méthode , on enfoncera dans les murs
des corbeaux sur lesquels on mettra des planches,
qui porteront ou des cases dans lesquelles ces
oiseaux feront leurs nids , ou des sebiles de terre
cuite , précédées de vestibules qu'ils auront à traverser avant de parvenir à leurs nids. On doit
revêtir tout le colombier ainsi que les nids même des pigeons d'un enduit blanc, parce que cette couleur est celle qui plaît le plus à cette espece d'oiseaux. Il faut également en lisser les murailles en-dehors & principalement aux environs de la fenêtre , qui sera placée de façon
que le Soleil l'éclaire pendant la plus grande partie des jours d'Hiver , & qui donnera
dans une cage assez ample & garnie de filets ,
pour empêcher les oiseaux de proie d'y entrer ;
cette cage servira d'asyle aux pigeons, qui sortiront du colombier pour se mettre au Soleil , en
même-temps qu'elle donnera aux meres qui couvent leurs œufs ou leurs petits , la faculté de
prendre l'air au-dehors , ce qui leur est nécessaire pour empêcher que l'espece de servitude , à
laquelle les réduiroit une gêne continuelle , ne
les chagrine au point de tomber malades. En effet, il leur suffit de voltiger tant soit peu autour
des bâtimens pour s'égayer & se refaire, & pour
retourner ensuite avec plus d'ardeur à leur couvée , qui ne leur permet pas de s'enfuir ni même
de s'écarter trop loin. Les vases dans lesquels on

mettra leur eau, doivent être semblables à ceux des poules (3), c'est-à-dire, qu'ils doivent être percés de trous assez grands, pour que les pigeons puissent passer leurs cols à travers pour y boire, sans cependant pouvoir y passer le corps au cas qu'ils veulent s'y baigner, parce qu'il ne leur est pas avantageux de se baigner, par rapport aux œufs & aux petits qu'ils sont le plus souvent occupés à couver. Au reste, il faudra répandre leur mangaille le long du mur, parce que c'est ordinairement la partie du colombier dont la fiente n'approche pas. La vesce ou l'ers, ainsi que la petite lentille, le millet & l'yvroie, & même les criblures de froment ou toute autre espece de légumes dont on nourrit également les poules, passent pour être la meilleure nourriture de ces oiseaux. Il faut balayer de temps en temps le colombier & le nettoyer, parce que plus il sera propre, plus cet oiseau paroîtra gai, d'autant que c'est un oiseau si difficile à contenter, que souvent il prend sa demeure en aversion, & finit même par la quitter quand il a la faculté de s'envoler, ce qui arrive fréquemment dans les pays où on lui laisse une liberté entiere. Voici un précepte ancien donné par Démocrite (4), pour obvier à cet accident. Il y a une espece d'oiseau de proie,

---

(3) Ils sont décrits dans le Chap. III.

(4) Voy. la Note 23 du Chap. I, de l'Economie rurale de Varron, Liv. I.

appellé *tinunculus* (5) par les gens de la campagne, qui fait communément son nid dans les bâtimens : on enferme donc les petits de cet oiseau tout vivans dans des pots de terre, que l'on enduit de plâtre après les avoir couverts, & on suspend ces pots dans les coins du colombier, au moyen de quoi les pigeons s'attachent si fort au même lieu, qu'ils ne l'abandonnent plus jamais. Il faut choisir, pour en élever d'autres, les pigeons qui, sans être ni vieux ni trop jeunes, sont forts de corps, & avoir l'attention, autant que faire se peut, de ne jamais séparer, les uns des autres, les petits d'une même couvée, parce qu'ordinairement, quand ils sont ainsi mariés ensemble, ils donnent un plus grand nombre de couvées ; ou, si on les sépare, il faut au moins éviter de marier ensemble des pigeons d'especes différentes, tels que ceux d'Alexandrie & ceux de la Campanie, parce que ces animaux s'attachent moins à ceux qui ne leur ressemblent point qu'à ceux de leur espece, & que dès lors ils s'accouplent rarement, & souvent ne pondent point. Par rapport à leur plumage, on n'a pas approuvé dans tous les temps la même couleur, & les avis sont encore aujourd'hui partagés là dessus : c'est pourquoi il n'est pas aisé de dire quelle est

---

(5) Le P. Hardouin, dans la Note 21 du Chap. XXXVII. de Pline Liv. X. prétend que c'est celui que nous appellons une *crecerelle*.

la meilleure. La couleur blanche, que l'on rencontre communément par-tout, n'est pas trop du goût de certaines personnes ; il est vrai qu'elle n'est pas dans le cas d'être rejettée dans les pigeons que l'on tient renfermés, mais on ne sauroit trop la désapprouver dans ceux qu'on laisse en liberté, parce qu'elle se fait remarquer très-aisément des oiseaux de proie. Pour leur fécondité, quoi qu'elle soit très-inférieure à celle des poules, elle est néanmoins d'un produit encore plus grand que la leur, puisque, quand ils sont bons, ils élevent des petits jusqu'à huit fois par an, & que l'argent qui revient de ces éleves peut remplir le coffre-fort du Propriétaire, ainsi que M. Varron, cet excellent Auteur, nous le certifie (6), en disant que chaque paire de pigeons se vendoit communément mil *Sestertii* de son temps, quoique les mœurs fussent alors plus austeres qu'elles ne le sont à présent. En effet, notre siecle nous forceroit à rougir pour lui, si nous ajoutions foi à ce qu'on raconte, qu'il se trouve des gens qui paient une paire de pigeons jusqu'à quatre mil *Nummi*. Ce n'est pas au reste que ceux qui dépensent ainsi un argent énorme, pour avoir en leur possession des choses de pur agrément, ne soient encore plus excusables à mes yeux, que ceux qui épuisent le Phase du Pont & les

____

(6) Voy. le Chap. VII. du Liv. III. de l'Economie rurale du Varron.

étangs Scytiques des Palus-Méotides, pour satisfaire leur gloutonnerie. Aujourd'hui même on pousse
les choses jusqu'à se donner au milieu de son yvresse des rapports causés par les oiseaux du Gange &
de l'Egypte. On peut aussi faire des engrais dans
un colombier, ainsi que nous l'avons dit, puisque, si l'on a des pigeons stériles ou qui soient
d'une vilaine couleur, on les engraisse comme
les poules. Il est plus aisé de le faire quand ils
sont sous leurs meres & tandis qu'ils sont jeunes ; on attend pour cela qu'ils soient devenus
un peu forts, sans néanmoins qu'ils aient commencé à voler, & il suffit alors de leur ôter quelques plumes & de leur briser les pattes, afin
qu'ils se tiennent tranquilles dans le même lieu,
& de donner à manger copieusement à leurs meres, de façon qu'elles ne manquent pas de nourriture tant pour elles que pour leurs petits.
Quelques personnes se contentent de leur attacher légérement les pattes, parce qu'elles s'imaginent qu'en les cassant, elles leur causeroient
une douleur dont la maigreur pourroit devenir
la suite : mais cette méthode n'est point du tout
favorable à leur engrais, parce que, tant qu'ils
font des efforts pour détacher leurs liens, ils ne
restent jamais en repos, & que l'espece d'exercice dans lequel ils sont dès-lors continuellement,
est bien loin d'augmenter leur corporence, au
lieu que la fracture des pattes ne leur cause de
la douleur que pendant deux jours ou tout au

plus pendant trois, & qu'elle leur ôte toute espérance de courir.

CHAPITRE IX.

IL est inutile d'élever des tourterelles, parce
que cette espece d'oiseaux ne pond point & ne
fait point éclorre de petits dans une voliere. On
les destine à l'engrais telles qu'on les prend au
vol, & dès-lors il en coûte moins de peine pour
les engraisser que pour engraisser les autres oiseaux, quoiqu'on ne puisse pas le faire dans tous
les temps, puisque, telle peine que l'on prenne,
elles engraissent difficilement en Hiver. Au surplus, c'est le temps où ces oiseaux sont à bon
marché, parce que les grives donnent alors en
très-grande quantité. D'un autre côté les tourterelles engraissent d'elles-mêmes en Eté, pourvu
qu'elles ne manquent point de nourriture. En
effet, on n'a rien autre chose à faire qu'à leur
jetter de la mangeaille, & sur-tout du millet,
non pas que le froment, ou tel autre bled que
ce soit, ne les engraisse pas aussi-bien que le millet, mais parce que cette graine est celle qui
leur fait le plus de plaisir. On les engraisse cependant aussi en Hiver, ainsi que les pigeons
ramiers, avec des boulettes de pain trempées
dans du vin, plutôt qu'avec toute autre nourri-

ture. On ne leur fait pas, comme aux pigeons, des retraites qui soient distribuées par cases, ou creusées dans le mur, mais on enfonce dans la muraille des rangées de corbeaux, sur lesquels on étend de petites nattes de chanvre, garnies de filets en devant, pour les empêcher de voler, parce que l'exercice du vol les fait maigrir. On les y nourrit journellement avec du millet ou du froment : mais il ne faut point leur donner ces grains qu'ils ne soient secs. La valeur d'un *semodius* de mangeaille suffit par jour pour cent vingt tourterelles. On leur donne toujours de l'eau fraîche & très-propre dans de petits vases semblables à ceux dont on se sert pour les pigeons & pour les poules (1), & on nettoie leurs nattes pour empêcher que la fiente ne leur brûle les pattes ; il faut néanmoins conserver avec soin cette fiente qui s'emploie à la culture des champs & des arbres, de même que celle de tous les oiseaux, à l'exception de ceux qui nagent. L'âge avancé de ces oiseaux n'est pas si favorable à leur engrais que la jeunesse : c'est pourquoi on choisit à-peu-près le temps de la moisson, temps auquel la couvée commence à se fortifier.

---

(1) Ils sont décrits dans le Chap. III. & rappellés dans le précédent.

CHAPITRE X.

IL faut plus de soins & de dépenses pour les grives. On peut en nourrir dans toutes sortes de campagnes, quoiqu'il sera plus avantageux de le faire dans celles où on les aura prises. En effet, on les transporte difficilement dans d'autres contrées, parce que lorsqu'elles sont renfermées dans des cages, la plupart se désespérent; la même chose leur arrive, lorsqu'on les jette dans une voliere au moment qu'elles ont été prises & à la sortie du filet. Il faut donc, pour éviter cet accident, en mêler, parmi les nouvelles captives, d'anciennement enrôlées, qui aient été élevées par les Oiseleurs à l'effet de servir comme d'appeaux pour attirer les autres : ces anciennes adouciront le chagrin des autres en voltigeant autour d'elles, & celles-ci s'accoutumeront peu-à-peu à chercher à boire & à manger, dès qu'elles verront celles qui sont privées le faire. Elles veulent un endroit qui soit exposé au Soleil & disposé de la même façon que celui des pigeons, avec cette différence qu'il sera traversé par des perches plantées dans des trous faits aux deux murs opposés, sur lesquelles elles se jucheront lorsqu'elles voudront prendre du repos après avoir mangé : ces perches ne doivent pas être plus élevées de terre qu'il n'est nécessaire pour qu'un homme puisse y atteindre en se tenant debout. On met communément leur mangeaille dans les parties de la voliere au-dessus desquelles il n'y a point de perches, afin qu'elle se maintienne plus propre. Au surplus, cette mangeaille consistera en figues séches broyées avec soin & mêlées de fleur de farine, & on leur en donnera assez copieusement pour qu'il y en ait toujours de reste. Il y a des personnes qui mâchent ces figues avant de les leur donner, mais il n'est pas à propos de suivre cette méthode quand on a une grande quantité de grives, parce que les gens qu'on emploie à les mâcher sont d'un loyer cher, & qu'ils en avalent eux-mêmes une certaine quantité, vu la douceur de ce fruit. Bien des personnes pensent qu'il faut diversifier leur mangeaille, de peur qu'elles ne viennent à se dégoûter, si on ne leur donne toujours que la même chose. Cette variété consiste à leur donner en même-temps de la graine de myrthe & de lentisque, ainsi que des baies d'olivier sauvage & de lierre, & même des arboux, parce que ces fruits, qui sont ceux après lesquels ces oiseaux courent ordinairement dans les champs, préviendront aussi leur dégoût lorsqu'ils seront tranquilles dans des volieres & qu'ils exciteront leur appétit, ce qui est très-avantageux, d'autant que plus ils mangent plutôt ils engraissent. Quoi qu'il en soit, on mettra toujours auprès d'eux de petits augets pleins de millet, parce que c'est leur nourriture la plus solide, & qu'on ne leur donne les autres choses, que nous venons de détailler, qu'en guise de bonne chere. Les vases dans lesquels on leur mettra de l'eau fraîche & propre ne diffèrent en rien de ceux des poules (1). M. Terentius assure (2) qu'avec de pareils soins & de pareilles dépenses, on vendoit souvent les grives trois *denarii* piece du temps de nos ancêtres, lorsque des Triomphateurs (3) vouloient régaler le peuple. Mais comme aujourd'hui le luxe de notre siecle a rendu ce prix très-commun, les Paysans eux-mêmes ne doivent point dédaigner ce revenu. Nous avons parcouru à-peu-près toutes les especes d'animaux que l'on nourrit dans l'enclos des métairies, il nous faut à présent traiter de ceux qu'on laisse aller paître dans les champs.

---

(1) Voyez-en la description dans le Chap. III.

(2) Voy. les Chap. II & IV. de l'Economie rurale de Varron, Liv. III.

(3) Le triomphe étoit le plus grand des honneurs, que le peuple Romain accordoit aux Généraux vainqueurs à leur rentrée à la ville. Le Triomphateur étoit couronné de laurier & traîné dans un char doré par des chevaux blancs. L'ennemi vaincu marchoit devant lui le col chargé de chaînes, & il montoit dans ce cortege, précédé du Sénat, au Temple de Jupiter, où on immoloit un taureau blanc, après quoi il étoit reconduit chez lui avec la même pompe, & donnoit un festin au peuple.

CHAPITRE XI.

L'Éducation des paons demande plutôt les soins d'un Chef de famille élégant, que ceux d'un paysan grossier, quoiqu'elle ne soit point cependant étrangere même à un Agriculteur, pour peu qu'il cherche à se procurer des plaisirs en tout genre, pour charmer la solitude de la campagne. La beauté de ces oiseaux fait plaisir aux Errangers eux mêmes, à plus forte raison à ceux qui en sont propriétaires. On en garde aisément dans de petites Isles couvertes de bois, telles qu'il s'en trouve près de l'Italie. En effet, comme cet oiseau ne peut pas voler haut ni au loin, & que d'ailleurs il n'y a point de voleurs ni d'animaux nuisibles à craindre dans ces Isles, il peut y errer avec sûreté sans gardien, & trouver par lui-même la meilleure partie de sa nourriture. Les femelles s'y voyant aussi comme à l'abri de l'esclavage, y nourrissent volontiers leurs petits avec plus d'attache, de sorte que celui qui prend soin du troupeau n'a rien autre chose à faire dans ce cas-là, qu'à le rappeller à certaines heures du jour auprès de la métairie par un signal quelconque, & à lui donner à son arrivée un peu d'orge, tant afin de le mettre à l'abri du besoin de manger, qu'afin d'en faire la revue à mesure qu'il arrivera.

Mais comme il est rare qu'on soit dans le cas d'avoir une Isle pareille en sa possession, il faudra se donner plus de soins dans les lieux situés au milieu de la terre ferme ; & voici en quoi consisteront ces soins. On clorra d'une haute muraille une plaine couverte d'herbes & de bois : on appliquera des galeries à trois des côtés de cette muraille, & sur le quatrieme on construira deux cabanes, dont l'une servira d'habitation au Gardien des paons, & l'autre de retraite à ces oiseaux. On fera ensuite le long de ces galeries des enceintes de roseaux, en forme de cages pareilles à celles qui sont au-dessus des colombiers. Ces enceintes seront distribuées en plusieurs parties, & traversées par des especes de treillis formés de roseaux, de façon que chacune de ces différentes parties ait deux entrées par chacun de ses côtés. La retraite de ces oiseaux doit être exempte de toute humidité. On y plantera sur le sol des rangées de petits pieux, dont l'extrémité supérieure sera aiguisée en pointe, pour pouvoir être introduite dans des perches transversales qui seront percées à cet effet. Les perches destinées à être posées sur ces pieux doivent être quarrées, afin que l'oiseau puisse se jucher dessus. D'un autre côté elles doivent s'enlever facilement de dessus les pieux, afin que, lorsque le cas l'exigera, on puisse les en retirer, pour donner la liberté du passage à ceux qui auront à balayer. Lorsque cet oiseau a atteint sa quatrieme

année, il engendre très-bien, au lieu qu'il est ou
stérile ou peu fécond dans un âge plus tendre.
Le paon a la lubricité des coqs, aussi lui faut-il
cinq femelles : car s'il arrivoit que, n'en ayant
qu'une ou deux, il les coquât ou trop souvent
ou lorsqu'elles seroient pleines, il endommage-
roit les œufs à peine formés dans leur ventre,
& les empêcheroit de venir à bien, en les faisant
tomber de la matrice avant qu'ils soient à leur
terme. Il faut, vers la fin de l'Hiver, exciter
l'ardeur de ces oiseaux, dans les deux sexes,
par des nourritures qui les provoquent au plaisir. Ce qui y contribuera le plus, ce seront des
fèves grillées à une flamme légere, qu'on leur donnera toutes chaudes & à jeûn tous les cinq jours,
sans néanmoins excéder la mesure de six *cyathi*
par tête. Il ne faut pas leur jetter de la mangeaille
pour tous en commun, mais il faut en mettre
séparément dans chacune des enceintes que j'ai
dit qu'il falloit former de roseaux, en réglant la
quantité de cette mangeaille sur le nombre de
cinq femelles & un mâle : il en sera de même
de l'eau qui leur servira de boisson. Quand cette
distribution sera faite, on conduira les mâles
avec leurs femelles, chacun dans leurs enceintes
particulieres, de sorte que tout le troupeau se
repaîtra également, sans qu'il survienne de dif-
férend entre les têtes qui le composent ; car il se
trouve aussi parmi les oiseaux de cette espece
des mâles qui cherchent à se battre, & qui em-

pêchent les plus foibles de manger & de coquer,
si on n'a pas soin de les séparer de cette façon.
Communément, dans les lieux exposés au Soleil,
les mâles sont tourmentés du desir de coquer les
femelles dès que les vents *Favonii* (1) ont commencé à souffler, c'est-à-dire, entre les Ides (2)
de Février & le mois de Mars. On reconnoît
l'ardeur de leur passion en les voyant se couvrir,
comme s'ils s'admiroient eux-mêmes, avec les plumes brillantes de leur queue, ce qu'on appelle
rotare (3). Dès que le temps où les femelles ont
dû être coquées est passé, il faut les garder à vue,
afin qu'elles ne pondent point ailleurs que dans
leurs retraites ; on leur tâtera souvent aussi les
parties avec les doigts, parce que leurs œufs s'y
trouvent tout à l'entrée, quand elles sont prêtes
à pondre. Il faut donc renfermer celles qui seront
dans ce cas-là, afin qu'elles ne pondent pas hors
de leur enceinte. Il faut aussi y étendre beaucoup
de paille, sur-tout dans le temps où elles pondront, afin que tous leurs œufs soient reçus plus
sûrement : car elles pondent communément lorsqu'elles viennent prendre le repos de la nuit,

---

(1) Voy. la Note 6 du Chap. VI. de l'Economie rurale de
Caton.

(2) Voy. la Note 1 du Chap. XXVIII. de l'Economie rurale de Varron, LIV. I.

(3) Nous avons conservé dans la même signification l'expression, *faire la roue.*

& qu'elles se sont juchées sur les perches dont nous avons parlé, & par conséquent plus l'endroit où leurs œufs tombent est voisin d'elles & mollet, plus ces œufs se conservent intacts. Il faut donc visiter leurs retraites bien exactement tous les matins, dans le temps de la ponte, & ramasser les œufs qui seront à terre. Plus ils seront frais, quand on les donnera à couver à des poules, plus ils éclorront facilement ; & il est très - intéressant pour le profit du Chef de famille que ce soit à des poules à qui on les donne à couver, parce que les paones que l'on ne fait point couver pondent communément trois fois par an, au lieu que celles que l'on fait couver perdent tout le temps de leur fécondité à faire éclorre leurs œufs, comme à élever leurs petits. La premiere ponte est communément de cinq œufs, la seconde de quatre, & la troisieme de deux ou trois. Il ne faut pas se hazarder à faire couver des œufs de paones par des poules de Rhodes, qui ne nourrissent pas bien leurs poussins même ; mais on prendra pour cela de vieilles poules parmi celles de notre pays, en choisissant les plus grandes de cette espece, & on leur fera couver pendant neuf jours, à commencer du croissant de la Lune, neuf œufs, dont il y en aura cinq de paones & quatre de poules : le dixieme jour on retirera tous les œufs de poule & on en remettra autant de nouveaux de la même espece, afin qu'ils puissent éclorre avec ceux de paones

le

le trentieme jour de la Lune , qui eſt communément celui de la nouvelle Lune. Mais il faut
que le Gardien ne manque pas d'épier les momens où la mere ſortira de ſa retraite , afin d'y
entrer ſouvent pour retourner lui - même à la
main les œufs de paone , que les poules remuent
plus difficilement que les leurs propres , attendu
leur groſſeur ; & pour s'acquitter plus exactement
de cette fonction , il aura ſoin de les marquer
tous d'un ſeul côté avec une liqueur noire , afin
de reconnoître à cette marque quand la poule
les aura retournés elle-même , ou non. Du reſte ,
ſouvenons-nous qu'il faut employer à cette opération , ainſi que je l'ai déja dit , les plus grandes
poules de baſſe-cour ; car ſi elles étoient d'une
moyenne taille , il ne faudroît pas leur faire
couver plus de trois œufs de paones avec ſix de
poules. Lorſque la poule aura fait éclorre les petits , il faudra donner les pouſſins à nourrir à une
poule , & raſſembler les paoneaux à meſure qu'ils
ſeront nés auprès d'une ſeconde , juſqu'à ce qu'elle
en ait un troupeau compoſé de vingt-cinq têtes.
Il ne faudra pas cependant retirer de deſſous la
poule les paoneaux, non plus que les pouſſins, dès
le premier jour de leur naiſſance , & ce ne ſera
que le lendemain qu'il faudra les transférer avec
celle qui doit les élever dans une cage , où on
les nourrira les premiers jours avec de la farine
d'orge humectée de vin , ou bien avec une petite
bouillie faite avec telle eſpece de bled que ce

ſoit & refroidie. Peu de jours après on y ajoutera des porreaux de Tarentum hâchés & du fromage mou bien égoutté, parce qu'il eſt conſtant que le petit lait nuit aux paoneaux. Des ſauterelles, auxquelles on a attaché les pattes, paſſent auſſi pour une nourriture qui leur eſt bonne, & il faut leur en donner juſqu'au ſixieme mois, après quoi il ſuffira de leur jetter de l'orge à la main. On peut auſſi les mener trente-cinq jours après leur naiſſance aux champs même ſans avoir rien à craindre, parce que le troupeau ſuit la poule toutes les fois qu'il l'entend gloſſer, comme ſi c'étoit ſa propre mere. Le gardien porte alors aux champs la mere renfermée dans une cage, & après l'avoir fait ſortir, il la garde à vue en lui liant la patte avec une longue ficelle, de ſorte que les paoneaux puiſſent voltiger autour d'elle, après quoi, lorſqu'ils ſe ſont bien repûs, on les remene facilement à la métairie, parce qu'ils ne s'écartent point, comme je l'ai dit, de leur nourrice qu'ils entendent gloſſer. Tous les Auteurs conviennent aſſez unanimement qu'il faut éviter de mener paître, dans l'endroit où ſera cette poule, d'autres poules qui éleveront des pouſſins, parce que, dès que celles-ci apperçoivent les paoneaux, elles ceſſent d'être affectionnées à leurs petits & les abandonnent avant de les avoir élevés, comme ſi elles les euſſent pris en averſion, par la raiſon qu'ils ne reſſemblent aux paons ni par la taille ni par la beauté. Ces oiseaux sont sujets aux mêmes maladies que celles auxquelles les poules sont ordinairement sujettes, aussi ne leur donne-t-on pas non plus d'autres remedes que ceux que l'on employe pour les poules, puisqu'on les guérir de la pipie, de l'indigestion & de telle autre maladie que ce soit avec les remedes que nous avons indiqués (4). Passé le septieme mois à compter depuis leur naissance, il faut les enfermer avec les autres paons dans leurs retraites pour y prendre le repos de la nuit; mais on prendra garde qu'ils ne se tiennent sur la terre, & on relevera ceux qui pourroient se coucher ainsi pour les poser sur les perches, afin que le froid ne les incommode pas.

CHAPITRE XII.

L'ÉDUCATION des poules de Numidie est à-peu-près la même que celle des paons. Pour les poules sauvages, que l'on appelle *rustica*, elles ne pondent point dans la captivité ; ainsi nous n'avons rien autre chose à prescrire à leur sujet, si ce n'est qu'il faut leur donner à manger tant qu'elles en veulent, pour les rendre plus propres à couvrir les tables dans un festin.

---

(4) Voy. le Chap. V.

CHAPITRE XIII.

JE passe aux oiseaux que les Grecs appellent ἀμφίβια (1), parce qu'ils ne se contentent pas de la pâture qu'ils trouvent sur terre, & qu'ils en cherchent aussi dans l'eau, n'étant pas plus habitués à la terre qu'aux étangs. Entre ces oiseaux, l'oie est l'espece la plus recherchée par les gens de la campagne, parce qu'elle ne demande pas de grands soins, & qu'elle est de meilleur guet que le chien même, puisqu'elle trahit par son chant les gens qui sont en embuscade, ainsi qu'il arriva au siege du Capitole (2), suivant ce que dit l'Histoire, lorsque ces oiseaux firent entendre leur chant à l'arrivée des Gaulois, pendant que les chiens étoient restés muets. On ne peut pas néanmoins avoir d'oies partout, d'après l'opinion très-sensée de Celsus (3), qui dit que l'oie ne se soutient pas aisément sans eau, non plus que sans une grande quantité d'herbes, & qu'il y a du danger à en avoir dans de jeunes plants,

---

(1) C'est-à-dire, *amphibies.* Voy. la Note 1 du Chap. X, de l'Economie rurale de Varron, Liv. III.

(2) Voy. la Note 18 du Chap. XVII. de l'Economie rurale de Varron, Liv. III.

(3) Voy. la Note 32 du Chap. I. Liv. I.

parce qu'elle arrache toutes les productions tendres qu'elle peut y rencontrer. Mais il en faudra nourrir dans tout endroit où il se trouvera
un fleuve ou un lac, & dans le voisinage duquel
il y aura beaucoup d'herbes ou des terres ensemencées : ce n'est pas que nous pensions qu'on
doive le faire, par la raison que cet oiseau rapporte
beaucoup de profit, mais seulement parce qu'il
n'est point à charge, quoiqu'on retire même un
certain produit de ses petits & de ses plumes,
que l'on peut arracher non pas seulement une
fois l'an, comme la laine des brebis, mais deux
fois, sçavoir au Printemps & en Automne. Il
faut donc en élever au moins une petite quantité, quand la situation des lieux le permet, &
ne donner que trois femelles à chaque mâle,
parce que la pesanteur des mâles les empêche
d'en couvrir un plus grand nombre. Il faut en
outre, pour les mettre à l'abri, leur faire, dans
l'intérieur de la cour & dans des coins retirés,
des logettes dans lesquelles elles se coucheront
& feront leur ponte.

CHAPITRE XIV.

Quant à ceux qui s'attachent à avoir par
troupeaux des oiseaux qui nagent, ils doivent for-

mer des *Chénobofcia* (1) , qui ne feront honneur qu'au cas qu'ils foient difpofés de la façon qui fuit. On aura une cour féparée dont tous les autres beftiaux ne pourront pas approcher, & qui fera environnée d'une muraille de neuf pieds d'élévation , avec des galeries rangées de façon qu'il y ait dans quelque coin une cabane pour le gardien. On conftruira enfuite fous ces galeries, avec du moëlon , ou même avec de la petite brique, des logettes quarrées : il fuffit que chacune de ces logettes ait trois pieds en tout fens , & il faut que l'entrée en foit munie de petites portes folides , parce qu'on doit les fermer exactement dans le temps de la ponte de ces oifeaux. Enfuite s'il fe trouve hors de la métairie un étang ou un fleuve à quelque diftance des bâtimens , on ne cherchera pas à fe procurer d'autre eau , mais s'il n'y en a point , on fera des mares & des réfervoirs d'eau artificiels , afin que ces oifeaux ne manquent point d'endroits où ils puiffent fe plonger , parce que cette reffource leur eft auffi néceffaire pour vivre que celle de la terre. On leur réfervera auffi un terrein marécageux bien fourni d'herbes , & entr'autres pâturages qu'on y femera , tels que la vefce , le treffle & le fenu-Grec , on n'oubliera pas furtout d'y femer de cette efpece de chicorée que

____

(1) C'eft-à-dire , *des endroits où paiffent les oies* , de χην , qui veut dire *oie*, & βόσκω , qui veut dire *paître*.

les Grecs appellent σέρις (2). Il faut encore semer particuliérement de la graine de laitue, parce que c'est un herbage très-tendre & fort recherché par ces oiseaux, outre que c'est une nourriture excellente pour leurs petits. Toutes ces choses ainsi préparées, il faut avoir soin de choisir des mâles ainsi que des femelles de la plus grande taille, & dont la couleur soit blanche : car il y a une espece d'oie bigarrée, qui étoit sauvage dans le principe & qui n'est devenue domestique que depuis qu'on l'a apprivoisée, mais il ne faut pas en élever, parce qu'elle n'est pas aussi féconde ni d'un aussi grand prix que les autres. Le temps le plus propre pour faire accoupler les oies, c'est depuis le Solstice d'Hiver, comme le plus propre pour les faire pondre & couver, c'est depuis les Calendes (3) de Février ou de Mars jusqu'au Solstice, qui arrive vers la fin du mois de Juin. Elles ne s'accouplent pas comme les premiers oiseaux dont nous avons parlé, en se tenant sur terre, mais elles le font communément dans des rivieres ou dans des réservoirs d'eau ; elles pondent chacune trois fois par an, pourvu qu'on les empêche de faire éclorre leurs œufs, ce qu'il est plus avantageux de faire, que de les leur donner

---

(2) Lémery donne le nom de *seris* à deux especes de chicorées, sçavoir à l'*endive vraie* & à la *chicorée frisée*.

(3) Voy. la Note 1 du Chap. XXVIII. de l'Economie rurale de Varron. Liv. I.

à couver à elles - mêmes, parce que les poules auxquelles on les donne à couver, nourrissent mieux les petits qui en sont venus, & que le troupeau devient par là bien plus nombreux. Elles donnent cinq œufs à la premiere ponte, quatre à la suivante, & trois à la derniere : quelques personnes leur laissent élever les petits de cette derniere ponte, parce qu'elles ne doivent plus pondre de tout le reste de l'année. Il ne faut pas laisser pondre les femelles hors du clos qui leur est destiné, ainsi, lorsqu'elles paroîtront chercher un endroit pour le faire, on leur tâtera le ventre en le pressant pour s'assurer de leur état, parce que, dès qu'elles approchent du moment de la ponte, on sent avec le doigt les œufs qui sont alors sur le bord de leurs parties, & on les conduira à leurs logettes, où on les enfermera afin qu'elles y pondent. Il suffira d'avoir observé cette pratique une seule fois vis - à - vis de chacune, parce qu'elles retournent toujours toutes à l'endroit dans lequel elles ont pondu une premiere fois. Mais lorsqu'on veut qu'elles couvent elles-mêmes les œufs de la derniere ponte, il faut avoir soin de marquer ces œufs afin de les reconnoître, & de les mettre chacun sous celles qui les auront pondus, parce qu'on prétend que les oies ne font point éclorre des œufs qu'elles n'ont point pondus, à moins qu'elles n'en couvent en même-temps des leurs propres. Pour les poules, on leur donne à couver autant d'œufs d'oies que

d'œufs de paones , c'est-à-dire cinq au plus &
trois au moins , au lieu qu'on en donne aux oies
sept au moins & quinze au plus. Mais on doit
avoir la précaution de mettre sous les œufs des
racines d'orties , qui sont une espece de remede
propre à le corriger : on n'y met point les orties
même , de peur qu'elles ne blessent les oisons
lorsqu'ils seront éclos , d'autant qu'ils périroient
infailliblement s'il arrivoit qu'ils en fussent piqués
dans leur enfance. Il faut trente jours pour que les
oisons se forment & qu'ils sortent de l'œuf , lorsqu'il fait froid ; car , lorsqu'il fait chaud , il suffit
de vingt-cinq jours , quoique le plus souvent on ne
les voie éclorre que le trentieme jour. Tant qu'ils
sont petits , on les nourrit les dix premiers jours
dans la logette où ils sont renfermés avec leur
mere , après quoi , lorsque le beau temps le permet , on les mene dans les prés & aux réservoirs
d'eau. Il faut prendre garde qu'il ne leur arrive
d'être piqués par des orties , & éviter de les
envoyer aux pâturages sans les avoir rassasiés auparavant de chicorée ou de feuilles de laitue
hâchées. En effet , s'ils y alloient quand ils sont
encore foibles , sans avoir pris de nourriture auparavant , ils s'opiniâtreroient si fort à arracher
de terre les arbrisseaux ou les herbes , qu'ils se
romproient le col (4). On fait bien de leur don-

---

(4) Tout surprenant que nous paroisse ce fait , il semble
qu'on ne puisse pas douter de son existence en Italie,

ner aussi du millet ou même du froment dans
de l'eau. Lorsqu'ils sont devenus un peu plus
forts, on les incorpore dans la troupe de leurs
camarades, & on les nourrit d'orge : il est également utile d'en donner aux meres. Il n'est pas
à propos de mettre plus de vingt oisons dans la
même logette, comme il ne faut pas non plus
en mettre de trop petits avec de plus grands,
parce que les plus forts tueroient les plus foibles.
Il faut tenir très-séches les retraites dans lesquelles ils se couchent habituellement, & y étendre
de la paille, ou, à défaut de paille, du foin
qui leur est également agréable. Pour le surplus,
on observera les préceptes que nous avons donnés
par rapport aux autres especes de poussins (5),
& qui consistent à empêcher qu'ils ne sentent
l'odeur d'une couleuvre ou d'un furet, de même
que celle d'un chat ou même d'une belette, parce
que ces animaux pestilentiels font communément
un carnage affreux de ces oiseaux, lorsqu'ils font
jeunes. Il y a des personnes qui donnent aux
oies de l'orge détrempée, pendant qu'elles couvent, sans permettre que les meres abandonnent
souvent leurs nids : les mêmes personnes donnent
aussi aux oisons, pendant les cinq premiers jours
depuis qu'ils sont éclos, du gruau ou de la fa-

---

puisqu'il est confirmé par Varron, Liv. III. Chap. X. de
son Economie rurale, & par Pline 10, 59.
   (5) Dans le Chap. V.

rine détrempée, comme aux paons. D'autres leur donnent encore dans de l'eau du creffon vert hâché en petits morceaux , & cette nourriture leur eft très-agréable. Par la fuite , lorfqu'ils ont quatre mois , on deftine les plus grands d'en-tr'eux à l'engrais , parce que la jeuneffe eft l'âge que l'on regarde comme le plus propre pour les engraiffer. L'engrais de ces oifeaux eft fa-cile à faire , puifqu'il n'y a abfolument rien autre chofe à leur donner, que du gruau & de la fleur de farine trois fois par jour , pour-vu qu'on les mette à portée de boire copieufe-ment , qu'on ne leur laiffe point la liberté de courir , & qu'on les tienne renfermés dans un lieu chaud & obfcur , toutes chofes qui contri-buent beaucoup à former la graiffe. En fuivant cette méthode , on vient à bout de les engraiffer en deux mois , & il arrive même fouvent que la couvée la plus jeune eft engraiffée au bout de quarante jours.

CHAPITRE XV.

IL faut prendre les mêmes foins pour former un endroit où l'on élevera des canards, mais la dé-penfe en fera plus confidérable , parce qu'on y renfermera , pour les y nourrir, non-feulement des canards , mais encore des farcelles , des

boscides, des *phalerides* (1), & d'autres oiseaux
semblables, qui fouillent dans les étangs & dans
les marais. On choisit à cet effet un terrein
plat, que l'on entourre d'une muraille de quinze
pieds d'élévation, ensuite on le couvre avec un
treillage ou avec des filets à grandes mailles,
afin que ces oiseaux domestiques n'aient point la
faculté de s'envoler, & que les aigles & les oiseaux de proie ne puissent pas fondre sur eux.
On revêtira aussi toute cette muraille, tant en
dedans qu'en dehors, d'un enduit bien poli, de
peur que les chats ou les furets (2) ne grimpent
par-dessus. Ensuite on creusera dans le milieu
de cet enclos un bassin de deux pieds de profondeur, & dont la longueur, ainsi que la largeur,
seront déterminées par la situation du lieu. On
pavera en ouvrage de Signia les descentes qui
conduiront à l'eau, de peur qu'elles ne viennent
à être dégradées par l'impétuosité de l'eau, qui
coulera toujours à travers le bassin, au cas qu'elle
vienne à se déborder. Il ne faut pas que ces descentes soient coupées en forme de degrés, mais

---

(1) Voy. la Note 1 du Chap. XI. de l'Economie rurale de
Varron, Liv. III.

(2) Nous lisons *viverra*, qui veut dire *furet*, au lieu de
vipera, non pas que les viperes ne puissent aussi monter au
haut d'un mur, comme l'ont prétendu quelques Interprètes,
mais parce que la vipere est moins pernicieuse à ces oiseaux que le furet. Nous avons aussi lû *viverra* au lieu de
vipera dans le Chap. précédent, par la même raison.

elles doivent gagner l'eau infenfiblement , de
façon que l'on y defcende comme on defcend
du rivage à la mer. Il faut paver en pierres &
revêtir d'un enduit le fol du baffin dans tout fon
contour , jufqu'aux deux tiers à-peu-près de fa
longueur & de fa largeur en tirant vers le centre , afin qu'il n'y puiffe pas croître d'herbes ,
& que cette partie du fol préfente aux oifeaux ,
lorfqu'ils nageront, un efpace libre & bien uni :
d'un autre côté , le centre doit refter en terre-
plain , pour pouvoir être enfemencé de fèves
d'Egypte , ainfi que d'autres verdures faites à
l'eau , qui puiffent ombrager les retraites des oifeaux. Il s'en trouve, à la vérité, dans le nombre
qui fe plaifent à fe tenir fous de petites forêts
de tamaris , ou au milieu des plantations de
joncs d'eau ; mais ce n'eft pas un motif fuffifant
pour que ces petites forêts occupent tout le baffin ,
& le contour, au contraire, n'en doit point être
couvert, ainfi que je l'ai dit, afin que , lorfque
les oifeaux feront ragaillardis par le beau temps ,
ils puiffent s'ébattre entr'eux , en nageant rapi-
dement & fans rencontrer d'obftacle qui arrête
leur courfe. En effet , fi d'un côté ils font bien
aifes de trouver des endroits où ils puiffent fe
gliffer , pour tendre des pieges aux bêres aquatiques qui s'y tiennent cachées, ils feroient fâchés
d'un autre côté de ne point trouver d'efpaces
vuides, qu'ils puiffent traverfer en liberté. Les

bords du baſſin ſeront en outre tapiſſés d'herbes en-dehors de tous côtés ſur une largeur de vingt pieds, & l'extrémité de tout le terrein ſera garnie de logettes d'un pied en quarré, dans leſquelles les oiſeaux feront leurs nids, & qui ſeront conſtruites en pierre le long des murailles & revêtues d'un enduit. Ces logettes ſeront ſéparées l'une de l'autre par des arbriſſeaux de buis ou de myrthes, qui les couvriront de leur ombrage ſans monter plus haut que les murs. Enſuite on creuſera en terre un petit canal qui regnera tout le long des logettes, & dans lequel on jettera tous les jours la nourriture des oiſeaux, afin qu'elle ſoit entraînée par l'eau qui y coulera, parce que c'eſt la façon de nourrir ces ſortes d'oiſeaux. Ils aiment beaucoup les légumes (3) de terre, tels que le panis & le millet, ainſi que l'orge : on leur donne auſſi du gland & du marc de raiſin, lorſqu'on eſt à portée de le faire. Quant aux nourritures aquatiques, on leur donnera, ſi l'on eſt à portée d'en avoir, des écreviſſes, des *alleculæ* de ruiſſeaux, & toutes ſortes d'autres poiſſons de rivieres, du nombre de ceux qui ne croiſſent pas beaucoup. Les temps de l'accouplement de ces oiſeaux ſont les mêmes que pour les autres oiſeaux ſauvages, c'eſt-à-dire, que c'eſt le mois de Mars & le ſuivant. Il faut, pendant

---

(3) Voy. la Note 1 du Chap. VII. Liv. II.

ces deux mois, jetter de tous côtés dans leurs retraites des brins de paille avec de petites branches d'arbres, afin qu'ils puissent les ramasser, pour les employer à la construction de leurs nids. Mais la chose la plus importante à faire, lorsque l'on veut former un endroit où l'on veut élever des canards, c'est de ramasser les œufs des oiseaux que nous venons de nommer dans les environs des marais, lieux où ils pondent communément, & de les donner à couver à des poules de basse-cour, parce que, dès que les petits en sont éclos sous des poules & qu'ils ont été élevés par elles, ils perdent leur caractere sauvage, & ne manquent point de multiplier quand on vient à les renfermer dans des viviers, au lieu que si on vouloit renfermer, aussitôt qu'on les auroit pris, des oiseaux habitués à une vie libre, ils tarderoient à pondre dans la captivité. C'est en avoir assez dit sur l'entretien des oiseaux qui nagent.

CHAPITRE XVI.

MAIS en traitant des animaux aquatiques, me voici parvenu à propos aux soins que l'on doit prendre des poissons; ainsi, quoique je regarde le profit qu'on en peut tirer comme très-étranger aux Agriculteurs, (que peut-on en effet imaginer de plus opposé entre soi que la terre & l'eau ?) je ne négligerai pas d'en parler, parce que nos ancêtres ont célébré ce goût particulier, jusqu'au point de renfermer des poissons de mer dans de l'eau douce, & de prendre, pour nourrir des *mugiles* (1) & des *squali* (2), les mêmes soins que l'on prend aujourd'hui pour nourrir des murenes & des loups marins (3). En effet ces anciens descendans de Romulus (4) & de Numa (5), tout rustiques qu'ils étoient, avoient

---

(1) Voy. la Note 3 du Chap. III. de l'Economie rurale de Varron, Liv. III.

(2) Nous lisons *squali* au lieu de *scari*, tant parce que le *scarus* (tel que fut ce poisson que nous ne connoissons point) ne fut jetté sur les côtes d'Italie que sous l'Empereur Tibere Claude, que parce qu'on le regardoit comme le premier de tous les poissons, Pline 9, 17, au lieu que Columelle entend parler ici de poissons peu estimés & anciennement connus. D'ailleurs Columelle semble avoir sous les yeux le Chap. III. du Liv. III. de l'Economie rurale de Varron, où sont cités les *squali*. Voy. la Note 2 de ce Chapitre.

(3) Voy. la Note 16 du Chap. V. de l'Economie rurale de Varron, Liv. III. Les uns prétendent que c'est le lubin, d'autres le bar.

(4) Voy. les Notes 23 & 24 du Chap. I. de l'Economie rurale de Varron, Liv. II. touchant l'origine de ce Fondateur de la ville de Rome, à laquelle il donna son nom.

(5) Pompilius Numa, du Pays des Sabins, fut le second Roi des Romains, & se distingua par sa justice & sa piété. Il regna quarante ans.

fort

fort à cœur de se procurer, dans la vie qu'ils menoient à leurs Métairies, une sorte d'abondance en tout genre, semblable à celle qui regne parmi ceux qui vivent à la Ville. Aussi ne se contentoient-ils pas de peupler de poissons les viviers qu'ils avoient construits à cet effet, mais ils portoient la prévoyance jusqu'à remplir les lacs formés par la nature même de semences de poissons de mer qu'ils y jettoient. C'est ainsi que le Lac Velinus & le Sabatinus, aussi bien que le Vulsinensis & le Ciminus sont parvenus à nous donner en abondance non-seulement des loups marins (5) & des *auratæ* (6), mais encore de toutes les autres especes de poissons qui ont pû s'habituer à l'eau douce. Par la suite les siecles postérieurs ont abandonné ces soins, & la magnificence des gens opulens a commencé à renfermer la mer & Neptune (7) lui-même, usage qu'a vû naître le temps même de nos ancêtres auquel on rapporte l'action & le propos de Marcius Philippus que voici (comme étant l'un & l'autre

---

(6) Les Grecs appelloient ce poisson χρύσοφρυς, à cause de ses sourcils dorés. Quelques Interprètes croient que c'est le poisson connu sous le nom de *Dorade*, mais d'autres prétendent qu'il n'a rien de commun avec la *Dorade*, & qu'il est inconnu dans les mers de France.

(7) Voy. la Note 14 du Chap. V. de l'Economie rurale de Varron, Liv. II.

très-élégans, quoiqu'ils ne fussent dictés que par
la débauche la plus excessive). Cet homme mangeant un jour à la table de l'Hôte qui le logeoit
à Cassino, & ayant goûté d'un loup (3) pêché dans
un fleuve voisin qu'on lui avoit servi, le cracha,
& joignit à cette action impertinente ce propos :
je veux mourir, si je n'ai pas crû d'abord que c'é-
toit un poisson. Ce serment contribua donc à rendre la gourmandise de bien des gens encore plus
raffinée qu'elle ne l'avoit encore été, & apprit
aux palais les plus connoisseurs & les plus délicats à dédaigner les loups (3) pris dans les rivieres, pour ne vouloir que de ceux qui auroient
été fatigués en remontant le courant du Tybre.
Aussi Terentius Varron (8) assure-t-il qu'il n'y
avoit pas dans son siecle un seul fanfaron ni un seul
Rhinton (9), qui ne crût qu'autant valoit avoir
un vivier peuplé de grenouilles, comme d'en
avoir un peuplé de ces sortes de poissons. Et cependant, dans le temps même auquel Varron (8)
fait remonter ce trait de luxe, on vantoit beaucoup
l'austérité de Caton (10), quoique celui-ci eût
vendu lui-même, en sa qualité de Tuteur de Lu-

---

(8) Voy. le Chap. III. du Liv. III. de l'Economie rurale
de Varron.

(9) Voyez la Note 4 *ibid.*

(10) Voy. la Note 21 du Chap. II. *ibid.*

cullus (11), les viviers de son pupille, pour la somme énorme de quatre millions de *sestertii* (12). En effet les débauches du cabaret commençoient à être de mode dès le temps où l'on faisoit venir l'eau de la mer pour en remplir ces viviers, dont étoient si curieux Sergius Orata (13) & Licinius Murœna, qu'ils ne se plaisoient pas moins à porter le surnom des poissons qu'ils avoient pris, que le Numantin (14) & l'Isaurien (15) s'étoient plûs avant eux à porter celui des Nations qu'ils avoient conquises. Mais comme les mœurs ont aujourd'hui pris leur pli, de façon que ces usages sont non-seulement très-communs, mais qu'ils passent même au jugement de tout le monde pour très-louables & très-honnêtes,

---

(11) Voy. la Note 11 *ibid.*

(12) Nous préférons avec le P. Hardouin, dans ses notes sur Pline 9, 54, cette somme-ci à celle de quarante mil *sestertii* qu'on lit dans le Chap. II. du Liv. III. de l'Economie rurale de Varron, où ce trait est rapporté. Cette somme en effet répond mieux au sens de Columelle & à l'idée que présentent à notre esprit les richesses de Lucullus.

(13) D'autres Auteurs prétendent que le nom d'*Orata* venoit de deux grands anneaux d'or, que portoit ce Sergius.

(14) C'est Scipion Æmilianus, fils de Paul Emile, & adopté par le fils de Scipion l'Afriquain, qui détruisit non-seulement Numance dont il prit le surnom, mais encore Carthage.

(15) C'est P. Servilius qui conquit l'Isauria.

J'enseignerai aussi moi même la maniere dont un Chef de famille doit s'y prendre pour tirer du profit de sa Métairie dans ce genre, afin d'éviter de me donner l'air d'être le censeur trop tardif de tant de siecles qui ont précédé celui-ci. Quiconque aura donc acheté ou des Isles ou des possessions voisines de la mer, dans lesquelles il ne pourroit retirer aucun fruit de la terre, vû la maigreur du sol qui se fait communément remarquer sur le bord de la mer, travaillera à s'établir un fond de revenu sur la mer elle - même. Mais il faut communément commencer par examiner à cet effet la nature du terrein dans lequel on se sera déterminé à faire des viviers, parce que tous les rivages ne peuvent pas se faire à toutes sortes de poissons. On peut élever dans les contrées limoneuses des poissons plats, tels que la sole (16), le turbot, le *passer* (17) : elles

---

(16) Ainsi nommée à cause de sa ressemblance avec les semelles de souliers, qui portent le même nom en Latin. D'autres Auteurs l'ont appellée *lingulaca*, à cause de sa ressemblance avec la langue : elle a conservé à Rome le nom de *linguata*, & chez nous celui de *sole*.

(17) Pline 9, 20, dit que le *passer* ne differe du *turbot* qu'en ce que, lorsqu'il est élevé sur le côté, de façon que sa mâchoire inférieure soit tournée vers la terre, son ventre est à gauche & son dos à droite, au lieu que c'est le contraire dans le *turbot*. On comprend sous le nom de *passer*, la *limande*, le *flez*, la *plie*, le *carlet*.

sont encore très-convenables pour les *conchylia* (18), le *murex* (19), les *ostreæ* (20) & les *purpuræ* (18), ainsi que pour les coquillages des *pectunculi* (21), pour les *balani* (22) & pour les *sphondyli*. Quant aux bassins aréneux, on peut très-bien, à la vérité, y nourrir des poissons plats; mais on y nourrira encore mieux les poissons de haute mer, tels que les *auratæ* (6), les *dentices* (23) & les *umbræ* (23), tant celles de Carthage que celles de notre pays, au lieu que ces bassins sont moins propres aux *conchylia* (18). D'un autre côté, une mer pleine de rochers nourrira très-bien les poissons qui tirent leur nom de sa nature, c'est-à-dire, ceux que l'on appelle *saxatiles* (24), parce qu'ils se tiennent dans les ro-

---

(18) Les *conchylia* & les *purpuræ* étoient ces coquillages avec lesquels on faisoit anciennement la pourpre, secret absolument ignoré aujourd'hui. Il paroît par Pline 9, 36 : & 21, 8, que l'étoffe étoit appellé *conchyliata*, avant qu'elle eût atteint la couleur plus foncée de la pourpre.

(19) Le *murex* étoit autrement appellé *buccinus* ou *buccinum* de *buccina*, parce qu'il avoit la figure d'un *cor*.

(20) Toutes les especes d'huitres sont comprises sous ce nom.

(21) C'est vraisemblablement le *petoncle*.

(22) Ainsi nommés à cause de leur ressemblance avec le *gland de chêne*, que l'on nommoit en Grec βάλανος.

(23) Ces poissons ne sont pas dans le Catalogue des 174 poissons que donne Pline 32, 11.

(24) De *saxum*, qui veut dire *rocher*.

chers, tels que les *merulæ* (15), les *turdi* (16) &
les *melanuri* (17). De même qu'il faut connoître
les différences qui sont entre les rivages, il faut
aussi connoître celles qui sont entre les bras de
mer, pour ne se pas laisser tromper par des poissons
étrangers. En effet, tous les poissons ne s'accommodent
pas de toutes sortes de mer : l'*Aelops*,
par exemple, ne vit point dans d'autres mers que
dans celle de la Pamphylie, & le *faber* (18), ce
poisson que les habitans de Gadès, mon pays natal,
mettent au nombre des meilleurs poissons,
& que nous appellons, conformément à l'ancien
usage, *zeus* (18), ne vit que dans la mer Atlantique ; enfin le *scarus* (2), que les côtes de l'Asie
& de la Grece donnent par-tout en abondance
jusqu'à la Sicile, n'a jamais passé dans la
mer de Ligurie ni dans celle d'Ibérie par les Gaules.
Ainsi quand on prendroit quelques-uns de
ces poissons pour les jetter dans ses viviers, on

---

(15) On leur donne communément le nom de *merles*.

(16) Les Italiens appellent encore ce poisson *tordo*; nous
le connoissons sous le nom de *vielle*.

(17) De μέλας, qui veut dire *noir*, & ὄυρα, qui veut
dire *queue*, parce qu'il a la queue noire. Quelques Interprêtes veulent que ce soit la *perche de mer*.

(18) Pline 9, 18 & 32, 11, lui donne les deux mêmes
noms; on prétend que c'est le poisson que nous appellons *la
Dorée*, à cause de la couleur d'or de ses côtes, & que les
Marseillois appellent *truie*, parce qu'il grogne comme un
pourceau quand on le prend.

ne pourroit jamais les y conferver long-temps.
Entre tous les poiſſons de prix de notre pays,
on ne compte que la murene, qui, quoique originaire de la mer de Tharſe & de la mer Car-
pathienne qui eſt à l'extrémité de celle-ci, puiſſe ſoutenir telles mers étrangeres que ce ſoit,
dans leſquelles elle ſe trouve tranſportée. Mais
il eſt temps de parler de la poſition des viviers.

CHAPITRE XVII.

NOus penſons qu'un étang eſt parfait, lorſqu'il
eſt diſpoſé de façon que le flot de la mer, en y
entrant, repouſſe celui qui y étoit entré avant
lui, & l'empêche d'y ſéjourner long-temps. C'eſt
en effet l'état qui reſſemble le plus à celui de la
mer même, qui, perpétuellement agitée par les
vents, ſe renouvelle ſans ceſſe, & ne peut jamais
s'échauffer, par la raiſon que ſes eaux inférieures
qui ſont toujours les plus fraîches, remontent à
ſa partie ſupérieure. Au ſurplus, ou on taille cet
étang en plein roc, ce qu'on eſt très-rarement
dans la poſſibilité de faire, ou on le conſtruit ſur
le rivage en ouvrage de Signia ? N'importe de
quelle façon il ſoit formé, pourvu qu'il ſoit dans
le cas d'être continuellement raffraîchi par des
eaux nouvelles : mais, tel qu'il ſoit, il y faudra
pratiquer auprès de la terre ferme, des cavernes,

dont les unes seront simples & droites pour servir de retraites aux poissons couverts d'écailles,
& les autres, sans être trop spacieuses, présenteront divers contours dans lesquels les murenes
pourront se cacher, quoique quelques personnes
évitent de mêler ces derniers poissons avec d'autres, parce que, s'ils viennent à être attaqués de
la rage, à laquelle ils sont communément sujets
comme les chiens (1), il arrive très-souvent qu'ils
poursuivent les poissons couverts d'écailles, &
qu'ils les exterminent, en les mangeant en grande partie. Si la nature du lieu le comporte, il
faut que l'eau trouve des passages qui lui soient
ouverts sur tous les côtés du vivier, parce qu'elle sera plus aisément repoussée de l'étang où
elle aura séjourné longtemps, quand elle trouvera une issue du côté opposé à celui par lequel
le flot y sera entré. Nous estimons qu'il faut,
si la situation du lieu le permet, pratiquer ces
passages sur la partie inférieure de la digue qui
retient la mer, de façon qu'à l'aide d'un niveau
placé sur le sol de la terre, on soit assuré que
l'eau de la mer est à sept pieds d'élévation au-dessus de ce sol : en effet, il suffira aux poissons qui

---

(1) Je croirois volontiers que c'est une hyperbole, dont
se sert Columelle, pour exprimer la voracité de ces poissons, & qu'un animal qui est perpétuellement dans l'eau,
ne peut pas être sujet à cette maladie, qui provient toujours
d'un excès de chaleur & de sécheresse.

seront dans l'étang, d'y trouver de l'eau à cette hauteur, &, d'un autre côté, il n'y a point de doute que plus l'eau viendra du fond de la mer, plus elle sera fraîche & par conséquent convenable aux poissons qui nageront dedans. Mais si l'endroit où nous aurons jugé à propos de placer notre vivier est de niveau avec l'eau de la mer, il faudra creuser un bassin à la profondeur de neuf pieds, & percer le canal qui servira de passage au flot à deux pieds au-dessous de la partie supérieure de ce bassin : il faudra aussi avoir soin que la bouche de ce canal soit très-large, parce qu'il n'est pas possible que l'eau qui sera stagnante dans le bassin au-dessous du niveau de la mer, soit assez refoulée pour monter plus haut, sans que la nouvelle eau qui s'y rendra de la mer y vienne à grand flot. Bien des gens pensent qu'il faut pratiquer sur les côtés de ces sortes d'étangs de longues retraites pour les poissons, ainsi que des cavernes qui aillent en serpentant, & dans lesquelles ils puissent se mettre à couvert lorsqu'ils auront trop chaud. Mais, à moins que ces étangs ne soient dans le cas d'être traversés en tout temps par une eau nouvelle, qui vienne continuellement de la mer, cette méthode ne peut qu'être contraire aux poissons, parce que la nouvelle eau ne pénétrant pas facilement dans ces sortes de retraites, & l'ancienne n'en sortant qu'avec peine, elle est plus nuisible aux poissons en croupissant que l'abri ne leur est avantageux. Il faut cependant creuser sur les digues des especes de cases, où les poissons puissent se mettre à l'abri lorsqu'ils voudront éviter l'ardeur du Soleil, & d'où l'eau puisse néanmoins s'écouler facilement, lorsqu'elle y sera entrée. Au surplus, on aura l'attention de mettre au-devant des canaux par lesquels le réservoir se dégorgera, des barreaux de cuivre dont les ouvertures soient assez petites pour empêcher les poissons de passer à travers. Et si la largeur de l'étang le permet, il sera à propos qu'il s'y trouve renfermés par-ci par-là des rochers du rivage, & sur-tout de ceux qui seront couverts d'algue, afin que cet étang représente, autant que le génie humain peut atteindre à l'imiter, l'image d'une mer véritable, & que les poissons qui y seront renfermés s'aperçoivent le moins que faire se pourra de leur prison. Lorsque ces étangs seront ainsi disposés, on y mettra le troupeau aquatique, & l'on s'attachera principalement à avoir devant les yeux le précepte non moins intéressant dans cette économie relative aux fleuves, que dans l'économie terrestre, qui ordonne d'observer *ce que comporte chaque contrée* (2). En effet, on ne pourroit pas, quand on le voudroit, nourrir dans un vivier une aussi grande quantité de *mulli* (3), qu'on en voit quelquefois

---

(2) Vers du Liv. I. des Géorg. de Virgile.

(3) Nous l'appellons communément *surmulet* : il y a des contrées où il porte le nom de *rouget*, *barbu*, *mulet de mer* : les Bourdelois le nomment *barbeau*.

dans la mer, parce que ce poisson est très-délicat, & que la captivité lui est insupportable ; aussi est-il rare d'en trouver un ou deux sur plusieurs milliers qui s'habituent à leur prison, au lieu que nous avons souvent vû des troupeaux marins de lâches *mugiles* (4) & de loups (5) voraces vivre dans des viviers. Par la même raison nous ferons attention à la nature de notre rivage, avant de nous décider à renfermer, comme je l'ai prescrit, des rochers dans nos étangs , ou à rejetter cette méthode. Nous jetterons donc dans ces étangs des *turdi* (6) de toute espece , des *merulæ* (7) & des *mustelæ* (8) avides , ainsi que des loups (5) sans tache (car il y en a aussi de bigarrés). Nous y joindrons des murenes flottantes (9) que l'on compte entre les poissons les plus recherchés , & d'autres poissons de prix choisis dans l'espece des *saxatiles* (10) : car il n'y

---

(4) Voy. la Note 1 du Chap. précédent.

(5) Voy. la Note 3 *ibid.*

(6) Voy. la Note 26 *ibid.*

(7) Voy. la Note 25 *ibid.*

(8) Quelques sçavans ont crû que c'étoit la *lamproye*, mais Pline 9, 17, assurant qu'il n'y a que le foie de la *mustela* qui soit bon, le P. Hardouin dans ses Notes prétend que c'est la *lotte*, qu'il dit être un poisson de mer, comme de riviere.

(9) Voy. la Note 1 du Chap. VI. de l'Economie rurale de Varron, Liv. II.

(10) Voy. la Note 24 du Chap. précédent.

a aucun profit, je ne dis pas à nourrir, mais même à prendre des poissons communs. Les especes de poissons, que nous venons de détailler, peuvent également être renfermés dans des étangs formés sur un rivage sablonneux, comme dans des étangs pleins de vase & de limon, mais ceux-ci sont plus convenables, ainsi que je l'ai dit précédemment (11), aux *conchylia* (12) & aux poissons qui se tiennent toujours au fond de l'eau. Non-seulement l'emplacement d'un étang destiné à contenir des poissons couchés à plat, doit être différent de celui qui en contiendra de ceux qui se tiennent debout, mais on ne donne pas non plus la même nourriture aux uns & aux autres. En effet, on a soin de creuser un bassin à deux pieds sous terre pour les soles (13), pour les turbots & pour les poissons semblables, dans une partie du rivage qui ne manque jamais d'eau, même pendant le reflux de la mer. Ensuite on enfonce sur les bords de ce bassin des barreaux serrés les uns auprès des autres, & qui soient toujours plus élevés que l'eau, dans le temps même que le flux de la mer se fait sentir. Après quoi on l'entoure de digues jettées en avant qui en referment toute l'étendue dans leur sein, & qui sont construites de façon qu'elles soient plus élevées

---

(11) Dans le Chap. précédent.
(12) Voy. la Note 18 du Chap. précédent.
(13) Voy. la Note 16 *ibid.*

que le baſſin même. Moyennant cela l'impétuo-
ſité des vagues de la mer ſe trouve briſée par la
réſiſtance du mole qui leur eſt oppoſé, & les poiſſons qui ſe trouvent dans une eau calme n'y ſont
point expoſés à être chaſſés de la place qu'ils occupent, outre que le vivier lui-même ne ſe charge point de cet amas d'algue, que la fureur de la
mer vomit dans les temps orageux. Il faudra que
ces moles ſoient coupés par-ci par-là par de petits paſſages très-étroits & ſemblables aux détours du Meander, qui puiſſent laiſſer entrer dans
le baſſin les eaux de la mer pendant la plus violente tempête, ſans que l'agitation du flot s'y
faſſe ſentir. La nourriture des poiſſons qui ſont
couchés à plat doit être plus molle que celle des
ſaxatiles (10), parce que n'ayant point de dents,
ils la lêchent ou l'avalent entiere, ſans pouvoir
la mâcher. C'eſt pourquoi, il faut leur donner
des *haleculæ* (14) ſeches, des *chalcides* (14) ſalées
& des *ſardiniæ* (14) pourries, ainſi que des ouies
de *ſcarus* (15) & des inteſtins de *pelamis* 16) ou

* * *

(14) Le P. Hardouin, Note 8 ſur Pline 9, 48, conclut de
ce paſſage-ci que ces trois poiſſons ſont d'une même claſſe,
& même il ajoute que la *chalcis* & la *ſardinia* ſont abſolument le même poiſſon, & que c'eſt notre *ſardine*.

(15) Voy. la Note 2 du Chap. précédent.

(16) Pline 9, 15, nous apprend que le *pelamis* eſt le
thon lui même, qui, naiſſant en Eté, s'appelle *cordyla* juſqu'au Printemps qui ſuit ſa naiſſance, après quoi il s'appel-

de *lacertus* (17), ou des entrailles de maquereau,
de *charcharus* & d'*elacata* (18), en un mot de
toutes les immondices des poiſſons ſalés que l'on
jette hors des boutiques des vendeurs de marée.
Si nous avons détaillé toutes ces eſpeces de nourritures, ce n'eſt pas qu'on les trouve ſur toutes
les côtes, mais c'eſt afin qu'on donne à ces poiſſons celles d'entre elles qu'on aura ſous ſa main.
Dans le nombre des fruits, on peut leur donner
des figues ouvertes en deux, ainſi que de ces
noix qu'on caſſe avec les doigts, des cormes molles
bouillies, & toutes les autres eſpeces de nourritures
approchantes de celles que l'on avale, comme du
fromage fait depuis peu de temps avec du lait
nouvellement tiré, ſi la ſituation du lieu où le
bon marché du lait le permettent. Il n'y a cependant pas de pâture qui leur ſoit plus convenable que les ſalaiſons dont nous venons de parler, parce qu'elles ont de l'odeur, & que tous
les poiſſons qui ſont couchés à plat cherchent
plutôt leur nourriture avec les narines qu'avec

---

le *pelamis* juſqu'à la fin de l'année, du mot πηλὸς, qui
veut dire *bourbe*, parce qu'il ſe cache dans la bourbe, de
ſorte qu'il ne prend le nom de *thon* que l'année ſuivante.

(17) Il y en a de différentes eſpeces. On les appelle en
quelques endroits *aiguilles*, en d'autres *bécaſſes*.

(18) Pline 32, 11, l'appelle *helacatenes*. Le P. Hardouin
Note 51 *ibid.* aſſure que ces noms lui venoient de ſa reſ-
emblance avec une quenouille de femme, du mot ἠλακάτη,
qui veut dire *quenouille*.

les yeux. En effet, comme ils font toujours couchés fur le ventre, ils voient plutôt en l'air qu'ils
ne diftinguent ce qui peut être à terre de droite
ou de gauche. Auffi lorfqu'on leur jette des falaifons, en fuivent-ils l'odeur à la pifte, jufqu'à
ce qu'ils foient arrivés à l'endroit où eft cette
nourriture. Ces falaifons fuffifent auffi pour nourrir les autres poiffons *faxatiles* (10) ou de pleine
mer, quoiqu'on les nourriffe encore mieux avec
les mêmes poiffons quand ils font frais. Car l'*hale-
cula* (14) nouvellement pêchée, le *cammarus* (19),
le petit *gobio* (20) & en un mot tous les poiffons qui ne groffiffent point fervent de nourriture aux plus gros. S'il arrive cependant que la
violence des orages ne permette point de leur
donner ce genre de nourriture, on leur donnera
des boulettes de pain bis, ou des fruits de la
faifon coupés par morceaux. On leur jettera tous
les jours des figues feches, au cas qu'elles foient
très-abondantes (comme dans les contrées de la
Bétique & de la Numidie). Au refte, il ne faut
pas fe hazarder, comme font bien des gens, à
ne leur rien donner, fous le prétexte qu'ils peuvent fe foutenir pendant un certain temps, lorfqu'ils font renfermés. Car, pour peu que le poif-
fon n'ait pas été engraiffé par les nourritures que
lui aura données fon maître, fa maigreur annon-

____

(19) C'eft une efpece de *cancre*.
(20) On croit généralement que c'eft le *goujon*.

cera, lorsqu'on viendra à le porter au marché, qu'il n'a pas été pris en pleine mer, mais qu'il a été tiré d'un étang où on le gardoit, ce qui diminuera beaucoup de son prix. Je finirai ce Traité-ci par ce genre de nourriture dépendante des Métairies, afin que le Lecteur ne soit point excédé par la longueur d'un Volume trop considérable; & je reviendrai dans le Livre suivant aux soins que demandent les bêtes fauves & à l'entretien des abeilles.

Fin du huitieme Livre.

L'ÉCONOMIE RURALE

DE L. JUNIUS MODERATUS

COLUMELLE.

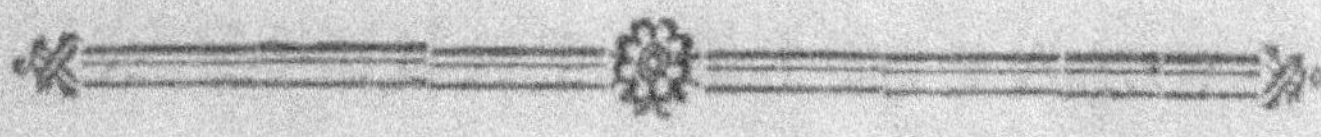

LIVRE NEUVIEME.

PRÉFACE.

JE passe à l'entretien des bêtes fauves & à l'éducation des abeilles, que je pourrois aussi, P. Silvinus, appeller avec raison des nourritures de Métairies, puisque c'étoit anciennement l'usage d'avoir auprès des Métairies, & communément sous l'habitation du Propriétaire, des parcs remplis de lévreaux, de chevreuils & d'autres bêtes fauves femblables , afin que la vue d'une chaffe circonfcrite dans un enclos pût flatter l'œil du Propriétaire , & qu'il fût à portée de tirer des bêtes de ces parcs, comme d'un garde-manger , dans le cas où il en avoit befoin pour fa table. On logeoit auffi, de notre temps même , des abeilles dans les mazures de la Métairie , ou fous des galeries couvertes & dans des vergers. Ainfi puifque nous avons rendu raifon du ti- tre que nous affignons à ce traité-ci , fuivons à préfent par détail chacun des objets que nous venons d'annoncer.

CHAPITRE PREMIER.

LEs bêtes fauves , telles que les chevreuils & les daims , ainfi que toutes les efpeces d'orix, de cerfs & de fangliers , font tantôt un objet de magnifi- cence & de plaifir pour un Propriétaire, tantôt un objet de profit & de revenu. Mais ceux qui ne font clorre un terrein que dans la vue d'y jouir du plai- fir de la chaffe , fe contentent d'inveftir en forme de parc le lieu le plus voifin de leurs bâtimens qui eft fufceptible de cette difpofition , & de donner continuellement à la main de la nourri- ture & de l'eau aux bêtes qu'ils y renferment , au lieu que ceux qui tendent au profit & au re- venu ne balancent point à deftiner aux animaux que nous venons de nommer, les forêts qu'ils peuvent avoir dans le voisinage de leur Métairie, (car il est important qu'elles ne soient point éloignées de l'œil du Maître) & si la nature leur refuse de l'eau, ils y font venir par artifice de l'eau courante, ou creusent des mares qu'ils pavent en ouvrage de Signia, pour contenir l'eau de pluie à mesure qu'elle tombera du ciel. Chacun réserve à cette destination une étendue de forêt proportionnée à ses facultés, & l'on ne manque pas de l'environner d'un mur construit en pierre, à chaux & à ciment, pour peu que le bon marché tant de la pierre que des journées des ouvriers engage à le construire ainsi, sinon on se contente d'un mur de brique crue & de mortier de terre. Mais quand le Chef de famille ne trouve son compte ni à l'une ni à l'autre de ces bâtisses, la raison veut qu'il ne ferme cet enclos que de *vacerræ* : c'est le nom que l'on donne à une espece de treillis formé de bois de robre, de chêne ou de liege, car on est rarement dans le cas d'y employer le bois d'olivier. En un mot, on choisit pour faire cette clôture tout ce qui résiste le plus long-temps aux injures de la pluie, en se réglant sur la nature du pays où l'on est. Au reste, soit que l'on emploie des troncs d'arbres dans leur entier, soit qu'on les fende en autant de parties que leur grosseur peut l'exiger, on les perce toujours de plusieurs trous sur les côtés, & après les avoir fichés en terre perpendiculairement autour du parc d'espaces en espaces, on insére des branches d'arbres en traverse dans les trous pratiqués sur les côtés, afin de fermer entiérement tout passage aux bêtes fauves. Or, il suffit, pour y parvenir, de ficher en terre les *vacerræ* de huit pieds en huit pieds de distance, & de les treillisser transversalement avec des barreaux de telle sorte, que les espaces vuides qui formeront les mailles du treillis ne soient point assez larges, pour laisser aux bêtes la liberté de s'enfuir. On peut clorre de cette façon des contrées même très-étendues, ainsi que des chaînes de montagnes entieres, telles qu'on en voit dans les Gaules & dans quelques autres Provinces, avec d'autant plus de facilité qu'il y croît une quantité immense de bois propre à fabriquer ces *vacerræ*, & que toutes les autres choses nécessaires à ce genre d'économie s'y rencontrent heureusement. En effet, non-seulement les fontaines y sont très-multipliées, chose très-salutaire aux especes de bêtes dont nous avons parlé, mais le sol leur fournit encore de la pâture de lui-même & avec la plus grande profusion. On choisit sur-tout des parties de forêts qui soient fertiles en productions données soit par la terre soit par les arbres, parce que ces animaux n'ont pas moins besoin du fruit des robres que des herbes : on recherche particuliérement les forêts qui produisent en abondance les glands du chêne, de l'yeuse & du *cerrus*, l'arboux & les autres fruits sauvages dont nous avons donné un détail plus circonstancié en traitant des animaux de basse-cour (1). En effet la pâture des bêtes fauves est presque la même que celle des animaux domestiques. Ce n'est pas qu'un Chef de famille attentif puisse s'en tenir aux nourritures que la terre produit d'elle-même, puisqu'il doit encore, dans les temps de l'année où les forêts ne fournissent point de pâtures, subvenir aux besoins des animaux qu'il tient renfermés, avec les fruits des récoltes qu'il aura serrés, en nourrissant ces animaux d'orge ou de bled *Adoreum* (2), ainsi que de fèves & de marc de raisin en quantité, & en leur donnant de tout ce qui sera à très-bon marché. Mais, afin que les bêtes fauves remarquent que l'on prend soin de leur donner ces sortes de nourritures, il faudra en lâcher dans le parc une ou deux qui auront été préalablement apprivoisées à la maison, & qui, parcourant tout le parc, ameneront avec elles à l'endroit où la nourriture sera répandue celles qui hésiteroient à s'y rendre. Ce n'est pas même seulement pendant la disette de l'Hiver qu'il est utile de suivre cette méthode, mais encore après que les bêtes fauves auront mis bas, afin qu'elles élevent mieux leurs petits. Le Gardien du parc doit donc examiner souvent si elles ont

---

(1) Dans le Chap. IX. du Liv. VII.

(2) Voy. la Note 1 du Chap. XXXIV. de l'Economie rurale de Caton.

mis bas , afin de les fuftenter avec du bled qu'il leur donnera à la main. Il ne faut pas laiffer vieillir les oryx , les fangliers ni les autres bêtes fauves au-delà de quatre ans , parce que , fi elles groffiffent jufqu'à cette époque , la vieilleffe les fait enfuite maigrir. C'eft pourquoi on aura foin de les vendre dans un temps où la vigueur de l'âge foutienne la beauté de leur corps. On peut néanmoins garder les cerfs pendant un plus grand nombre d'années , parce que leur jeuneffe dure long-temps , attendu que la nature leur a donné en partage une vie très-longue. Ce que nous avons à prefcrire relativement aux animaux de petite taille , tels que les lévrauts , c'eft de femer à leur intention , fur de petites planches difperfées de côté & d'autre dans des parcs qui feront entourés de murailles , des mêlanges de bleds & d'herbes potageres , comme chicorée fauvage & laitue. On tirera auffi de fes greniers des pois chiches , foit de ceux de Carthage , foit de ceux de notre pays , ainfi que de l'orge & de la geffe, qu'on leur donnera après les avoir fait tremper dans de l'eau de pluie , attendu que les lévrauts ne font pas grand cas de ces fortes de grains quand ils font fecs. On comprend aifément (quand je ne le dirois pas) qu'il y auroit peu de profit à renfermer ces animaux ou d'autres femblables dans des parcs entourés de *vacerre* , puifque la petiteffe de leur corps leur faciliteroit le moyen de fe gliffer à travers les mailles des treillis, & que trouvant des paſſages ouverts ils ne tarderoient pas à s'enfuir.

CHAPITRE II.

JE paſſe à l'entretien des ruches à miel, objet ſur lequel on ne peut pas donner aujourd'hui de préceptes plus exacts que ceux d'Hyginus (1), ni plus agréables que ceux de Virgile (2), ni plus élégans que ceux de Celſus (3). En effet Hygi-nus (1) a ramaſſé avec le plus grand ſoin tous les préceptes des anciens Auteurs, qui étoient épars dans les monumens les moins connus, Vir-gile (2) les a ornés des fleurs de ſa Poéſie, & Celſus (3) a pris le milieu entre ces deux Auteurs. Auſſi n'aurions-nous pas même entamé cette matiere, ſi le complétement de l'Art que nous avons entrepris d'enſeigner ne l'eût pas reven-diquée comme une de ſes parties, & ſi nous n'euſſions pas craint que l'enſemble de l'Ouvrage que nous avons commencé ne parût imparfait & mutilé, comme ſi nous en euſſions coupé, pour ainſi dire, un membre. Au ſurplus je ſerois plus porté à rejetter ſur la licence ordinaire des

(1) Voy. la Note 31 du Chap. I. Liv. I.
(2) Voy. la Note 25 de la Préf.
(3) Voy. la Note 32 du Chap. I. Liv. I.

Poëtes les chofes fabuleufes que l'on raconte fur l'origine des abeilles & qui n'ont point été omifes par Hyginus (1), qu'à y ajouter foi. Effectivement ce n'eft pas le fait d'un homme de la campagne de faire des recherches, pour fçavoir s'il y a jamais eu une femme de très-belle figure, nommée Meliffa (4) que Jupiter (5) 'a changée en abeille, ou fi (comme le dit le Poëte Euhemerus (6)) ce font des frelons qui ont engendré les abeilles avec le Soleil, fi ces abeilles, après avoir été élevées par les Nimphes (7) Phryxonides (8) , ont été les nourrices de Jupiter (5) dans la caverne de Dicté , & fi ce Dieu , pour les en récompenfer , a voulu qu'elles n'euffent pas d'autre nourriture que celle qu'elles lui avoient

---

(4) C'étoit une fille de Meliffus Roi de Crete , qui avoit nourri Jupiter , conjointement avec fa fœur Amalthée , de lait de chevre & de miel , ce qui donna lieu à la Fable par laquelle on prétendoit que ce Dieu avoit été allaité par une chevre, & que les abeilles voloient fur fa bouche dans fon enfance pour la remplir de miel.

(5) Voy. la Note 1 du Chap. CXXXI. de l'Economie rurale de Caton.

(6) Voy. la Note 2 du Chap. XLVIII. de l'Economie rurale de Varron , Liv. I.

(7) Voy. la Note 18 du Chap. I. *ibid.*

(8) On ne connoît point d'autre Auteur qui ait fait mention de ces Nymphes. Il y avoit dans la Théologie payenne une infinité de Fables différentes , fuivant lefquelles Jupiter avoit été nourri par une chevre , par des abeilles , par des pigeons , par une aigle & même par une truie.

donnée dans son enfance : car quoique de pareils faits ne soient point messéans dans la bouche d'un Poëte, Virgile (2) s'est néanmoins contenté de les toucher sommairement, puisqu'il n'en dit que ce mot unique dans un de ses vers : *Elles ont nourri le Roi du Ciel sous l'antre de Dicté.* Il n'est pas plus du ressort des Agriculteurs de sçavoir dans quel temps & dans quel pays ces insectes ont commencé à voir le jour, si c'est dans la Thessalie sous Aristée (9), ou dans l'Isle Cea, comme l'écrit Euhemerus (6), ou sur le Mont Hymette au temps d'Erichtonius (10), comme le dit Euthronius, ou enfin dans la Crete (11) au temps de Saturne (12), comme le prétend

---

(9) Voy. la Note 49 de la Préf. Liv. I.

(10) Voici ce que débite Servius sur cet Etre fabuleux. Vulcain ayant obtenu de Jupiter la permission de se marier avec Minerve, celle-ci, par sa résistance contre les efforts amoureux de ce Dieu, fut cause que le résultat de sa passion tomba à terre, & il en naquit un enfant qui avoit des pieds de dragon, auquel on donna le nom d'Erichtonius, comme étant engendré par la terre, & en conséquence d'une dispute, du mot ἔρις, qui veut dire *procès*, & de χθών, qui veut dire *terre*. Ce fut cet Erichtonius qui attela le premier des chevaux à un Char pour s'y faire traîner, afin de cacher la difformité de ses pieds.

(11) On a trouvé sur des médailles d'argent des Crétois la figure d'une abeille, ce qui sembleroit avoir rapport à cette Fable.

(12) Voy. la Note 9 du Chap. I. de l'Economie rurale de Varron, Liv. III.

Nicander (13) ; non plus que de sçavoir si les essains se multiplient par accouplement, comme nous le voyons pratiqué par les autres animaux, ou si ce sont les fleurs qui donnent aux abeilles des héritieres de leur nom, comme l'assure notre ami Maron (14), enfin si c'est par le bec ou par une autre partie du corps qu'elles rendent la liqueur du miel. C'est plutôt aux personnes qui travaillent à pénétrer les secrets de la nature, qu'aux gens de la campagne à faire des recherches sur ces objets comme sur d'autres semblables, & ces sortes de recherches sont plus flatteuses pour des Gens lettrés qui ont le loisir nécessaire pour vaquer à la lecture, que pour des Agriculteurs qui sont occupés, attendu qu'elles ne sont d'aucune utilité ni pour le progrès de leur ouvrage, ni pour l'économie domestique.

CHAPITRE III.

Nous allons par conséquent nous renfermer dans les objets qui sont plus convenables à ceux qui

---

(13) C'étoit tout à la fois un Poëte, un Médecin & un célebre Grammairien de Colophon, qui vivoit sous Attale le dernier des Rois de Pergame.

(14) Dans le Liv. IV. des Géorg.

font valoir des ruches. Le Fondateur de la fecte des Péripatéticiens (1), Ariftote (2), fait voir dans les Livres qu'il a compofés fur les animaux, qu'il y a de plufieurs fortes d'abeilles ou d'effains; qu'entre les différens effains, les uns font compofés de grandes abeilles, mais ramaffées, qui font noires & velues, & que d'autres font compofés d'abeilles plus petites à la vérité que les premieres, mais également rondes, & dont la couleur eft brune & le poil hériffé; qu'il y a des abeilles plus petites & moins rondes que les précédentes, quoique graffes & larges, & qui font de couleur de miel; qu'enfin il y en a de très-petites & très-déliées dont le ventre eft pointu, & qui font liffes & marquetées d'une couleur tirant fur l'or. Virgile (3), qui s'appuie de l'autorité de ce Philofophe, approuve auffi, entre autres, les abeilles qui font très-petites, oblongues, liffes, luifantes & *éclatantes comme l'or*, *& dont le corps eft marqueté de taches uniformes*, & les mœurs paifibles. En effet les abeilles font méchantes à proportion de leur grandeur, ainfi que de leur rondeur : néanmoins quand elles font de bonne efpece, ceux qui prennent foin des ruches vien-

---

(1) Voy. la Note 9 du Chap. I. Liv. I.

(2) Voy. la Note 25 du Chap. II. de l'Economie rurale de Varron, Liv. I.

(3) Voy. la Note 25 de la Préf. Liv. I. Le paffage cité ici eft du Liv. IV. des Géorg.

nent aiſément à bout d'appaiſer leur colere, en ſe montrant habituellement à elles. En effet, plus on les ſoigne ſouvent, plutôt elles s'apprivoiſent, & lorſqu'on y met une certaine attention, on peut les conſerver juſqu'à dix ans : il n'y a cependant pas d'eſſain qui puiſſe aller au-delà de ce terme, quoiqu'on ait ſoin de remplacer toutes les années, par de jeunes abeilles, celles que la mort aura enlevées, parce qu'ordinairement la peuplade entiere d'une ruche ſe trouve abſolument éteinte à la dixieme année. C'eſt pourquoi, pour éviter que cet accident ne ſe faſſe ſentir au même temps dans toutes les ruches que l'on poſſede, il faudra continuellement propager la race de ces inſectes, en prenant le ſoin au Printemps de recueillir les nouveaux eſſains dans le temps qu'ils paroîtront, & d'augmenter le nombre de ſes ruches, d'autant qu'il arrive ſouvent à ces inſectes d'être ſurpris par des maladies. Nous donnerons en leur lieu les remedes qu'il faut appliquer à ces maladies.

CHAPITRE IV.

EN attendant , voici ce qu'il y aura à faire.
Dès qu'on aura fait un choix d'abeilles reglé sur
les indices que nous venons de donner (1) , on
leur destinera des pâturages. Ces pâturages doivent être dans un canton très-solitaire & fermé aux troupeaux , sous un climat exposé au
Soleil & qui ne soit point orageux , ainsi que
le prescrit notre ami Maron (2) en ces termes :
où les vents n'aient point d'accès , parce qu'ils
empêchent ces insectes de porter leurs provisions jus-
qu'à leurs ruches , où les brebis & les boucs n'insul-
tent point les fleurs par leur pétulance & ne les
détruisent point avec leurs cornes , où enfin les ge-
nisses errantes dans la plaine ne dissipent pas la
rosée qui couvre les herbes , & ne les foulent point
elles - même aux pieds à mesure qu'elles levent de
terre. Il faut aussi que la contrée produise beaucoup de petites plantes , & principalement du
thym & de l'origan , ainsi que de la tymbre ,
ou de cette sarriette de notre pays , que les
gens de la campagne appellent *satureia.* Il faut

---

(1) Dans le Chap. précédent.

(2) LIV. IV. des Géorg. Voy. la Note 25 de la Pref. du
LIV. I.

encore qu'il s'y trouve une grande quantité d'arbrisseaux de plus haut jet, tels que le romarin
& les deux especes de cithyses, je veux dire celui
que l'on plante & celui qui vient de lui même,
le pin toujours verd (3) & la petite yeuse, attendu que la grande est désapprouvée par tout
le monde. On approuve encore le lierre, non
pas précisément à cause de sa bonté, mais parce
qu'il donne beaucoup de miel. Quant aux arbres,
ceux qu'on approuve le plus sont les jujubiers
rouge & blanc, ainsi que le tamaris (4), &
même les amandiers, les pêchers, les poiriers,
en un mot la plupart des arbres à fruit, pour
ne pas les nommer ici tous en détail. Entre les
arbres sauvages, les robres qui portent du gland
sont excellens, ainsi que le térebinthe, le lentisque qui lui ressemble & le cedre odoriférant.

---

(3) Quelques Interprêtes ont voulu lire *tinus*, qui est le
laurier-tin, au lieu de *pinus*, par la raison que le pin est
un arbre, & qu'il s'agit ici d'arbrisseaux ; mais nous conser-
vons la leçon *pinus*, tant parce qu'on peut regarder une des
quatre especes de pin, qui sont décrites par Lémery, comme un arbrisseau, que parce que d'autres Interprêtes ont
prétendu que Columelle entendoit parler ici de la plante
citée par Lémery, sous le nom de *chamæpitys*, comme qui
diroit *pin rampant*, nom qu'elle porte à cause de sa ressemblance avec l'arbre du pin, de χαμαι, qui veut dire *à terre*,
& πιτυς, qui signifie *pin*.

(4) Nous substituons le tamaris à l'amaranthe que cite le
texte, parce que l'amaranthe n'est pas un arbre.

De tous les arbres, les tilleuls (5) sont les seuls
qui nuisent à ces insectes : on rejette aussi les ifs. Il
y a en outre une infinité de graines, soit de celles
qui verdissent au milieu d'un gazon non cultivé,
soit de celles que renferment dans leur sein les terres labourées, qui toutes produisent des fleurs très-
recherchées par les abeilles : telles sont dans les
terreins arrosés l'herbe de la camomille, les tiges
de l'acanthe, celles de l'asphodele & les feuilles
aiguës du narcisse : telles sont encore dans les planches des jardins les lys resplendissans par leur
blancheur, & les girofliers qui ne leur cédent
point en beauté, ainsi que les roses de Carthage,
les violettes jaunes & pourprées, & la jacin-
te de couleur bleu-céleste. On mettra aussi en
terre des bulbes de saffran, soit de celui de
Corycos, soit de celui de Sicile, pour colorer le
miel & lui donner de l'odeur. Il naît encore,
tant dans les guérets que dans les pâturages,
une foule d'herbes moins estimées que les précédentes, qui font foisonner le miel dans les
rayons de cire, telles que le chou sauvage qui
est très-commun, le grand raifort qui n'est pas
plus précieux, certaines herbes potageres comme
le rapistrum & la chicorée sauvage, les fleurs du

---

(5) Pline est cependant d'un avis contraire 11, 13 : mais
ce qui est plus étonnant, c'est que Columelle s'écarte ici
de Virgile, son Héros, qui approuve aussi cet arbre, Liv.
IV. des Géorg.

pavot noir, & enfin le panais fauvage & le panais
cultivé, que les Grecs appellent σταφυλῖνον (6).
Mais entre toutes les plantes, tant celles que
j'ai détaillées, que celles que j'ai omifes pour
abréger (parce qu'elles font innombrables), le
thym eft celle qui donne le miel du meilleur
goût ; après le thym vient la tymbre, le ferpolet
& l'origan ; le romarin & la farriete de notre
pays, que j'ai appellée *fatureia*, quoique toutes
deux excellentes, ne font comptées qu'au troifieme rang ; pour les fleurs du tamaris (7) & du jujubier, ainfi que toutes les autres efpeces de pâturages que nous avons détaillées, elles ne donnent plus
qu'un miel d'un goût médiocre. Cependant les
miels qui paffent pour les pires de tous, font celui
des bois, qui eft extrait du geneft d'Efpagne & de
l'arboufier, & celui des Métairies, que rendent
les plantes potageres & les herbes que l'on fait

---

(6) C'eft *la carotte.*

(7) Nous lifons encore ici, comme ci-deffus, *tamaris* au
lieu d'*amaranthe*, moins par la raifon que nous en avons donnée dans la Note 4, que par une raifon de convenance, parce que cet arbre fe trouve joint ici au jujubier, comme il
l'étoit ci-deffus. Au furplus, fi on demande comment on peut
concilier ce que dit ici Columelle, que les fleurs de ces arbres
ne donnent qu'un miel d'un goût médiocre, avec ce qu'il
a dit plus haut, que ces arbres étoient ceux qu'on approu-
voit le plus, je répondrai que quoique ces arbres foient en
effet les meilleurs entre tous les arbres, ils font cependant
inférieurs aux herbes & aux autres plantes citées ici.

venir

venir dans du fumier. J'ai fait voir quelle est la situation des pâturages convenables aux abeilles, ainsi que les différentes especes de nourritures qui leur sont propres, je vais traiter à présent de l'asyle & du domicile des essains.

CHAPITRE V.

ON placera le domicile des abeilles en face du midi d'Hiver (1), loin du tumulte & de la compagnie tant des hommes que des bestiaux, & dans un lieu qui ne soit ni chaud ni froid, parce que l'une & l'autre de ces températures leur est également nuisible. Il faut aussi qu'il soit placé au fond d'une vallée, parce que les abeilles qui iront chercher leur pâture, trouveront plus d'aisance, lorsqu'elles ne seront point chargées, à

______

(1) Voy. ce que nous avons dit dans la Note 1 du Chap. VIII. du Liv. précéd. par rapport à la signification du *Midi d'Hiver*. Cette expression pourroit bien cependant s'entendre ici d'un lieu vis-à-vis duquel il ne se trouve rien qui puisse empêcher les rayons du Soleil d'y parvenir en Hiver, quoique ce lieu soit d'ailleurs couvert par en-haut, auquel cas un lieu exposé au *Midi d'Eté*, seroit au contraire celui au devant duquel il se trouveroit un corps qui intercepteroit les rayons du Soleil en Hiver, sans cependant que ce corps fût assez exhaussé pour les intercepter en Eté, temps auquel le Soleil est perpendiculaire à l'horizon.

s'élever vers le sommet de la montagne, & qu'après avoir ramassé tout ce dont elles auront besoin, elles en descendront sans peine avec leur charge, en suivant la pente de la côte. Lorsque la situation de la Métairie le comporte, il n'est point douteux qu'il ne faille mettre les ruches dans la proximité de ses bâtimens, & dans un endroit qui soit clos de murailles & à l'abri des odeurs qu'exhalent les latrines puantes, le fumier & le bain. Si cependant la situation de la Métairie ne permet pas d'éviter ces odeurs, il sera encore plus avantageux d'en courir le danger, pourvu toutefois qu'il n'en résulte pas de trop grands inconvéniens, que de mettre l'endroit où seront les ruches hors de la vue du Propriétaire. Mais si l'on rencontre des inconvéniens de tout côté, il faudra au moins placer les ruches dans une vallée voisine & où il puisse souvent descendre sans se fatiguer. Car cet objet d'économie demande une grande fidélité, & comme la fidélité est une vertu très-rare, les visites du Maître en assureront la garde, d'autant que cette manutention n'est pas seulement ennemie d'un gardien fripon, mais qu'elle l'est encore d'un gardien négligent jusqu'à la malpropreté, & qu'elle n'est pas moins rebutée par le défaut de propreté que par la fraude. Au surplus, tel que soit l'endroit où seront placées les ruches, il ne faut pas que le mur qui l'environne soit très-élevé : si cependant la crainte des voleurs détermine à le faire plus haut qu'il ne doit être naturellement , il faut qu'il soit percé à trois pieds de terre de petites fenêtres rangées par ordre pour la commodité des abeilles. On y joindra une chaumiere tant pour servir d'habitation aux gardiens, que pour y serrer tous les ustensiles relatifs à cette économie. Il faut sur-tout la garnir d'une provision de ruches toutes prêtes pour les nouveaux essains , ainsi que d'herbes médicinales & de toutes les autres choses dont on peut avoir besoin , lorsque les abeilles sont malades. (1) *Leur vestibule sera ombragé par des palmiers ou par de grands oliviers sauvages , afin que , lorsque les nouveaux Rois commenceront à conduire les essains dans la saison du Printemps , qui leur est la plus favorable , & que la jeunesse sortira des rayons pour aller folâtrer , le voisinage l'invite à se garantir de la chaleur , en se cachant sous les arbres qui se présenteront pour la recevoir sous leurs feuillages.* Il faudra aussi conduire dans le même endroit une eau de source qui y coulera continuellement , si l'on est à portée de le faire , sinon , en mettre à l'usage de ces insectes dans un canal artificiel , parce que l'eau est indispensable pour façonner non-seulement les rayons & le miel , mais encore les petits. Soit donc que l'on y ait conduit des eaux courantes , comme je viens de le dire , soit qu'on y ait amassé de l'eau de pluie dans des canaux ,

____

(1) Vers du Liv. IV. des Géorg. de Virgile.

il faudra avoir soin d'entasser sur ces eaux des branchages , (2) *afin que les abeilles puissent se poser sur ces especes de ponts multipliés , & déployer leurs ailes au Soleil d'Eté , au cas que le vent d'Est soit venu fondre sur elles pendant qu'elles se reposoient , & qu'il les ait éparpillées ou plongées dans l'eau.* Il faut encore planter , dans tous les environs de l'endroit où sont les ruches , de petits arbustes , & sur-tout de ceux qui contribuent à entretenir la santé des abeilles. En effet , le cythise & après lui l'arbre qui porte la casse , le pin (3) , le romarin & même la sarriette & le thym , ainsi que les violettes ou telles autres plantes convenables que la qualité du sol permettra d'y avoir , ne sont pas moins propres à les guérir de leurs maladies qu'à les nourrir. On en éloignera non-seulement les plantes , mais encore toutes les autres choses d'une odeur forte & désagréable , telle que celle de l'écrevisse grillée au feu (4) , ou celle d'un bourbier marécageux. Il faut également éviter les cavités des roches , ou les vallées retentissantes , que les Grecs appellent ἠχώ (5).

---

(3) Voy. la Note 3 du Chap. précédent.

(4) On étoit dans l'usage de faire cuire des écrevisses non-seulement pour la table , inconvénient que Columelle ne paroît pas avoir ici en vue , mais encore pour plusieurs remedes usités en Médecine , Pline 32 , & notamment pour préserver les arbres de la bruine & de la brûlure , Pline 18 , 29.

(5) C'est-à-dire , les *échos.*

CHAPITRE VI.

LORS donc que l'on aura mis en état le domicile des abeilles, on fabriquera des ruches de maniere ou d'autre, suivant la nature du pays. Si le pays est fertile en liege, on employera avec le plus grand succès l'écorce de ce bois à faire de très-bonnes ruches, parce qu'il n'arrive jamais à cette écorce de se geler en Hiver, ni d'être brûlante en Eté : s'il est abondant en férules, on s'en servira également bien pour les faire, parce que la nature de la férule tient de celle de l'écorce. Si l'on n'a ni liege ni férule, on les fera avec des tissus de saules, ou, si l'on n'a pas même de saules, on en fabriquera avec des troncs d'arbres évuidés ou sciés en planches. Les ruches de terre cuite sont les pires de toutes, parce qu'elles sont ardentes pendant les chaleurs de l'Eté, & glaciales pendant les froids de l'Hiver. On compte encore deux especes de ruches : les unes sont faites avec de la bouze, les autres sont construites en brique. Celsus (1) condamne l'une de ces especes avec raison, parce qu'elle est fort sujette au feu, &, quoiqu'il approuve l'autre, il ne dissimule pas néanmoins le principal inconvé-

____

(1) Voy. la Note 31 du Chap. I. LIV. I.

nient auquel elle est sujette, & qui consiste à ne
pouvoir pas être transportée, si le cas l'exige:
aussi suis-bien éloigné de penser comme lui, que
malgré cet inconvénient on puisse avoir des ruches de cette derniere espece. En effet, non-seulement leur immobilité répugne aux arrange-
mens que pourroit avoir à prendre le propriétaire, s'il vouloit vendre sa terre ou en garnir
une autre de ruches, (raisons de convenance qui
ne regarderoient tout au plus que le Chef de famille lui-même) mais elle répugne encore aux
secours que l'on est obligé de donner en certaines occasions aux abeilles elles-mêmes, puisqu'il
convient de les transporter dans des contrées
différentes de celles où elles sont, lorsqu'elles
viennent à être affligées par la maladie, par la
stérilité, ou enfin par la disette des lieux, & que
cette immobilité s'oppose à ce qu'on puisse les
déranger. Il faut par conséquent éviter absolument cette méthode. C'est ce qui fait que tel
égard que j'aie pour l'autorité d'un personnage
aussi sçavant, je n'ai pas crû devoir cacher
mon sentiment, sans néanmoins prétendre m'é-
lever au-dessus de lui. En effet, le motif qui
touche principalement Celsus (1), je veux dire,
la crainte que les ruches des abeilles ne soient
exposées au feu ou aux voleurs, est de peu de conséquence, puisqu'on peut parer à ce double accident, en les revêtant d'un ouvrage en briques
qui les préservera des coups de main des voleurs,

& qui les protégera contre la violence des flammes, sans néanmoins empêcher que, lorsqu'on sera
dans le cas de les déplacer, on ne puisse les transférer facilement, en brisant l'assemblage de cette
construction.

CHAPITRE VII.

MAIS, comme presque tout le monde s'accorde à regarder cette construction comme une
opération embarrassante, il suffira, telles que
soient les ruches qu'on jugera à propos d'employer, d'élever tout le long du lieu où on les
placera, une assise de pierre de trois pieds de
hauteur sur une épaisseur égale, & lorsque cette
maçonnerie sera achevée, on la revêtira avec
soin d'un enduit bien poli pour empêcher les
lézards, les serpens ou tout autre animal nuisible d'y monter. Après quoi, on posera sur
cette muraille soit des ruches de briques, (suivant le sentiment de Celsus (1)) soit des ruches revêtues (suivant notre opinion) d'une
construction qui les circonscrira par tous les
côtés à l'exception de celui de derriere, ou plutôt on les arrangera en file, & on les mastique-
ra l'une avec l'autre, suivant l'usage de presque

____

(1) Voy. la Note précédente.

tous ceux qui mettent un certain soin à ce genre d'économie, avec de petites briques ou avec du ciment, de façon que chacune se trouve renfermée entre deux cloisons étroites, & que les faces en soient libres tant par-devant que par derriere, parce qu'il faut les ouvrir quelquefois par la face de devant qui sert de passage aux abeilles, & plus souvent encore par celle de derriere, qui est celle par laquelle on soigne les essains. Si l'on ne sépare point les ruches par des cloisons, il faut au moins les placer de façon qu'elles soient à quelque distance les unes des autres, afin que, lorsqu'il sera question de les visiter, celles auxquelles on sera obligé de toucher pour les soigner, ne causent point d'ébranlement à celles du voisinage qui seront collées contre les premieres, & n'écrasent point les abeilles qui pourront se trouver dans les environs, d'autant que ces insectes redoutent jusqu'au moindre mouvement qui se communique à leurs ouvrages délicats de cire, comme si c'en devoit être la ruine totale. Il suffit qu'il y ait trois rangs de ruches distribués les uns au-dessus des autres, puisque, dans cette supposition même, celui qui prendra soin des ruches ne laissera pas encore que d'avoir de la peine à regarder dans celles du rang supérieur. Les ouvertures du panier, qui servent d'entrée aux abeilles, seront plus inclinées que celles de derriere, afin que la pluie ne puisse pas y pénétrer, ou qu'au moins,

dans le cas où il y en feroit entré, elle n'y puiffe pas féjourner, mais qu'elle puiffe au contraire s'en écouler par cette iffue. Il convient, pour
la même raifon, que l'endroit où font les ruches
foit couvert comme des portiques, ou au moins
qu'il foit ombragé avec des branchages enduits
d'un mortier à la Carthaginoife, qui ne les met-
tront pas moins à l'abri de la chaleur que du
froid & de la pluie. Comme néanmoins la plus
violente chaleur n'eft pas auffi funefte à ce genre
d'infectes que l'Hiver, il faut qu'il fe trouve toujours derriere l'endroit où font les ruches, un
bâtiment quelconque qui les garantiffe de l'in-
jure de l'Aquilon, & qui leur procure une chaleur
tempérée ; il ne fuffit pas même que leur domicile
foit garanti par un bâtiment, mais il faut encore
qu'il foit expofé à l'Orient d'Hiver, pour que les
abeilles jouiffent du Soleil à leur fortie du matin, afin d'être plus éveillées, attendu que le froid
les rend pareffeufes. Auffi faut-il par cette raifon
même que les ouvertures, par lefquelles les abeilles doivent entrer dans les ruches ou en fortir,
foient très-étroites, afin qu'il n'y pénetre que le
moins de froid que faire fe pourra. Il fuffit qu'elles aient la largeur néceffaire pour que l'abeille
puiffe y introduire fon corps : moyennant quoi
ni le lézard venimeux , ni la race impure des
hannetons ou des papillons (2) , ni les cloportes

---

(2) Cette efpece particuliere de papillon nuit aux ruches

qui fuient la lumiere, comme dit Maron (3), ne pourront aller dévaster les rayons en se glissant à travers les ouvertures qui servent d'entrée, trop étroites pour leur livrer passage. Il est aussi très-utile de pratiquer deux ou trois passages sur le même couvercle d'une ruche, à proportion de ce qu'elle sera plus ou moins peuplée ; ces passages seront à quelque distance les uns des autres, à l'effet de tromper le lézard qui guette, pour ainsi dire, à la porte, & qui attend que les abeilles viennent à sortir pour les tuer. Il en périra effectivement beaucoup moins, quand elles pourront éviter les attaques de ce cruel ennemi, en se sauvant par une issue différente de celle par laquelle elles seront sorties.

CHAPITRE VIII.

CE que nous avons dit tant sur les pâturages des abeilles, que sur leurs domiciles & sur l'emplacement qu'on doit leur donner est suffisant ; mais

---

de plusieurs manieres, comme nous l'apprend Pline 11, 19, soit en mangeant la cire, soit en laissant dans les ruches des excrémens qui engendrent des teignes, soit en couvrant du duvet de ses ailes les toiles d'araignées qu'elle rencontre sur son passage.

(3) Liv. IV. des Géorg. Voy. la Note 25 de la Préf. du Liv. I.

lorfqu'on aura pourvu à ces différens objets, il faudra penfer à fe procurer des effains : or on peut ou les acheter ou les acquérir à titre gratuit. Mais il faut s'affurer de leur bonté avec plus de circonfpection dans le premier cas que dans le fecond, & vérifier avec plus d'attention les fignes que nous avons donnés pour les connoître (1). Il faut auffi ouvrir les ruches avant de conclurre le marché, pour examiner fi elles font bien peuplées, ou, fi l'on n'a pas la faculté de les regarder à l'intérieur, il faut au moins faire fes obfervations fur tout ce qu'on aura la liberté d'examiner, & voir, par exemple, fi les abeilles refluent en grand nombre à l'ouverture qui leur fert d'entrée, & fi le murmure qui fe fait entendre dans l'intérieur de la ruche eft confidérable. S'il arrive par hazard qu'elles foient toutes tranquilles dans la ruche & que l'on n'y entende aucun bruit, on pourra approcher fes levres de l'ouverture qui leur fert d'entrée, & fouffler dans la ruche pour juger au frémiffement qu'elles feront auffitôt entendre, fi elles y font en grand nombre, ou non. On aura fur-tout l'attention d'en faire l'emplette dans le voifinage du pays où l'on fera, plutôt que dans des contrées éloignées, parce que communément la nouveauté du climat les effarouche. Si l'on n'eft pas à portée de cela, & que l'on foit au contraire dans la

____

(1) Dans le Chap. III.

nécessité de leur faire faire un long voyage, on aura soin d'éviter qu'elles ne soient molestées par les mauvais chemins : c'est pourquoi, on fera très-bien de les apporter alors sur sa tête & pendant la nuit, parce qu'il faut les laisser tranquilles pendant le jour ; on aura encore soin de leur verser des liqueurs qui leur soient agréables, pour leur servir de nourriture pendant tout le temps qu'elles seront renfermées. Lorsqu'ensuite elles seront arrivées à la maison, si le jour ne fait que commencer à luire, on attendra le soir pour ouvrir & placer la ruche, afin qu'elles ne sortent pour la premiere fois que le matin, & après s'être reposées pendant toute une nuit. Il faudra aussi observer, environ trois jours de suite, si elles ne sortent pas toutes à la fois, parce que, si cela étoit, ce seroit un signe auquel on reconnoîtroit qu'elles projetteroient de s'enfuir. Nous prescrirons bientôt (1) les remedes auxquels il faut avoir recours pour les empêcher de le faire. Quant aux abeilles que l'on reçoit en présent, ou que l'on prend à la chasse, on s'en contente telles qu'elles soient, sans les examiner avec tant de scrupule, quoique je ne voudrois en acquérir, fut-ce de l'une ou de l'autre de ces deux manieres, que d'excellentes, parce que les mauvaises n'occasionnent pas moins de frais que les bonnes, & qu'elles exigent aussi bien que celles-ci les soins d'un gardien. Mais

____

(1) Dans le Chap. suivant.

une attention très-importante qu'il faut avoir, c'est
de ne point en mêler de dégénérées avec de bonnes, de peur que celles-ci ne soient deshonorées
par les premieres. En effet, on retire moins de
profit du miel, lorsque les essains sont mêlangés
d'abeilles trop paresseuses. Cependant, comme il
arrive quelquefois que, vû la nature des lieux,
on se trouve obligé de s'en procurer de médiocres, (car on n'en doit jamais acquérir de mauvaises) nous allons donner la maniere dont on
s'y prendra pour chercher des essains avec attention. Les abeilles n'ont rien de plus à cœur dans
tous les lieux garnis de bois qui leur sont convenables & propres à l'extraction du miel, que
de s'approprier pour leur usage les sources d'eau
les plus voisines d'elles. Il est donc à propos de
se tenir auprès de ces sources d'eau, communément depuis la seconde heure du jour (3), afin
d'examiner s'il y vient un grand nombre d'abeilles pour boire. Car si l'on n'en voit que quelques-unes voltiger autour de l'eau, on jugera dès-
lors qu'il n'y en a pas un grand nombre dans cet
endroit, (à moins cependant que la multiplicité
des filets d'eau courante ne les fasse paroître plus
clair-semées à cause de leur dispersion) & par
conséquent on conclurra que l'endroit lui-même
n'est pas propre au miel, au lieu que, si elles

____

(3) Voy. la Note 9 du Chap. IX. de l'Economie rurale de
Varron, Liv. II.

s'y rendent en foule, on concevra dès-lors l'espérance la mieux fondée de prendre des essains à la chasse. Or, voici comme on viendra à bout de les trouver. On s'assurera d'abord si ces essains sont éloignés, ou non : il faudra préparer à cet effet de la sanguine liquide dans laquelle on trempera des brins de paille, & pour peu qu'on touche avec ces brins de paille le dos des abeilles qui viendront boire, il sera aisé de reconnoître, en restant au même endroit, celles qui y reparoîtront pour la seconde fois ; de sorte que si elles ne tardent pas à revenir, on jugera qu'elles sont dans le voisinage, au lieu que si elles sont un certain temps sans reparoître, on estimera la distance du lieu de leur séjour par la longueur du temps qu'elles auront mis à revenir. Si l'on a remarqué qu'elles soient revenues promptement, on pourra, au cas que l'on n'ait point de peine à les suivre au vol, aller jusqu'au lieu même de leur séjour, au lieu qu'il faudra se donner des soins plus recherchés à l'égard de celles qui sembleront plus éloignées. Voici en quoi ces soins consisteront. On coupera une branche de roseau garnie d'un nœud à chacune de ses extrémités, & on la percera sur le côté avec une tarriere, ensuite après y avoir distillé par cette ouverture un peu de miel ou de vin cuit jusqu'à diminution de moitié, on la mettra auprès de la fontaine, puis aussitôt que les abeilles, attirées par l'odeur de cette liqueur qui leur est agréable, se seront insinuées en foule dans cette branche par son ouverture, on la prendra & l'on en bouchera l'ouverture avec le pouce, pour ne laisser sortir qu'une seule abeille à la fois. Dès qu'il en sera sortie une, l'observateur remarquera le côté par lequel elle prendra la fuite, & la poursuivra dans sa course aussi loin qu'il lui sera possible. Lorsqu'ensuite il cessera de l'appercevoir, il en laissera sortir une seconde, & si celle-ci tourne du même côté que la premiere, il continuera sa route, au lieu que si elle tourne d'un autre côté, il découvrira le trou pour en laisser sortir une troisieme & une quatrieme, en remarquant le côté vers lequel s'envolera le plus grand nombre, afin de continuer ses poursuites, jusqu'à ce qu'il soit parvenu à l'endroit où sera caché l'essain. S'il est caché dans une caverne, il en fera sortir les abeilles à l'aide de la fumée, & dès qu'elles seront sorties, il fera retentir du cuivre pour les arrêter dans leur course. En effet, le son de ce métal venant à les effrayer, elles s'arrêteront aussitôt sur un arbrisseau ou sur le plus haut de la cime des arbres, de sorte que celui qui cherche à les prendre pourra les enfermer dans une ruche, qu'il aura eu soin de préparer à cet effet. Mais si l'essain est fixé dans un creux d'arbre, soit qu'il en occupe une branche, soit qu'il en occupe le tronc, il faudra, au cas que la petitesse de cette branche ou de l'arbre le permette, en couper d'abord toute la partie supérieure , que les abeilles n'occuperont point, avec une scie très-affilée, afin d'avoir plutôt fait, après quoi on en coupera la partie inférieure qui paroîtra habitée par les abeilles. Ensuite, lorsque la branche ou le tronc de l'arbre seront coupés tant par en haut que par en bas, on les enveloppera dans un morceau d'étoffe propre, car c'est encore un point très-important, & après avoir enduit les trous qui pourront se trouver sur l'enveloppe , on les portera au lieu où on veut les placer ; enfin on les mettra au rang des autres ruches , après y avoir pratiqué de petites ouvertures (comme j'ai déja dit (4)). Au surplus, quand on cherche des essains, il faut s'y prendre dans la matinée pour aller à cette découverte, afin d'avoir toute la longueur du jour devant soi , pour examiner la route que prennent les abeilles. En effet, s'il est déja tard lorsqu'on commence à les observer , il arrive souvent qu'elles se retirent après avoir fini leur tâche, sans revenir davantage à l'eau , quoiqu'elles soient dans le voisinage , & que par conséquent celui qui cherchoit l'essain , est dans le cas d'ignorer à quelle distance il est de la fontaine. Il y a des personnes qui , vers le commencement du Printemps, lient en bottes de la citronelle & (comme dit le Poëte (5)) *de la melisse commune & du*

---

(4) Dans le Chap. précédent.
(5) Virgile, Liv. IV. des Géorg.

melinet,

melinet, *herbe peu estimée*, avec d'autres plantes semblables qui sont agréables à cette espece d'insectes, pour en frotter des ruches jusqu'à ce qu'elles se soient impregnées de l'odeur & du suc de ces plantes, après quoi elles essuient ces ruches & les humectent avec un peu de miel, puis elles les arrangent dans des forêts auprès des sources d'eau qui s'y trouvent, pour les reporter par la suite chez elles quand elles seront remplies d'abeilles : mais il n'y a pas de profit à suivre cette pratique, si ce n'est dans les lieux où les abeilles seront très-multipliées, parce qu'il arrive souvent que les passans venant à trouver ces ruches vuides, les emportent, auquel cas l'avantage d'en avoir une ou deux pleines n'est pas comparable au désagrément d'en perdre plusieurs vuides. Lorsqu'au contraire les abeilles sont très-multipliées dans un endroit, quand même on viendroit à perdre plusieurs ruches, le profit que rendroient les abeilles que l'on auroit trouvées, dédommageroit amplement de cette perte. Telle est la façon de prendre des essains sauvages.

CHAPITRE IX.

Voici maintenant la façon de retenir les essains nés chez soi. Le gardien ne doit jamais manquer de visiter avec attention l'endroit où font les ruches. En effet, quoiqu'il n'y ait point de temps où il ne faille donner des foins aux abeilles, elles en exigent encore de plus affidus, lorfqu'elles fentent le Printemps approcher, & que leurs petits commencent à fe multiplier, d'autant que ceux-ci ne cherchent qu'à s'enfuir, à moins que celui qui eft chargé d'en prendre foin ne les guette pour les prendre fur le champ. Car telle eft la nature des abeilles, que chaque peuplade eft engendrée communément avec fes rois, & que, dès que ces rois ont la force néceffaire pour voler, ils dédaignent la compagnie & encore plus le gouvernement de leurs anciens, par la raifon qu'il eft impoffible que l'autorité fouffre aucun partage, je ne dis pas feulement parmi les hommes, qui font des êtres raifonnables, mais encore moins parmi les animaux, qui, n'ayant pas la faculté de parler, manquent abfolument de prudence. C'eft pour cela que les nouveaux chefs marchent à la tête de leur jeuneffe, qui fe tient en pelottons pendant l'efpace d'un ou deux jours à l'entrée même de la ruche, & qui annonce par fa fortie qu'elle fe cherche un domicile particulier. Au furplus, lorfque celui qui prend foin des abeilles lui en affigne un à l'inftant, elle s'en contente comme fi c'étoit fa patrie : au lieu que, fi le gardien ne lui en préfentoit pas un, elle iroit chercher des contrées éloignées, comme fi elle étoit chaffée de fon pays par les mauvais traitemens qu'elle

y auroit soufferts. Pour empêcher que cela n'arrive,
un bon gardien doit observer les ruches au Printemps jusqu'à la huitieme heure du jour (1),
passé laquelle les nouveaux bataillons ne hazar-
dent pas la fuire, & les examiner avec un œil
attentif, soit lorsqu'ils sortent, soit lorsqu'ils
rentrent, parce qu'il y en a qui s'éloignent sans
tarder, dès qu'ils sont sortis de la ruche. Il pourra
s'assurer d'avance avec certitude si les abeilles
méditent leur fuite, en approchant l'oreille de
chaque ruche vers le soir, d'autant qu'il s'y éleve, environ trois jours avant cette fuite, un tumulte & un bourdonnement semblables à ceux
que font entendre des soldats qui vont décam-
per, & que ce tumulte, ainsi que Virgile a très-
grande raison de le dire (2), *donne à connoître
d'avance le projet du peuple, puisque le son mar-
tial & sourd de l'airain reproché aux paresseuses
leur lenteur, & que l'on entend alors un bruit semblable au son brisé des trompettes.* Il ne faut donc
pas perdre de vue celles qui font entendre ce
bourdonnement, afin que le gardien soit prêt
à tout événement, soit qu'elles sortent pour le
combat, (car elles se battent ou entre elles, comme il arrive dans les guerres civiles, ou avec

____

(1) Voy. la Note 9 du Chap. XI. de l'Economie rurale de
Varron, Liv. II.

(2) Liv. IV. des Géorg. Voy. la Note 25 de la Préf. du
Liv. I.

d'autres peuplades, comme on se bat contre des Nations étrangeres) soit qu'elles sortent dans l'intention de prendre la fuite. Au surplus , il est aisé d'arrêter le combat d'un essain parmi lequel regne la discorde, ou de deux essains qui se battent l'un contre l'autre , puisque , comme dit le même Poëte (1), *il suffit , pour les appaiser , de jetter sur eux un peu de poussiere* , ou de les asperser avec du vin mêlé de miel , ou avec du vin fait de raisins séchés au Soleil , ou enfin avec toute autre liqueur semblable , dont la douceur leur étant familiere , ne manque jamais d'appaiser leur colere , telle cruelle qu'elle soit. Il ne faut donc pas autre chose pour concilier à merveille entre eux les rois que la discorde a désunis. Car il se trouve souvent plusieurs chefs dans une seule peuplade, auquel cas le peuple prend différends partis, comme il arrive dans les séditions excitées par les Grands : il faut cependant empêcher que cela n'arrive souvent , parce que la nation entiere se consumeroit par ces guerres intestines. C'est pourquoi, quand les chefs sont de bon accord entre eux, la paix regne sans qu'il y ait de sang répandu : mais si l'on remarque que les armées soient souvent en guerre , on aura soin de tuer les chefs qui excitent les séditions : quant aux batailles livrées, on les terminera en y apportant les remedes que nous venons de donner. Lorsqu'en conséquence de ces remedes l'armée se sera posée en pelotton sur la branche

voisine d'un arbrisseau verd, on examinera si
l'essain est accroché de façon que toutes les
abeilles soient pendues les unes aux autres en
forme de grappes, ce qui sera la preuve ou qu'il
n'y a qu'un seul roi, ou qu'au moins, s'il y en
a plusieurs, ils sont réconciliés de bonne foi
entre eux, & on le laissera par conséquent dans
cette situation jusqu'à ce qu'il revole à son domicile. Mais si l'essain est partagé en deux ou
même en plusieurs mammellons, pour m'exprimer ainsi, on ne doit pas douter alors qu'il ne
s'y trouve plusieurs Grands, & que ces Grands ne
soient encore animés les uns contre les autres,
& dès-lors il faut chercher les chefs dans les
pelottons où l'on verra que les abeilles seront
le plus rassemblées. Après avoir donc frotté sa
main avec le jus des herbes dont nous avons
parlé (3), c'est-à-dire, avec du jus de melisse ou
de citronelle, afin que les abeilles ne s'enfuient
pas lorsqu'elles se sentiront toucher, on insére-
ra légérement les doigts dans les pelottons pour
les sonder, en écartant les abeilles, jusqu'à ce
que l'on ait trouvé l'auteur de la discorde, qu'il
faudra écraser.

---

(3) Dans le Chap. précédent.

CHAPITRE X.

LEs rois sont un peu plus gros & plus allongés que les autres abeilles : ils ont aussi les pattes plus droites, mais les ailes moins grandes : ils sont d'une couleur agréable, propres & lisses, & n'ont ni poil ni éguillon, à moins qu'on ne prenne pour un éguillon cette espece de gros cheveu qui leur sort du ventre, quoiqu'ils ne s'en servent jamais pour nuire. Il s'en trouve aussi quelques-uns de bruns, qui sont hérissés de poil & tels qu'il suffit de les voir pour juger de la méchanceté de leurs mœurs. (1) *En effet, on reconnoît deux figures distinctes parmi les rois, comme parmi le reste des abeilles : les uns se font remarquer par leur peau terne & mouchetée en or ; on les distingue encore tant à leurs écailles rouges qu'à leur bec*, & ce sont ceux qu'on approuve le plus, parce qu'ils sont effectivement les meilleurs, car les moins bons qui ressemblent à un crachat pourri, sont aussi sales (1) *qu'un voyageur qui vient de traverser un chemin couvert de poussiere, dont la bouche desséchée crache contre terre*, &, comme dit le même Poëte (1), *leur paresse les deshonore, ainsi que le large ventre qu'ils traînent. Il faut*

---

(1) Vers cités de Virgile, Liv. IV. des Géorg.

donc *condamner à la mort* tous les chefs de la mauvaise espece, & *laisser regner seuls dans leur Cour ceux de la bonne*. On arrachera néanmoins les ailes à ceux-ci même, quand ils feront trop souvent des tentatives pour prendre la fuite avec leur essain, parce qu'un chef vagabond qui aura perdu ses ailes, se trouvant dès-lors comme retenu dans des entraves, & se voyant privé de la ressource qu'il avoit auparavant dans la fuite, n'osera plus sortir hors des limites de son royaume, & ne voudra pas même en conséquence permettre au peuple soumis à son empire de s'écarter trop au loin.

CHAPITRE XI.

IL faut même quelquefois tuer le chef lorsqu'une ruche est vieille, & que n'étant plus garnie d'un nombre suffisant d'abeilles, on est obligé de repeupler sa solitude avec quelque nouvel essain. Ainsi, lorsqu'au commencement du Printemps il sera né une nouvelle couvée dans une ruche qui se trouvera dans ce cas-là, on en fera le nouveau roi, afin que son peuple reste avec ceux qui lui ont donné le jour, sans que la discorde regne parmi eux. S'il n'est sorti au contraire aucune progéniture des rayons de cette ruche, on pourra y incorporer les peuples de deux ou trois autres ruches, en prenant cependant préalablement le soin de les asperser de quelque liqueur qui leur soit agréable. On les tiendra aussi renfermés pendant l'espace d'environ trois jours dans ce nouveau domicile, en y laissant néanmoins de petites ouvertures pour leur donner de l'air, & on les y nourrira jusqu'à ce qu'ils s'y soient accoutumés. Il y a des personnes qui préferent dans ce cas de se défaire du plus vieux roi, mais cette méthode est contraire à ce genre d'économie. En effet, si on vient à écraser l'ancien roi, il faut dès-lors que la troupe des vieilles abeilles, que l'on peut considérer comme un Sénat (1), soit contrainte d'obéir à celle des jeunes, & que s'il s'y trouve quelques abeilles qui s'obstinent à mépriser le commandement de celles ci, qui seront plus fortes qu'elles, elles soient punies & mises à mort. Il faut convenir qu'en laissant dans la ruche le Roi des anciennes abeilles, il en résulte communément un inconvénient par rapport au plus jeune essain, qui consiste en ce que ce Roi venant à mourir de vieillesse, on voit naître la licence & la division, comme on la voit naître dans une maison après la mort du Chef de famille : mais il est aisé d'y remédier. On choisit à cet effet un autre chef dans des ruches où il s'en

____

(1) Voy. la Note 14 du Chap. IV. de l'Economie rurale de Varron, Liv. II.

trouve plufieurs, & on le transfere dans celles qui n'en ont point, pour l'y mettre à la tête du gouvernement. On n'a pas non plus beaucoup de peine à remédier au défaut de multiplication des abeilles, dans les ruches qui font affligées de quelque maladie peftilentielle. En effet, auffitôt qu'on s'apperçoit du défaftre qui dépeuple une ruche, il faut en vifiter les rayons, & couper la partie des cires qui contiennent la femence dont les petits doivent éclorre, dans laquelle doit s'animer la poftérité du fang Royal. Or cette partie eft aifée à reconnoître, parce qu'on la diftingue communément à l'extrémité des cires où elle furmonte les autres parties comme un bout de mammelle, & que l'ouverture en eft plus large que celle des autres alvéoles, dans lefquels font renfermés les petits du vulgaire. Celfus (2) affure que l'extrémité des rayons eft traverfée par des tuyaux, qui contiennent les petits du fang Royal. Hyginus (3) dit auffi, d'après l'autorité des Auteurs Grecs, que le chef ne vient point d'un petit ver, (comme les autres abeilles) mais que l'on trouve, fur les bords des rayons, des alvéoles couverts, qui font un peu plus grands que ceux qui contiennent la femence dont le peuple doit éclorre, & que ces alvéoles font remplis d'une efpece de craffe rouge, qui fert à

---

(2) Voy. la Note 32 du Chap. I. LIV. I.
(3) Voy. la Note 31 *ibid.*

former le Roi avec des ailes, dont il est pourvu au moment de sa naissance.

CHAPITRE XII.

Voici encore des soins qu'exigent les essains nés chez nous, quand par hazard ils font une sortie dans le temps que nous venons de dire (1), & que dégoûtés de leur patrie, ils annoncent qu'ils cherchent à fuir plus au loin. On s'apperçoit que les abeilles méditent ce projet, quand elles s'éloignent du vestibule de leur ruche, au point qu'on n'y en voit plus rentrer aucune, & qu'elles s'élevent au contraire sur le champ en l'air. Il faut alors effrayer cette jeunesse dans sa fuite, soit avec des sonnettes de cuivre, soit en faisant resonner des morceaux de pots de terre cassés, tels qu'on en trouve communément par-tout à terre ; & dès que l'effroi l'aura ramenée vers la ruche qui l'a vû naître, & qu'elle demeurera suspendue en pelotton aux environs de cette ruche, ou qu'elle aura gagné des feuillages voisins, le gardien frottera, avec les herbes dont nous avons parlé (1), le dedans d'une seconde ruche qu'il aura préparée à cet effet, & l'aspersera à l'extérieur de gouttes de miel, après quoi

---

(1) Dans le Chap. IX.

il l'approchera du groupe formé par les abeilles,
pour les y renfermer soit avec la main soit encore avec une cuiller. Ensuite, quand il aura
pris tous les autres soins convenables, il laissera
cette ruche bien arrangée & bien enduite dans
le lieu même où cette opération aura été faite,
jusqu'à ce que le jour tombe, puis il la transportera au commencement du crépuscule, pour la
mettre au rang des autres ruches. Il faut aussi
garnir de ruches vuides l'endroit où l'on éleve
des abeilles, parce qu'il y a tels essains qui se
cherchent un domicile dans le voisinage même de
leur ruche, aussitôt qu'ils en sont sortis, & qui s'em-
parent de celui qu'ils trouvent non occupé. Voilà
à peu près les soins qu'il faut prendre tant pour
acquérir que pour conserver des abeilles.

CHAPITRE XIII.

VIENNENT à présent les remedes qui leur sont
nécessaires, quand elles sont malades ou tourmentées par la peste. Il est rare, à la vérité, que des
maladies contagieuses causent du désastre parmi
les abeilles, mais néanmoins, si le cas arrivoit,
je ne vois rien autre chose à leur faire que ce
que j'ai prescrit pour les autres bestiaux (1),

(1) Dans le Chap. V. du LIV. VI.

c'eſt-à-dire, qu'il faut transférer plus loin les ruches. Quant à leurs maladies particulieres, il eſt plus aiſé d'en découvrir les cauſes comme d'en trouver les remedes, que dans les autres animaux. Leur plus grande maladie eſt celle qui leur vient tous les ans au commencement du Printemps, quand la plante du tithymale eſt en fleurs & que les ormes font voir leur graine. En effet, comme elles ont ſouffert de la faim pendant l'Hiver, ces premieres fleurs excitent leur appétit, comme pourroient faire des fruits de la primeur, & elles ſe rempliſſent avidement de ce genre de nourriture, qui d'ailleurs ne leur feroit aucun mal ſi elles n'en prenoient qu'avec ſobriété; lorſqu'enſuite elles s'en font gorgées ſans ménagement, elles périſſent par un flux de ventre, à moins qu'on n'y remédie promptement, parce que le tithymale lâche le ventre de tous les animaux, même des plus grands, & que l'orme produit particuliérement cet effet ſur les abeilles: c'eſt auſſi la raiſon pour laquelle il eſt rare que des eſſains durent longtemps bien peuplés dans les contrées de l'Italie, où il ſe trouve un grand nombre de plans d'arbres de cette eſpece. On peut donc donner aux abeilles au commencement du Printemps des nourritures médicamentées, tant pour empêcher qu'elles ne ſoient ſurpriſes par cette maladie, que pour les en guérir, au cas qu'elles en ſoient déja attaquées. Car je n'oſerois pas aſſurer, faute de l'a-

voir éprouvé par moi-même, la vérité d'un fait
qu'avance Hyginus (2) d'après les plus grands
Auteurs, quoique si quelqu'un veut s'en assurer,
il pourra en faire l'essai par lui-même. Quoiqu'il
en soit, il ordonne de prendre les cadavres des
abeilles , que l'on trouve en tas sous les rayons
quand cette maladie contagieuse s'est emparée
d'elles , & de les serrer dans un lieu sec pendant l'Hiver; il veut qu'ensuite, vers l'Equinoxe
du Printemps , on les mette au Soleil après la
troisieme heure du jour (3), lorsque la douceur du
temps le permet, & qu'on les couvre de cendre de
figuier. Cela fait, il assure qu'une chaleur vivifian-
te venant à les ranimer au bout de deux heures, elles reprennent vie & se traînent dans une
ruche préparée à cet effet, qu'on a soin de mettre auprès d'elles. Pour nous, nous pensons qu'il
faut plutôt les empêcher de mourir, en donnant
aux essains, lorsqu'ils sont malades, les remedes
que nous allons prescrire. Ces remedes seront ou
des grains de grenades pilés & arrosés de vin
Amminé , ou des grains de raisin séché au Soleil pilés dans un mortier avec pareille quantité
de sumac de Syrie , & détrempés ensuite dans
du vin dur, ou, si l'un ou l'autre de ces médicamens ne fait point d'effet à lui seul , il faut

---

(2) Voy. la Note 31 du Chap. I. Liv. I.

(3) Voy. la Note 9 du Chap. II. de l'Economie rurale de
Varron , Liv. II.

les broyer tous ensemble par poids égal, & après
les avoir fait bouillir dans un vase de terre avec
du vin Amminé, les servir aux abeilles dans des
augets de bois, lorsqu'ils seront refroidis. Il y a
des personnes qui leur donnent à boire, dans des
tuiles creuses, de l'eau miellée dans laquelle elles ont fait cuire du romarin, après l'avoir laissé
refroidir. D'autres mettent auprès des ruches de
l'urine de bœuf, ou même de l'urine d'homme
(comme Hyginus (2) l'assure). Elles sont encore sujettes à une maladie qui les affoiblit sensiblement,
& qui fait que leur corps se retire & devient hideux :
on s'apperçoit qu'elles en sont attaquées, quand
les unes portent souvent hors de leurs domiciles
les cadavres de celles qui sont mortes, & que
les autres restent dans l'intérieur de leurs ruches
plongées dans un morne silence, comme il arrive dans un deuil public. Lorsque cela arrive,
on met leur nourriture dans des augets de saule,
& cette nourriture consiste principalement en
miel bouilli & broyé avec de la noix de galle
ou avec des roses desséchées. Il faut aussi brûler
du galbanum, dont l'odeur leur sert de médicament, & les soutenir, lorsqu'elles sont épuisées,
avec du vin fait de raisin sec ou avec de vieux vin
cuit jusqu'à diminution de moitié. Mais le meilleur de tous les remedes, c'est de la racine d'a-
melle, plante dont la tige est d'un jaune clair
& la fleur pourprée ; on l'exprime après l'avoir
fait bouillir avec de vieux vin Amminé, & on

leur donne le jus qu'on en a tiré. Hyginus (1)
dit dans le livre qu'il a composé fur les abeilles, qu'Ariftomachus (4) étoit d'avis qu'il falloit, pour fecourir celles qui étoient malades,
commencer par retrancher tous les rayons gâtés,
enfuite fubftituer de nouvelle nourriture à l'ancienne, & enfin les parfumer. Il croit auffi qu'il
eft utile, lorfque les abeilles font dégénérées
par vieilleffe, d'incorporer avec elles de nouveaux effains, & il penfe que, tel danger qu'il
y ait que les diffentions qui réfulteront de cette
union ne faffent périr ces nouveaux effains, cette
recrue d'un nouveau peuple ne pourra que ré-
jouir les anciennes abeilles, pourvu que, pour
maintenir l'union parmi elles toutes, ont ait
foin d'écarter les Rois de celles que l'on aura
transférées d'un autre domicile, comme appar-
tenans à un peuple étranger. Effectivement, il
n'y a pas de doute que l'on ne doive transférer
les rayons des effains bien peuplés, dans le temps
où les petits font formés, pour les mettre dans les
ruches moins peuplées, afin que celles-ci fe trouvent fortifiées, quand cette nouvelle progéniture
s'y trouvera comme adoptée. Mais il faudra
avoir l'attention de n'y mettre dans ce cas-là

---

(4) Cet Auteur, natif de Solos, avoit une fi grande paffion pour les abeilles, qu'il ne fit rien autre chofe pendant
cinquante-huit ans, que de s'occuper de ces infectes. Pline 4, 9.

que des rayons où les petits ouvrent déja leurs
cellules , & commencent à montrer la tête, en
rongeant la cire qui les tient renfermés & qui
sert de couvercle à leurs alvéoles. Car si l'on
transfere des rayons avant que les petits en
soient éclos, ces petits, cessant d'être couvés, ne
peuvent manquer de perdre la vie. Les abeilles
meurent encore d'une maladie que les Grecs appellent φαγέδαινα (5). Elle provient de ce que
les abeilles étant dans l'usage de commencer
par faire autant de cires qu'elles comptent en
pouvoir remplir , il arrive quelquefois que ces
premiers ouvrages étant finis, l'essain s'écarte au
loin pour aller chercher du miel , & se trouve
opprimé dans les forêts par des pluies imprévues
ou par des tourbillons de vent, ce qui est cause
que la plus grande partie du peuple dont il est
composé se perd , & qu'ensuite le peu qui en
reste ne suffit plus pour remplir les rayons. Dès-
lors les parties de cire qui restent vuides finissent par se pourrir, après quoi, le mal faisant
des progrès insensibles , le miel se corrompt &
les abeilles elles-mêmes périssent toutes. Pour

---

(5) Pline appelle cette maladie *Cleron*, mais le P. Hardouin
convient que ce dernier mot est très-obscur. Celui de *Pha-
gedæna* se trouve appliqué par le même Auteur, 10, 4, à
une maladie de l'homme, qui est une espece d'ulcere ron-
geur, du mot φαγεῖν, qui veut dire *manger*. Columelle a pû
appliquer le même mot à une maladie des abeilles, quoique
ce ne fût pas le nom véritable sous lequel elle étoit connue.

prévenir cette maladie, il faut joindre deux peuplades ensemble, afin qu'elles puissent venir à bout de remplir les cires vuides, ou, si l'on n'est pas à portée d'avoir un second essain, il faut couper les portions vuides des rayons même, avant qu'ils pourrissent. Mais il est important de se servir pour cette opération d'un fer bien tranchant, de peur qu'en y employant un instrument trop émoussé, la difficulté de pénétrer ne force de donner un coup trop violent qui dérangeroit les rayons de leur place, auquel cas les abeilles quitteroient leur domicile. C'est encore une cause de mortalité pour les abeilles, quand les fleurs viennent à être trop abondantes pendant une suite d'années, & qu'en conséquence ces insectes s'occupent plus à faire du miel qu'à multiplier. Il se trouve des gens qui, peu versés dans ce genre d'économie, se félicitent alors, parce qu'ils voient abonder le fruit & qu'ils ne font pas attention que les abeilles sont menacées par cela même de leur destruction, attendu qu'étant épuisées par un travail excessif, elles périssent pour la plus grande partie, & que celles qui survivent à cet accident, finissent par être réduites à rien, faute d'être recrutées par des jeunes. S'il survient donc un Printemps où les fleurs pullulent excessivement dans les prairies & dans les champs, il sera très-bon de boucher les sorties des ruches de trois jours l'un, en y laissant néanmoins de petites ouvertures, mais par lesquelles les abeilles ne puissent pas sortir, afin qu'elles ne s'occupent pas tant à faire du miel, quand elles se verront privées de l'espérance de pouvoir remplir toutes leurs cires de cette liqueur, & qu'elles les remplissent au contraire de leur progéniture (6). Voilà à peu près les remèdes auxquels on a recours quand les essains sont attaqués de quelque maladie.

CHAPITRE XIV (1).

Voici à présent les soins qu'il faut prendre des abeilles pendant le cours de toute l'année, suivant la méthode excellente prescrite par le même Hyginus (2). Depuis le premier Equinoxe,

---

(6) C'est beaucoup d'attribuer un raisonnement aussi suivi aux abeilles, mais il est néanmoins possible que ce petit animal, qui ne peut pas rester un moment en repos, se trouvant dans l'impossibilité de s'adonner à un genre de travail, se retourne vers un autre genre.

(1) Nous avons déja remarqué dans la Note 5 du Chap. XXVIII. de l'Economie rurale de Varron, Liv. I. que Columelle n'étoit pas d'accord avec lui sur le nombre de jours compris dans chaque saison, non plus que sur les jours où chaque saison commence, & nous avons même renoncé à les concilier ensemble. Voy. la Note 7 du même Chap.

(2) Voy. la Note 31 du Chap. I. Liv. I.

qui tombe au mois de Mars vers le huit des Calendes (3) d'Avril, quand le Soleil est au huitieme degré du Bélier, jusqu'au lever des Pléïades, on a quarante-huit jours de Printemps. Il
dit donc qu'il faut commencer à donner ses soins
aux abeilles pendant cet intervalle, en ouvrant
les ruches pour en ôter toutes les immondices
qui s'y seront amassées pendant l'Hiver, & en les
enfumant en-dedans avec de la fiente de bœuf
brûlée, après avoir détruit les araignées qui corrompent les rayons, parce que cette fiente est
très-convenable aux abeilles, vû l'espece d'affinité qui se trouve entre elles & cet animal (4). Il
faut aussi tuer les petits vermisseaux que l'on
appelle *tineæ* (5), ainsi que les papillons : il suffit
communément, pour tuer ces animaux pestilentiels qui s'attachent aux rayons, de mêler de la
moëlle de bœuf avec de la fiente du même animal, & de les brûler de façon à leur en faire sentir l'odeur. C'est avec de pareils soins que l'on
fortifiera les essains pendant le temps que nous
venons de dire, & qu'on parviendra à leur donner plus de courage pour s'appliquer à leurs ouvrages. Mais il faut sur-tout que celui qui prend

---

(3) Voy. la Note 1 du Chap. XXVIII. de l'Economie
rurale de Varron, Liv. II.

(4) Par la raison qu'un cadavre de bœuf engendre des
abeilles, comme il va le dire.

(5) Ce sont des *teignes*.

foin d'élever des abeilles ait la précaution , lorsqu'il aura à toucher aux rayons , de s'abstenir la veille de l'acte Vénérien (6) , comme de n'en pas approcher lorsqu'il sera yvre ou sans s'être lavé préalablement ; il s'abstiendra aussi de presque toutes les nourritures dont l'odeur sera forte , telles que les salaisons & tous les jus qu'elles rendent , telles encore que l'acrimonie puante de l'ail ou de l'oignon , & toutes les autres choses semblables. Au quarante - huitieme jour depuis l'Equinoxe du Printemps, c'est-à-dire, au lever des Pléïades qui tombe vers le cinq des Ides (5) de Mai, les essains commencent à prendre de la force & à fourmiller beaucoup : mais aussi ceux où il ne se trouve que peu d'abeilles périssent dans le même temps. C'est encore dans ce temps là que l'on voit naître dans les extrémités des rayons des petits dont la taille est plus grande que celle des autres abeilles , & que quelques personnes prennent pour les Rois. Mais il y a des Auteurs Grecs qui les appellent οἴστροι (7) , parce qu'ils tourmentent les essains &

---

(6) On prétend que l'acte Vénérien exalte cette odeur , dont le Poëte a dit qu'*Hircus gravis excubat alis* , & dèslors il doit infiniment déplaire aux abeilles , qui fuient toute odeur forte.

(7) C'est-à-dire, des *taons* : cette espece de taon, que les Latins appelloient *asilus* , étoit cependant bien différente du *tabanus* , non-seulement par son nom , mais encore par

qu'ils ne les laiſſent point tranquilles : auſſi ces mêmes Auteurs ordonnent-ils de les tuer. Les ruches
eſſaiment communément depuis le lever des Pleïades juſqu'au Solſtice qui tombe à la fin du mois
de Juin, vers le temps où le Soleil eſt au huitieme degré de l'Ecreviſſe, & il faut les garder
alors avec plus de ſoin, de peur que leurs nouvelles progénitures ne prennent la fuite. Enſuite, depuis le Solſtice juſqu'au lever de la Canicule, ce qui fait un intervalle d'environ trente
jours, on moiſſonne les rayons auſſi bien que
les bleds. Mais nous nous réſervons de preſcrire par la ſuite la maniere de les enlever, lorſque nous traiterons de la compoſition du miel
(8). Au reſte, Démocrite (9) & Magon, ainſi que
Virgile (10), ont débité que c'étoit dans ce
temps-ci que l'on pouvoit ſe procurer des abeilles en tuant un bouvillon. Magon va même juſqu'à aſſurer qu'on peut également y parvenir
avec des ventres de bœuf : mais je penſe qu'il
eſt ſuperſlu de détailler cette méthode avec exac-

ſa figure & par ſon origine. L'*Œſtrus* venôit dans l'extrémité des rayons, le *tabanus* dans les bois, Pline 11, 16 &
33, l'*œſtrus* étoit roux & plus petit que le *tabanus*, qui eſt
noir. Nous donnons indiſtinctement dans notre Langue le
nom de *taons* à ces deux inſectes.

(8) Dans le Chap. ſuivant.

(9) Voy. la Note 23 du Chap. I. de l'Economie rurale
de Varron, Liv. I.

(10) Voy. la Note 15 de la Préf. Liv. I.

titude, & je me range à l'avis de Celſus (11)
qui dit très-prudemment que la perte de ce
genre de bétail n'occaſionne pas un aſſez grand
dommage, pour chercher à ſe le procurer par
une pareille voie. Au reſte, une choſe qu'il faut faire dans cet intervalle & juſqu'à l'Equinoxe d'Automne, c'eſt d'ouvrir les ruches tous les dix
jours & de les enfumer : car on convient généralement que, quoique cette opération ne plaiſe
pas aux eſſains, elle leur eſt néanmoins très-ſa-
lutaire. Enſuite, lorſque les abeilles auront été
ainſi parfumées & échauffées, il faudra les raffraîchir, en arroſant les parties des ruches qui
ſeront vuides, avec de l'eau très-fraîchement tirée, & en nettoyant celles que l'on n'aura pas
pû arroſer, avec des plumes d'aigle ou de tout
autre oiſeau de grande taille, qui aient une certaine roideur. Il faut encore balayer les teignes
que l'on appercevra, & tuer les papillons qui ſe
tiennent communément entre les ruches & qui
détruiſent les abeilles, tant parce qu'ils rongent
les cires, que parce qu'il s'engendre de leurs
excrémens certains vers que nous appellons les
tinea (5) des ruches. Auſſi, lorſqu'il s'en trouve une
grande quantité, comme il arrive dans le temps où
la mauve eſt en fleurs, on met le ſoir entre les ruches
un vaſe de cuivre ſemblable à ceux dont on ſe ſert
dans les bains pour faire chauffer l'eau ; & auſſitôt

---

(11) Voy. la Note 31 du Chap. I. Liv. I.

qu'on y a enfoncé une lumiere, les papillons y accourent de tous côtés, & se grillent en voltigeant autour de la flamme, attendu que n'ayant ni la facilité de s'envoler par en-haut, parce que le vase est étroit, ni celle de s'éloigner du feu, parce qu'ils sont investis par ses parois qui sont de cuivre, ils sont en conséquence brûlés par le feu dont ils sont trop voisins. L'Arcture se leve environ cinquante jours après la Canicule : c'est alors que les abeilles font leur miel avec les fleurs couvertes de rosée, tant celles du thym que celles de l'origan & de la tymbre. Le meilleur miel paroît être celui qu'elles font à l'Equinoxe d'Automne qui tombe avant les Calendes (3) d'Octobre, quand le Soleil est au huitieme degré de la Balance. Mais il faudra veiller, entre le lever de la Canicule & celui de l'Arcture, à ce que les abeilles ne soient pas surprises par les assauts des frelons, qui se tiennent communément devant leurs ruches pour les guetter à leur sortie. Après le lever de l'Arcture, on moissonne pour la seconde fois les rayons vers l'Equinoxe de la Balance (comme je viens de le dire). Ensuite, depuis l'Equinoxe qui tombe vers le huit des Calendes (3) d'Octobre, jusqu'au coucher des Pléiades, les abeilles emploient quarante jours à mettre en réserve le miel qu'elles ont extrait des fleurs du tamaris & des arbustes sauvages, & qui leur doit servir de nourriture pendant l'Hiver : mais il ne faut rien retrancher

de ce miel, de peur que, si ces insectes étoient
trop souvent molestés par les pertes qu'on leur feroit
éprouver, le désespoir ne les portât à prendre la fuite. Depuis le coucher des Pléïades jusqu'au Solstice d'Hiver qui tombe vers le huit des Calendes (3) de Janvier, quand le Soleil est au huitieme degré du Capricorne, les essains commencent à consommer le miel qu'ils ont mis en réserve, & qui sert à les soutenir jusqu'au lever de
l'Arcture. Je n'ignore pas la façon de calculer
d'Hipparchus (12), qui prétend que les Solstices
comme les Equinoxes arrivent lorsque le Soleil
est au premier degré des Signes, & non pas lorsqu'il est au huitieme : mais je m'en tiens, dans
certe Economie rurale, aux Calendriers d'Eudoxe
(13), de Meton & des anciens Astronomes, qui
sont réglés sur les Fêtes publiques, parce que cet
ancien systême est plus généralement connu des
Agriculteurs qui sont habitués à s'y conformer,
& qu'au contraire le raffinement d'Hipparchus
(12) est au-dessus de l'intellect grossier, comme
on l'appelle, des gens de la campagne. Ainsi il
faudra ouvrir les ruches, les purger de toute
immondice & les soigner avec beaucoup d'attention dès que les Pléïades commenceront à se
coucher, parce qu'il n'est pas à propos de les
remuer ni de les ouvrir pendant l'Hiver. C'est

---

(12) Voy. la Note 2 du Chap. I. Liv. I.
(13) Voy. la Note 41 de la Préf. Liv. I.

pourquoi , si l'on a encore devant soi un reste
d'Automne , il faudra, après avoir nettoyé les
ruches dans une journée où il aura fait très-beau
temps , y enfoncer des couvercles qui parviennent jusqu'aux rayons même , sans laisser aucun
vuide , afin que les alvéoles , qui seront rétre-
cis par-là, se maintiennent plus aisément chauds
pendant l'Hiver : & c'est une opération qu'il faut
toujours faire , dans les ruches même qui ne sont
habitées que par un petit nombre d'abeilles. Ensuite on bouchera par-dehors avec de la boue &
de la fiente de bœuf mêlées ensemble, toutes
les crevasses & tous les trous qui pourront s'y
trouver, sans laisser d'autres ouvertures que celles qui serviront de passages aux abeilles : & quoique les ruches soient sous un appentis, on ne
laissera pas de les couvrir encore avec du chaume & des feuilles entassées par dessus , pour
les défendre, autant que faire se pourra , contre
le froid & les mauvais temps. Quelques personnes y renferment dans l'intérieur des oiseaux
morts, dont les entrailles sont vuidées , & qui
servent à procurer de la chaleur pendant l'Hiver aux abeilles qui se cachent sous leurs plumes, d'autant que , lorsqu'elles ont consommé
leurs provisions, elles mangent fort bien ces oiseaux pour assouvir leur faim, sans en rien laisser que les os, quoique, lorsqu'elles ont suffisamment de rayons , elles n'y touchent point : car

l'odeur de ces oiseaux ne déplaît point à ces infectes, tout délicats qu'ils foient fur l'article de la propreté. Nous croyons néanmoins qu'il vaut mieux, lorfque les abeilles font tourmentées par la faim pendant l'Hiver, leur fervir dans de petits canaux placés vers l'entrée des ruches, des figues feches pilées & détrempées foit dans de l'eau, foit dans du vin cuit jufqu'à diminution de moitié ou fait avec des raifins fecs, auquel cas il y faudra mettre tremper de la laine bien propre, afin qu'elles fe pofent fur cette laine pour tirer le fuc de ces liqueurs, comme à travers un fiphon. On fera auffi très-bien de leur donner du raifin fec broyé & un peu humecté d'eau. Au furplus, il faudra les foutenir avec ces fortes de nourritures non-feulement pendant l'Hiver, mais encore (ainfi que je l'ai dit (14)) dans le temps où le tithymale & l'orme feront en fleurs. Elles confomment, dans l'efpace de quarante jours à datter du Solftice d'Hiver, tout le miel qui eft dans leur ruche (à moins que celui qui en prend foin n'y en ait laiffé une trop grande quantité) & fouvent même, après avoir vuidé les cires, elles fe tiennent couchées auprès des rayons, fans prendre aucune nourriture, jufqu'au lever de l'Arĉture qui commence aux Ides (3) de Février, & y ref-

---

(14) Dans le Chap. XIII.

tent engourdies à la manière des serpens (15) , de façon que le repos seul leur conserve la vie. Pour empêcher néanmoins qu'une trop longue diette ne la leur fasse perdre, il est très-bon d'insinuer avec des siphons dans leur ruches , à travers de l'entrée , des jus doux , qui serviront à leur faire supporter la disette de la saison , jusqu'à ce que le lever de l'Arcture & l'arrivée des hirondelles leur annoncent des temps plus favorables. Aussi passé ce mauvais temps se hazardent-elles à aller aux pâturages , dès que la gaieté de la saison le leur permet. En effet , aussitôt que l'Equinoxe du Printemps est arrivé , elles ne tardent point à se répandre de côté & d'autre , pour ramasser les fleurs qui sont propres à les faire multiplier , à l'effet de les porter dans leurs domiciles. Telle est la méthode qu'Hyginus (2) prescrit d'observer très-exactement pendant les différentes saisons de l'année. Au surplus, voici ce que Celsus (11) ajoute à ces préceptes : il prétend que , comme il y a peu de contrées assez heureuses pour offrir aux abeilles des pâturages d'Hiver différens de ceux d'Eté , il ne faut pas laisser les essains dans celles de ces contrées qui ne donnent pas après le Printemps de fleurs qui conviennent aux abeilles , mais que , lorsque les

---

(15) Tout le monde connoît la Fable du paysan tué par un serpent *engourdi* par le froid , qu'il avoit réchauffé dans son sein.

pâturages de cette saison sont consommés, il
faut les transférer dans des lieux plus avantageux, où elles puissent se nourrir des fleurs tardives du thym, de l'origan & de la tymbre : il
assure que c'est ainsi qu'on le pratique soit dans
les contrées de l'Achaïe, d'où on les transfere
dans les pâturages de l'Attique & dans l'Eubée,
soit dans toutes les Isles Cyclades d'où on les
transfere dans la seule Isle de Scyros, soit enfin
dans la Sicile où on les transporte des différentes contrées de cette Isle à Hybla. Le même Auteur prétend encore que les abeilles font la cire
avec les fleurs & le miel avec la rosée du matin,
& que plus la cire est faite avec une matiere
agréable, plus le miel est de bonne qualité. Au
surplus, il ordonne de visiter avec attention l'intérieur des ruches avant de les transporter, &
d'en ôter les vieux rayons, ainsi que ceux où les
teignes se seront mises ou ceux qui seront chan-
celans, afin de n'en réserver qu'un petit nombre
des meilleurs, & qu'en conséquence la plus grande partie des rayons se trouve faite avec les
fleurs les meilleures. Il ordonne encore de ne
porter que de nuit les ruches que l'on voudra
changer de lieu, & de ne les point agiter dans
le transport.

CHAPITRE XV.

Dès la fin du Printemps, ainsi que je l'ai déja dit (1), vient la récolte du miel à laquelle tendent les travaux de toute l'année. On juge qu'il est temps de la faire, lorsqu'on voit les abeilles chasser & mettre en fuite les bourdons. Le bourdon est un insecte très-ressemblant à l'abeille, mais plus gros qu'elle, ou, comme dit Virgile (2), c'est *un bétail paresseux* qui se tient auprès des rayons sans y travailler, & qui, loin d'amasser de la nourriture, consomme celle que les abeilles ont apportée. Cependant ces insectes paroissent coopérer en quelque façon à la multiplication des abeilles, en se tenant auprès de la semence dont elles doivent éclorre. Aussi les abeilles vivent-elles d'intelligence avec eux, tant qu'ils leur sont utiles pour couver & pour élever leur nouvelle progéniture, au lieu qu'elles les chassent hors de leurs domiciles, & que, comme dit le même Poëte (2), *elles les éloignent de leurs mangeoires* dès que leurs petits sont éclos. Quelques Auteurs ordonnent de les exterminer abso-

(1) Dans le Chap. précédent.
(2) Liv. IV. des Géorg. Voy. la Note 25 de la Préf. du Liv. I.

lument, mais je suis sur cet article de l'avis de Magon, & ne crois pas qu'on doive pousser les choses à cette extrémité; je pense au contraire qu'il faut modérer cette barbarie, parce qu'en faisant un carnage universel de cette engeance, il seroit à craindre que les abeilles ne devinssent paresseuses (3), au lieu qu'en l'épargnant, elles n'en deviennent que plus actives pour réparer les dommages que ces insectes leur causent en consommant une portion de leurs vivres. Il ne faut pas, d'un autre côté, laisser pulluler cette multitude de voleurs, de peur qu'ils ne finissent par piller tout le trésor des richesses qui ne leur appartiennent point. Lors donc que l'on verra de fréquentes disputes s'élever entre les bourdons & les abeilles, on ouvrira les ruches pour les visiter à l'intérieur, soit afin de différer la récolte du miel, si les rayons ne sont qu'à demi-pleins de cette liqueur, soit afin de la faire aussitôt, s'ils en sont remplis & qu'ils soient recouverts de cire par-dessus. Il faut communément choisir la ma-

---

(3) Si même, comme il y a lieu de le croire, ces *fuci*, que nous traduisons par *bourdons*, sont les seuls mâles parmi les abeilles qui n'ont point de sexe apparent, de même que le *Rex*, que nous avons traduit par le mot de Roi, est la seule femelle d'un essain & la seule qui dépose des œufs dans les alvéoles, il en résulte qu'en tuant tous les bourdons on détruira l'essain en entier, puisqu'il ne s'y trouvera plus de mâles pour féconder ce Roi ou plutôt cette Reine.

tinée pour faire cette opération, parce qu'il n'est
pas à propos de vexer les abeilles au milieu de
la chaleur (4), temps auquel elles font déja naturellement irritées. On se pourvoira à cet effet
de deux instrumens de fer d'un pied & demi de
longueur ou un peu plus : l'un est un long couteau, tranchant par les deux côtés, dont l'extrémité sera terminée par un bistouri crochu; l'autre est un instrument plat & très-tranchant d'un
seul côté à l'effet de mieux couper les rayons,
au lieu qu'on pourra les ratisser avec l'autre, &
en ôter les ordures qui pourront y être tombées.
Mais lorsque la ruche ne sera point munie d'u-
ne ouverture par derriere, on y sera parvenir
de la fumée de galbanum ou de fumier sec. On
renferme à cet effet l'une ou l'autre de ces matieres, avec de la braise, dans un vase de terre
garni d'anses comme une petite marmite : ce
vase doit être pointu par un de ses côtés, qui
sera percé d'un petit trou destiné à livrer passage à la fumée, au lieu qu'il sera plus gros par
le côté opposé, & garni d'une large embouchure
à travers laquelle on pourra souffler dedans.
Quand on aura approché cette marmite de la
ruche (5), on soufflera dedans pour pousser la

---

(4) Il est certain que les morsures des animaux comme les
piquures des insectes sont plus fortes pendant la grande
chaleur, qu'en tout autre temps.

(5) Puisque les abeilles en sentant la fumée se retire-

fumée sur les abeilles, & alors ces insectes, qui ne peuvent pas supporter cette odeur, se retireront aussitôt sur le devant de la ruche, & en sortiront même quelquefois, de sorte qu'on aura la liberté de regarder à son aise en dedans. On remarque communément deux formes particulieres de rayons dans les ruches, quand il s'y trouve deux essains. En effet, quoique ces deux peuplades réunies vivent ensemble en bonne intelligence, elles ont néanmoins chacune leur méthode particuliere de façonner la cire, en lui donnant telle ou telle forme, dont elles ne s'écartent jamais. Au reste tous les rayons, de telle façon qu'ils soient faits, sont toujours suspendus au haut de la ruche & légérement adhérens à ses parois, sans jamais s'étendre jusqu'au plancher d'en bas, parce que c'est l'endroit qui sert de passage aux essains. D'ailleurs la forme des cires est modelée sur celle de la ruche, de sorte que sa capacité sert de moule aux rayons, qui retracent la forme quarrée, ronde ou même longue de la ruche. C'est pour cela qu'on ren-

---

ront sur le devant de la ruche, & que même il arrivera qu'elles en sortiront, il faut supposer qu'on aura soulevé la ruche pour faire la fumée par-dessous, afin que les abeilles en la fuyant remontent au haut de la ruche, autrement elles se jetteroient dans la fumée même. Au surplus, le mieux est d'avoir une ruche qui puisse s'ouvrir par en haut, afin d'en faire passer les habitans dans une autre ruche qu'on mettra sur la premiere.

contre

contre souvent dans la même ruche des rayons qui ont chacun leur forme différente. Mais, tels qu'ils soient, il ne faut jamais les enlever tous : on aura soin au contraire d'en laisser la cinquieme partie à la premiere récolte, qui se fait dans un temps où les pâturages sont encore abondans dans les champs, & la troisieme partie à la seconde récolte, qui se fait dans un temps où l'Hiver commence déja à se faire craindre. Cependant la proportion que nous fixons ici n'est pas la même pour tous les pays, parce qu'il faut dans chacun pourvoir à l'intérêt des abeilles proportionnellement à la multitude des fleurs & à l'abondance des pâturages. Si les cires suspendues à la ruche sont perpendiculairement allongées, il faut couper les rayons avec l'instrument qui a la forme d'un couteau, & les recevoir par-dessous entre les deux bras pour les tirer de la ruche; mais si les rayons sont attachés horizontalement au haut des ruches, il faut alors se servir de l'instrument qui a la forme d'une serpe, afin de les couper d'un coup qu'on leur portera en face. On enlevera ceux qui seront vieux ou défectueux, & on laissera préférablement à eux ceux qui ne seront point gâtés & qui seront pleins de miel, de même que ceux qui renfermeront des petits, parce qu'ils serviront à reproduire des essains. Il faudra ensuite porter tout ce qu'on aura récolté de rayons dans le lieu où l'on voudra faire le miel, & boucher exactement toutes les fentes qui pourront se trouver aux murs ou aux fenêtres de cet endroit, afin que les abeilles n'y puissent pénétrer d'aucun côté, parce qu'elles s'opiniâtrent à chercher, pour ainsi dire, les richesses qu'elles ont perdues, & que lorsqu'elles parviennent à les trouver, elles les consomment. C'est pourquoi, il faut aussi faire de la fumée à l'entrée de cet endroit, avec les matieres dont nous avons déja parlé, afin d'en écarter les abeilles au cas qu'elles fassent des tentatives pour y entrer. Quand les ruches auront été récoltées, s'il s'en trouve quelques - unes dont l'entrée soit barrée par des rayons, il faut les retourner d'un autre sens, afin que le côté de derriere y serve à son tour d'entrée ; moyennant quoi, la premiere fois qu'il sera question de les châtrer, on enlevera les anciens rayons avant les nouveaux, & les cires se trouveront renouvellées par-là ; ce qui est d'autant plus intéressant que plus elles sont vieilles, pires elles sont (6). Si par hazard les ruches sont revêtues d'une maçonnerie & qu'elles soient par conséquent immobiles, on aura soin de les châtrer tantôt d'un côté tantôt de l'autre. Il faudra aussi que cette opération soit faite avant la cinquieme

---

(6) D'autant plus que, lorsque les vers se changent en abeilles, ils attachent leur peau aux parois de l'alvéole, ce qui doit communiquer infailliblement quelque impureté à la cire.

heure du jour (7), sinon, on ne la reprendra qu'après la neuvieme (7) ou le lendemain matin. Au surplus, telle quantité de rayons qu'on ait récoltée, il est à propos d'en extraire le miel le jour même de la récolte, & tandis qu'ils sont encore chauds. On suspend à cet effet dans un lieu obscur un panier de saule, ou un sac d'osier mince tissu à grandes mailles, dont la forme soit semblable à celle d'une borne renversée, tels que ceux à travers lesquels on passe le vin, après quoi on y entasse les rayons les uns sur les autres, en observant néanmoins de rejetter de côté les portions de cires qui contiennent des petits ou de la crasse rouge, parce qu'elles ont un mauvais goût, & que le suc qu'elles rendroient corromproit le miel. Lorsqu'ensuite le miel que l'on aura passé sera tombé dans un bassin posé en bas pour le recevoir, on le transportera dans des vases de terre, qu'on laissera ouverts pendant quelques jours, jusqu'à ce que cette espece de mout ait cessé de bouillir. Il faudra l'écumer souvent avec une cuiller. Quand ce miel sera fait, on pressera entre ses mains les morceaux de rayons qui seront restés dans le sac, & il en découlera du miel de la seconde qualité, que les gens les plus attentifs mettent à part, de peur qu'il ne détériore par son mêlange le premier dont le goût est excellent.

----

(7) Voy. la Note 9 du Chap. II. de l'Economie rurale de Varron, Liv. II.

CHAPITRE XVI.

Quoique la cire soit une matiere de modique valeur, comme on l'emploie cependant à bien des chofes, ce genre de profit ne doit pas être négligé. On jette dans un vafe de cuivre ce qui refte des rayons après qu'on en a exprimé le miel & qu'on les a bien lavés dans de l'eau douce, puis on verfe de l'eau deſſus & on les fait fondre au feu. Quand cela eſt fait, on verfe la cire, en la paſſant, fur de la paille ou fur du jonc, & on la fait cuire de nouveau autant que la premiere fois; enſuite on la verfe dans tel moule que l'on juge à propos, après l'avoir rempli d'eau, afin que, quand la cire fera figée, il foit aifé de la retirer du moule, parce que l'eau qui fera deſſous, l'empêchera de s'attacher à fes parois. Mais, puiſque nous avons achevé notre diſſertation fur les beſtiaux & fur les nourritures que l'on fait dans les Métairies, nous allons à préſent donner en vers, pour fatisfaire à l'empreſſement de notre ami Gallion, qui l'a defiré ainſi que vous, Publius Silvinus, ce qui nous reſte à traiter de l'Economie rurale, je veux dire, la culture des jardins.

Fin du neuvieme Livre.

L'ÉCONOMIE
RURALE
DE L. JUNIUS MODERATUS
COLUMELLE.

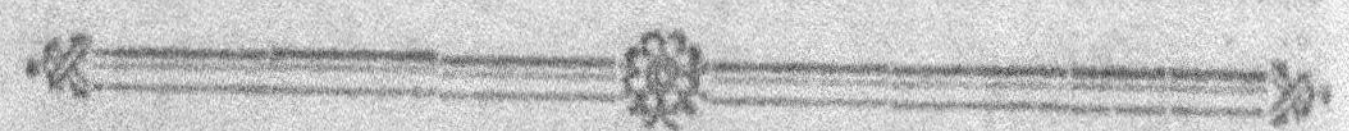

LIVRE DIXIEME.

DE LA CULTURE DES JARDINS.

PRÉFACE.

Recevez, Silvinus, le reliquat des intérêts que vous avez stipulés à ma charge, & au payement desquels je me suis engagé vis-à-vis de vous; reliquat au surplus très-modique, puisqu'à la partie près que je vais acquitter en ce moment, j'ai soldé de compte avec vous par les neuf Livres précédens. Il ne me reste donc plus qu'à traiter de la culture des jardins, cette partie de l'Economie rurale, qui, loin d'être négligée aujourd'hui, comme elle l'étoit singuliérement autrefois par les anciens Agriculteurs, semble en être au contraire la partie la plus célébrée. En effet, quoique la frugalité de nos ancêtres allât jusqu'à la parsimonie, les pauvres cependant faisoient meilleure chere de leur temps qu'ils ne la font à présent, parce que le lait le plus abondant & la chair des bêtes fauves ou des bestiaux domestiques étoient, ainsi que l'eau & le bled, la nourriture commune des gens du plus bas aloi, comme de ceux du plus haut rang. Mais dès que les siecles suivans, & particuliérement le nôtre, ont vû rehausser le prix des mets recherchés par les débauchés, & que l'on n'a plus mesuré la bonté d'un repas sur l'appétit naturel, mais sur l'immensité de son coût, la pauvreté du peuple a nécessairement mis hors de sa portée les nourritures de prix, & l'a réduit par là aux plus communes. C'est pour cela même que nous devons donner des préceptes sur la culture des jardins avec plus de soin que ne l'ont fait nos ancêtres, parce que les fruits qui en proviennent sont aujourd'hui d'un usage plus commun qu'ils ne l'étoient de leur temps. J'aurois composé ce traité en Profe, ainsi que je me l'étois d'abord proposé, afin de le joindre par suite aux Livres précédens,

fi vous n'eufliez pas combattu mon projet par
vos follicitations continuelles, qui ont enfin vaincu ma réfiftance, & qui m'ont déterminé à mettre en Vers des parties qui manquent au Poëme
des Géorgiques, & que Virgile (1) a déclaré
lui-même n'avoir omifes, que pour laiffer à la
poftérité le foin de les traiter après lui. Aufli
n'aurois-je jamais eu la témérité de tenter une
pareille entreprife, fi le plus refpectable des Poëtes n'avoit déclaré par-là fon intention : c'eft donc
comme par fon infpiration que je me fuis chargé
(à mon corps deffendant, je l'avoue, vû la difficulté de l'entreprife, mais non fans efpoir de réuf-
fite) de traiter une matiere fvelte & prefque fans
corps, telle que celle-ci, qui eft effectivement fi
mince, que foit que l'on confidere le corps entier de mon Ouvrage, on peut la regarder comme n'en faifant qu'une parcelle, foit qu'on l'exa-
mine à part, & qu'on la reftreigne, pour ainfi
dire, à fes limites, on ne peut en aucune maniere lui donner une certaine confiftance. En
effet, quoiqu'elle foit compofée, pour m'exprimer ainfi, de plufieurs membres, fur chacun def-
quels il peut à la vérité fe trouver quelque chofe à dire, ces membres font néanmoins aufli im-
perceptibles que des grains de fable, avec lefquels il eft impoffible (comme difent les Grecs)

____

(1) Vers cité du Liv. IV. des Georg. de Virgile. Voy. la
Note 25 de la Pref. du Liv. 1.

de former un cordage, vû leur petitesse incompréhensible (2). Loin donc que ce fruit de nos veilles, tel qu'il soit, prétende à des applaudissemens particuliers, il se croira au contraire assez favorablement traité, pour peu qu'on ne juge point de lui qu'il deshonore les traités qui l'ont précédé. Mais cessons cette Préface.

JE vous montrerai aussi, Silvinus, la culture des jardins, ainsi que les objets dont Virgile (1) nous a laissé le soin de traiter après lui, lorsqu'en se renfermant dans des bornes étroites, il chantoit les moissons abondantes & les présens de Bacchus (3), & vous, grande Palès (4), & le miel émané du Ciel (5). D'abord il faut, pour

---

(2) C'étoit un proverbe usité parmi les Grecs, pour désigner une chose absolument impossible, qu'on s'efforçoit néanmoins de faire.

(3) Voy. la Note 11 du Chap. I. de l'Economie rurale de Varron, Liv. I.

(4) C'étoit la Déesse des Pâtres & des pâturages, que d'autres appellent Vesta, & d'autres la mere des Dieux. On prétend que le nom de *Palès* lui venoit de celui de *parere*, qui veut dire engendrer, comme si de *pares* l'on eût fait *Palès*; ce qu'il y a de sûr, c'est que sa Fête, qui se célébroit le jour de la fondation de Rome, s'appelloit indifféremment *Parilia* ou *Palilia*. Voy. le Chap. I. de l'Economie rurale de Varron, Liv. II.

(5) Columelle dit que le miel est émané du Ciel, soit pour se conformer à l'opinion des anciens, qui croyoient qu'il étoit formé par la rosée, (Voy. le Chap. XIV. du Liv. précédent)

l'emplacement d'un jardin de bon rapport, choisir un champ gras qui renferme dans son sein des mottes de terre bien pulvérisées & des gazons faciles à s'ameublir, & qui ressemble, après les fouilles qu'on y aura faites, au sable le plus délié. Un terrein sera encore propre à cette destination par sa nature, lorsqu'il sera continuellement tapissé d'une grande quantité d'herbes, & qu'amolli par l'humidité, il produira les baies rouges de l'yeble : car on rejette les terreins secs, de même que ceux qui, couverts d'eaux marécageuses, sont étourdis par le tintamare de la grenouille qui ne cesse pas de se plaindre. La terre y sera également propre, quand elle élevera dans son sein, sans aucune culture, des ormes chargés de feuillages, quand elle sera fertile en palmiers sauvages, quand elle aimera à se voir hérissée d'une forêt de poiriers sauvages ou couverte des fruits à noyau du prunier, & qu'elle sera chargée de pommes qui y croîtront naturellement ; pourvu toutefois qu'elle se refuse à produire les hellebores (6), ainsi que le galbanum dont le suc est pernicieux, qu'elle ne souffre pas les ifs, & qu'elle n'exhale point de poisons prompts dans leurs effets. Peu importe qu'elle renferme dans son sein la mandragore, cette

---

soit à cause de l'origine qu'ils attribuoient aux abeilles. Voy. le Chap. II. *ibid.*

(6) Il y a de deux sortes d'hellébores, le noir & le blanc.

herbe funeste à la raison, qui ressemble à la moitié du corps humain (7), & qu'elle produise les fleurs de cette plante, ou la ciguë affligeante (8), ou les férules cruelles aux mains (9), ou les broffailles épaisses des buissons ennemis des jambes, ou le paliure avec ses épines piquantes. Il faut aussi qu'il se trouve, dans le voisinage, des rivieres que le cultivateur saignera sans regretter sa peine, pour en faire venir les eaux au secours de ses jardins toujours altérés, ou qu'on ait la faculté de les arroser avec de l'eau de source amassée dans un puits, dont la profondeur incommode n'arrache point les entrailles de ceux qui seroient forcés de se comprimer le ventre pour la puiser. Il faudra clorre ce terrein de murailles ou de haies hérissées, pour en interdire l'entrée tant aux bestiaux qu'aux voleurs. Ne coutez point

---

(7) On prétend en effet voir dans la racine de la mandragore la figure des pieds & des jambes, & les anciens Médecins croyoient que le suc de cette plante étoit un poison, qui rendoit fou quiconque en buvoit.

(8) Il fait allusion à l'usage reçu à Athènes de condamner les criminels à boire du jus de ciguë. Ce fut le genre de mort auquel fut condamné Socrates.

(9) C'étoit avec cette plante que l'on punissoit anciennement les enfans ; ce mot de *férule* est encore resté en usage parmi nous, pour désigner une punition qu'on employe contre eux, quoique la matiere de l'instrument, avec lequel on les frappe aujourd'hui, ne soit plus la même qu'autrefois.

après les ouvrages sortis de la main de Dæda-
lus (10), & n'ayez point recours à l'art de Polyclete (11), de Phradmon (12) ou d'Agelada
(13), pour vous fabriquer un Ityphallus (14),
mais révérez dans le tronc d'un vieil arbre façonné au hazard cette Divinité au membre terrible, qui, placée au milieu de votre jardin,
effrayera sans cesse les enfans avec cet épouvan-

---

(10) Il y a deux Artistes connus sous ce nom dans l'antiquité, celui d'Athènes qui étoit un Architecte fameux, qui
avoit travaillé au Labyrinthe de Crete, & celui de Sicyo-
ne dont Pline fait mention 34, 8, comme d'un célebre Sta-
tuaire. C'est de ce dernier que nous entendons ce vers, en
le rapportant à l'Ityphallus. On pourroit aussi à la rigueur
rapporter ce vers à la muraille dont Columelle vient de parler, auquel cas ce seroit l'Architecte dont il seroit question.

(11) Voy. la Note 41 de la Pref. du Liv. I.

(12) C'étoit un Artiste d'Argos, qui étoit Sculpteur & Pein-
tre à la fois. Pline 34, 8, en fait mention.

(13) Cet Artiste fut le maître de Polyclete.

(14) De ὄρφος, qui veut dire *membre*, & ἴθυ, qui veut
dire *droit*. Columelle désigne sous ce nom le Priape que les
anciens mettoient à la garde de leurs jardins, c'est-à-dire,
cette partie du corps humain à laquelle la Religion Payenne ne rougissoit pas de rendre un culte. Ce culte remontoit
à Isis, qui ayant ramassé les membres épars de son mari
Osiris après sa mort, & ne trouvant point celui qui faisoit
peut-être l'objet principal de ses regrets & de sa recherche,
consacra un Temple à ce membre auprès du Nil, & y fon-
da des Prêtres qui étendirent ce culte dans d'autres pays.

tail , & menacera les voleurs de fa faux (15).
Allons, courage , Mufes (16) Pierides : racontez-
nous en Vers fimples quelle culture il faut donner
aux femences , quels font les temps propres à
les mettre en terre , quels foins elles exigent
quand elles y font , quelle eft la faifon où les
fleurs commencent à venir & où l'on voit paroître des boutons dans les pépinieres de rofiers
de Pœftum , enfin quelle eft celle dans laquelle l'ar-
bufte de Bacchus (5) , ou tout autre arbre mitigé
par une greffe étrangere fe courbent fous le poids
de leurs fruits adoptifs. Lorfque le Chien aura commencé à fe défaltérer dans les eaux de l'Océan
(17) , & que Titan aura rendu les jours égaux
aux nuits dans l'un & l'autre Hémifphere ; lorfque l'Automne raffafié de fruits & fecouant fes

---

(15) On ne voit pas trop où pouvoir être placée la faulx de
cette Divinité , lorfqu'on fait attention à ce que repréfen-
toit fa ftatue. Mais des recherches fur un objet pareil , ré-
pugnent trop à la délicateffe de nos mœurs , pour nous en occuper plus à fond.

(16) Voy. la Note 4 du Chap. I. de l'Economie rurale de
Varron. Liv. I.

(17) Les Poëtes feignoient que les étoiles qui fe couchoient
alloient fe défaltérer dans l'Océan. Au refte , Columelle dé-
figne ici le temps où le Soleil eft à l'Equateur. Les Poëtes
donnoient fouvent le nom de Titan au Soleil , ainfi qu'à
d'autres aftres , parce qu'Hyperion , l'un des Titans , paf-
foit pour être leur pere.

tempes (18) se sera empourpré, en exprimant le
raisin écumant de mout, pour lors il nous faudra retourner, avec le fer d'une bêche emman-
chée de robre, la terre qui s'y prêtera avec douceur, pour peu qu'elle ait déja été humectée par
les pluies depuis les fatigues qu'elle aura éprouvées; au lieu que si elle est endurcie par la continuité d'un temps serein, & que, rébelle à tous
nos efforts, elle reste en mottes, il faut faire couler par artifice, le long d'un chemin pentif, des
ruisseaux propres à la désaltérer, afin qu'elle en
remplisse sa bouche béante. Mais s'il arrive que
ni le Ciel ni la Terre ne lui prêtent aucune humidité, & que la nature de la contrée ou Jupiter (19) lui refusent de la pluie, on attendra que
l'Hiver soit venu, & que la Constellation brillante donnée par Bacchus (3) à la fille de Gnosos (20) se cache sous la mer azurée au Pole
du monde, & que les Atlantides (21) craignent

------

(18) Allusion à l'yvresse, qui rend la tête lourde au point
de ne pouvoir plus la porter.

(19) Jupiter se prend chez les Poëtes pour l'air.

(20) Cette fille de Gnosos est Ariadne, à qui Bacchus
donna une couronne pour gagner sa complaisance : d'autres
disent que ce fut Venus qui donna cette couronne à Ariadne
pour présent de noces, lorsqu'elle se maria avec Bacchus :
quoiqu'il en soit, cette *Couronne* fut placée parmi les Constellations.

(21) Ce sont les Pleïades, ainsi nommées parce qu'elles
étoient, selon la Fable, filles d'Atlas & de Plione.

de voir le Soleil se lever vis-à-vis d'elles (22) :
& lorsque Phœbus (23) commencera à ne plus se
fier à l'Olympe, tout sûr qu'il est alors (24),
mais qu'il fuira en tremblant (25) la partie anté-
rieure du Scorpion & ses armes cruelles, pour
presser la croupe de Crotus (26); peuple, qui
ignorez votre origine, n'épargnez pas la terre que
vous prenez mal à propos pour votre mere (27).

---

(22) Columelle, par cette crainte qu'il prête aux Pléïades,
désigne le temps où elles se couchent.

(23) C'est un des noms que les Poëtes donnent au Soleil,
de φῶς, qui veut dire *lumiere*, & βίος, qui veut dire *vie*,
comme étant la lumiere & la vie de la nature.

(24) On ne voit pas trop pourquoi notre Auteur dit que
l'Olympe est sûr alors, à moins que ce ne soit par allusion
au Lion & au Chien (*Sirius*) contre les morsures desquels le
Soleil est à l'abri, puisqu'il en est séparé par la Vierge & la
Balance qui précedent le Scorpion, ou pour désigner la séré-
nité du Ciel, qui succede aux temps variables de l'Automne.

(25) Columelle faisant fuir le Soleil pour désigner la briè-
veté des jours, le fait aussi trembler, parce que la fuite est le
symbole de la crainte.

(26) C'est le Sagittaire. La Fable supposoit que Crotus,
fils d'Eupheme, nourrice des Muses, avoit été mis à leur sol-
licitation par Jupiter au nombre des Astres après sa mort. On
le peignoit avec des fleches à cause de son amour pour la
chasse, & avec une croupe de cheval, parce qu'il montoit
beaucoup à cheval pour prendre cet exercice. Columelle
désigne ici le temps où le Soleil quittant le Scorpion entre dans le Sagittaire.

(27) La fiction de notre Poëte consiste à conseiller aux

Elle fut à la vérité la mere de ces enfans formés avec l'argille de Promethée (28), mais c'est
une autre mere qui nous a donné le jour, dans
le temps que l'impitoyable Neptune (29) abîma
la terre fous les eaux de la mer, & qu'ébranlant
le fond des abîmes, il épouvanta les eaux du
fleuve Lethé. Ce fut alors que le Tartare vit
trembler pour la premiere fois le Roi du Stix (30),

Agriculteurs de ne point épargner la terre, fous le prétexte
qu'elle eft leur mere, puifqu'elle ne l'eft pas, attendu que
quoique Promethée eût fait les premiers hommes avec de
la boue, nous ne defcendons point de ces premiers hommes, qui font tous péris dans le déluge de Deucalion, &
que nous ne devons point par conféquent notre exiftence à
la terre, mais aux pierres jettées par Deucalion & Pyrrha
derriere leur dos.

(28) Promethée, fils de Japet, l'un des Titans, eft fup-
pofé par la Fable avoir fait les hommes d'argille. La Fable
ajoute qu'étant monté au Ciel avec le fecours de Minerve, il alluma un flambeau au char du Soleil, & qu'ayant
ainfi dérobé le feu aux Dieux, il en fit préfent aux hommes; ce qui lui attira comme à eux la colere des Dieux,
qui envoyerent la fievre & les maladies fur la terre, & qui
le firent attacher par Mercure à un rocher fur le Mont-
Caucafe, où une aigle lui rongeoit continuellement le
cœur.

(29) Voy. la Note 16 du Chap. V. de l'Economie rurale
de Varron. Liv. II.

(30) C'eft Pluton fils de Saturne & d'Ops, & frere de Jupiter & de Neptune. Ces trois freres ayant partagé le
Royaume de leur pere, Pluton qui étoit le cadet eut les
enfers dans fon lot.

tandis que les Mânes (31) faisoient retentir
leurs cris sous le poids des eaux de la mer.
C'est donc une main féconde qui nous a créés,
lorsqu'il ne restoit plus aucun mortel sur ce globe, & ce sont des rochers arrachés alors par
Deucalion (32) sur des montagnes élevées, auxquels nous devons notre origine. Vous êtes en
conséquence appellés au travail le plus dur & le
plus assidu : ainsi, prenez courage, chassez aujour-
d'hui de vos yeux un sommeil léthargique,
commencez à arracher la verte chevelure de la
terre, & à déchirer ses vêtemens avec la pointe
recourbée du soc. Que l'un sillonne avec de
lourds râteaux sa superficie lente à rapporter des
fruits ; que l'autre ne tarde pas à lui arracher les
entrailles avec de larges marres & à les entasser
avec le gazon dont elle est couverte, tant pour
les mettre à portée de recevoir les gelées blanches par lesquelles elles ont besoin d'être brûlées,
& les exposer aux coups des vents froids & à la
colere de Caurus, qu'afin que l'impétueux Bo-

---

(31) On appelloit ainsi les ames séparées des corps, &
qui devoient, dans le système de la métempsycose, passer
dans d'autres corps. Notre Poëte décrit ici le déluge de
Deucalion.

(32) Deucalion, fils de Promethée & Roi de Thessalie,
étoit mari de Pyrrha, fille d'Epimetheus; ce fut lui, selon
la Fable, qui réintégra le genre humain après ce déluge,
en jettant derriere lui des pierres qui se changeoient en
hommes.

rée

rée les resserre & que l'Eurus les dilate. Lorsqu'ensuite le Zéphyre secourable aura dissipé par la chaleur de son souffle l'engourdissement causé par les froids de l'Hiver, venu des Monts Riphéens; lorsque la Lyre (33) quittera le Pôle céleste pour se plonger dans la mer (17), & que l'hirondelle aura chanté dans son nid le retour du Printemps: rassasiez alors la terre, qui sort d'un long jeûne, de terres grasses rapportées, ou de crottes d'ânon dures, ou de fumier de bêtes de somme: que le Jardinier ne rougisse point de porter lui-même, pour l'engrais des guérets épuisés, des paniers qui fléchiront sous la charge des immondices que les latrines auront vomies de leurs cloaques immondes: qu'il recommence encore à retourner avec la pointe du hoyau la terre qu'il avoit déja précédemment ameublie, mais dont la superficie s'est condensée depuis par les pluies & endurcie par les gelées: qu'il broye bien ensuite l'herbe vivace du gazon avec les mottes de terre, en mordant fortement avec la marre ou la houe les mammelles du terrein déja dissoutes par la fermentation, afin de les réduire absolument en poudre: qu'il prenne aussi alors entre ses mains

---

(33) Selon la Fable, Mercure avoit fabriqué une Lyre qu'il avoit donnée à Apollon, & celui-ci l'ayant cédée à Orphée, lorsqu'il eut imaginé la harpe, les Muses la placerent au Ciel après la mort d'Orphée.

les sarcloirs devenus luisans à force d'être polis
par le frottement de la terre , & qu'après avoir
dirigé des sillons étroits perpendiculaires à de
larges allées , il coupe encore ces sillons par de
petits sentiers. Mais dès que la terre , peignée
proprement & distribuée en planches , aura dé-
posé toutes ses impuretés pour briller d'un nouvel éclat , & qu'elle demandera à recevoir les
semences qui lui conviennent , garnissez-la alors
des différentes especes de fleurs, qui sont toutes
autant d'astres terrestres , telles que la giroflée
blanche , le souci d'un jaune éclatant , les têtes
du narcisse , la gueule béante & terrible du lion
sauvage (34) , les lys sous l'éclat desquels blan-
chissent les corbeilles , les jacinthes tant blanches que blenes : qu'on y voie aussi des violettes,
soit de celles qui rampent à terre & dont la
couleur est peu foncée , soit de celles qui s'élevant
sur leur tige , sont teintes d'un or pourpré ;
enfin , qu'on y voie des roses dont la couleur
imite celle qu'imprime la pudeur sur les joues.
Semez alors l'herbe d'or dont le jus est médicinal , le glaucium au suc salutaire , & les pa-
vots propres à enchaîner le sommeil lorsqu'il

____

(34) Quelques Interprètes veulent que Columelle désigne ici par cette image poëtique la plante appellée par
les Botanistes *Leontopetalon* ou *Leontopodium* , mais il est
plus probable que c'est *le musle de veau* ou *l'os leonis* de
Lémery.

fait de nos yeux : ajoutez-y les semences qui exaltent la faculté générative, tant en aiguillonnant les hommes qu'en animant les filles, c'est-à-dire, l'oignon de Megare, la scille que la contrée de Gétulie nourrit sur son sol, & la roquette que l'on seme auprès de Priape couronné d'épis (35), afin qu'elle excite les maris tardifs à rendre hommage à Vénus (36) : semez le cerfeuil qui rampe à terre, la chicorée agréable aux palais engourdis, la petite laitue aux feuilles tendres, l'ail enveloppé de ses gousses, l'oignon de Cypre dont l'odeur se fait sentir au loin, & tous les ingrédiens qu'un habile Cuisinier fait entrer dans l'assaisonnement des fèves qui servent de nourriture aux Artisans. Semez le chervi & cette racine produite par une graine d'Assyrie que l'on sert coupée par morceaux, avec des lupins détrempés, pour exciter à boire la biere de Pelusium. On met aussi en terre dans le même temps les plantes que l'on peut confire à peu de frais, telles que le caprier, la triste aulnée & les férules menaçantes (9) : on y met l'herbe rampante de la menthe, & les fleurs odoriférantes de l'anet : on y met la rue, dont on

---

(35) C'étoit le Dieu des Jardins. Il étoit fils de Dionysius & de Vénus : on le représentoit comme Cerès avec une couronne dépis, & c'est pour cela que Columelle l'appelle *frugifer*.

(38) Voy. la Note 16 de l'Economie rurale de Varron, Liv. I.

se sert pour exalter le goût du fruit de Pallas (37), la moutarde qui fait venir les larmes à ceux qui se jouent d'elle, la racine du maceron, l'oignon qui fait pleurer & l'herbe qu'on emploie à assaisonner le goût du lait (38), & qui annonce par son nom Grec (39) la vertu qu'elle a de faire disparoître les marques imprimées sur le front des Esclaves fugitifs. On seme aussi alors ce légume multiplié sur tout le Globe de la terre, qui croît autant pour le Peuple que pour les Rois superbes, & qui donne des tiges en Hiver & des cimes au Printemps, je veux dire le chou de toute espece; & celui qui croît sur le rivage fertile en oignons de l'ancienne ville de Cumes,

---

(37) Elle étoit fille de Jupiter, & n'avoit point de mere. Ce Dieu voyant que sa femme Junon ne pouvoit pas supporter ses enfans, s'étoit frappé la tête & Pallas en étoit sortie toute armée. L'olivier étoit dédié à cette Déesse. Ainsi notre Auteur parle ici de l'olive que l'on faisoit confire avec de la rüe, comme on le voit par le Chap. CXIX. de l'Economie rurale de Caton, & par les Chap. XLVII & XLVIII. du Liv. XII. de Columelle.

(38) C'est le passerage, dont Pline dit également 19, 8 qu'il est bon à être infusé dans le lait. Aussi Columelle le fait-il entrer dans la composition de l'*Oxygala*, Liv. XII. Chap. VIII.

(39) Pline dit de même 20, 17, que cette plante étoit propre à emporter les cicatrices & les autres taches de la peau, comme elle l'annonce par son nom de *lepidium*, qui vient de λεπίς, qui veut dire *écaille*, ou de λέπω, qui veut dire *écorcer*.

& celui du pays des Marrucini, & celui de Signia qui vient sur le mont Lepinus, & celui de la fertile Capoue, & celui des jardins situés au défilé de Caudium, & celui de la ville de Stabiæ célebre par ses eaux de source, & celui des campagnes du Vésuve, & celui de la docte Parthenope qu'arrose l'eau du Sebethus, & celui qui vient dans les marais d'eau douce de Pompeii qui sont voisins des salines d'Hercule, & celui du Siler qui roule des eaux transparentes, & celui que cultivent les durs Sabelli, dont la tige réunit plusieurs cimes, & celui du Lac de Turnus, & celui qui croît auprès de Tibur dans des campagnes abondantes en fruits, & celui de la contrée des Brutii, & celui de la ville d'Aricia d'où nous vient le poireau. Dès que l'on aura confié ces semences à une terre ameublie, on la ménagera pendant sa grossesse à l'aide d'une culture & de soins assidus, dont elle rendra les intérêts multipliés en récoltes. Je préviens d'abord qu'il faut l'imbiber d'eau avec la plus grande profusion, de peur que l'embrion qu'elle aura conçu ne soit brûlé par la sécheresse. Mais lorsqu'elle approchera de ses couches, & qu'elle se dilatera en relâchant les liens qui la resserrent, parce qu'une progéniture fleurie aura pullulé dans son ventre maternel, il faudra que le Jardinier donne alors de l'eau avec modération aux prémices des plantes qu'elle portera dans son sein, qu'il les arrose assiduement, qu'il

les peigne avec un inftrument de fer à deux
dents, & qu'il détruife les herbes qui fuffoque-
ront les fillons. Si cependant les jardins font fitués
fur des collines couvertes de buiffons, & qu'il
ne tombe point de ruiffeaux du haut des forêts plantées fur la cime de ces collines, il faut
faire gonfler les terres par le labour, & former
avec ces terres, en les amoncelant, des planches
très-élevées, afin que les plantes s'habituent à
un fol poudreux & fec, & que fi l'on vient à les
transférer d'un lieu à un autre, elles n'aient point
d'horreur pour les chaleurs les plus arides. Enfuite, auffi-tôt que l'animal qui tient le premier
rang entre les Signes du Zodiaque comme entre
les beftiaux (40), & qui a fait paffer la mer à
Phryxus, fils de Nephelé, fans réuffir à la faire
paffer à Hellé (41), aura élevé fa tête au-deffus

---

(40) C'eft le Bélier, que notre Auteur dit tenir le premier
rang entre les Signes, foit parce que l'année des anciens
commençoit au mois de Mars, temps auquel le Soleil entre dans ce Signe, foit parce que les bêtes à laine font les
premieres entre tous les beftiaux. Voyez ce qu'en dit Varron dans le Chap. I. de fon Economie rurale, Liv. II.

(41) Phryxus étoit fils d'Athamas Roi de Thebes & de
Nephelé, & frere d'Hellé; ces deux enfans ne pouvant fouffrir leur belle-mere, quitterent leur pays du confentement
de leur pere, montés fur un bélier, dont la toifon étoit
d'or, qui devoit les paffer en Afie, mais Hellé, plus timide
que fon frere fur cette monture, fe laiffa tomber dans la mer
du Pont, qui prit delà le nom d'Hellefpont.

des eaux, la terre ouvrira son sein à ses nour-
rissons, & pressée par le desir de se marier avec
les plantes qu'on lui aura confiées, elle demandera qu'on lui donne des semences adultes. Il vous
faut donc être vigilans, Jardiniers, parce que
le temps fuit à pas sourds, & que l'année s'é-
coule sans faire aucun bruit. Voyez la plus
douce des meres qui demande ses enfans, & qui
soupire non-seulement après ceux d'entre eux
qui sont sortis de ses entrailles, mais encore après
ceux qu'on peut regarder comme ses beaux-fils
(42). Donnez donc sans tarder ces gages à leur
mere ; le temps en est venu : environnez-la de
sa verte progéniture, couronnez sa tête & arrangez sa chevelure. Que l'ache verte serve de fri-
sure à la terre fleurie, qu'elle se réjouisse en
voyant flotter sa longue chevelure de têtes de
poireaux, & que la carotte ombrage son tendre
sein. Que les plantes odoriférantes, qui nous sont
venues des pays étrangers, descendent à présent
des montagnes Siciliennes de la ville d'Hybla
renommée par son safran : que la marjolaine née
dans la luxurieuse Canope arrive : qu'on mette aussi

---

(42) Columelle regarde la terre dans laquelle on trans-
plante des semences, comme la belle-mere de ces semences, parce qu'elles sont venues dans le sein d'une autre
terre ; ou plutôt, il regarde en général la terre comme étant
la mere véritable des plantes qu'elle produit naturellement,
& comme n'étant que la belle-mere de celles qu'on y a semées.

en terre la myrrhe d'Achaïe (43) qui imite vos
larmes, fille de Cyniras (44), & qui est préférable
à la myrrhe liquide elle-même : enfin que le Jardinier transfere en pied les plantes qu'il aura semées en graine, telles que les fleurs Eacides sorties
du sang de ce Héros attristé par une condam-
nation injuste (45), les amaranthes immortelles,
& la variété infinie de couleurs que la nature
produit si libéralement. Que le coramble (46)

---

(43) Columelle entend par cette myrrhe la plante connuë
sous le nom de *Maceron*, que les Latins appelloient *smyr-
nium*, (mot qui vient de σμύρνα, qui veut dire *myrrhe*,) parce
que l'odeur & le goût de la racine de cette plante approchent
de ceux de la myrrhe, Pline 19, 12, ou même parce que sa
racine rend, par les incisions qu'on y fait, une larme semblable & même préférable à la myrrhe, suivant Columelle.

(44) Cyniras Roi de Cypre ayant couché sans le sçavoir avec sa fille Myrrha, celle-ci fut changée en l'arbre
qui porte son nom.

(45) Ce sont les jacinthes : on prétend que lorsqu'Ajax se
fut tué, son sang fut changé en cette fleur. Voy. Pline 21,
11. Ce guerrier, le plus brave des Grecs après Achille, se
donna la mort à cause de l'injustice que commirent à son
égard les Juges, qui adjugerent à Ulisse les armes d'A-
chille qu'il demandoit. Ajax étoit fils de Telamon & petit-
fils d'Æacus, raison pour laquelle Columelle appelle ces
fleurs *Eacides*.

(46) Il n'est pas facile de sçavoir ce que Columelle entend par ce *coramble*, à moins que ce ne soit l'espece de chou
nommé *crambe*, que les anciens avoient apparemment appellé *coramble*, (mot qui vient de κόρη, qui veut dire *prunelle
de l'œil*, & d'ἀμβλύνω, qui veut dire *affoiblir*, ou de βλάπτω,

vienne, tout ennemi qu'il est de la vue , & que
les laitues qui provoquent un sommeil salutaire
se hâtent d'arriver, pour dissiper les tristes dé-
goûts d'une longue maladie. Il y en a deux qui
portent le nom de Cæcilius Metellus (47), dont
l'une est verte & épaisse , & l'autre est parée d'une
chevelure brune : il en est une troisieme, qui a retenu le nom de la Cappadoce sa patrie ; elle est
pâle & a la tête aussi bien fournie qu'élégamment
peignée. Pour la mienne (48) qui croît à Gadès
sur la côte de Tartesus, elle a le pied blanc & la
tête également blanche & frisée. Enfin celle que
l'Isle de Cypre voit croître dans les campagnes
grasses de Paphos a la chevelure frisée & rouge,
mais le pied blanc. Autant il y en a d'especes
particulieres , autant on compte de temps différens pour les planter. Le Verseau met en terre
la Cæcilia (47) au commencement de l'année (49),

---

qui veut dire *blesser* ,) parce qu'il affoiblissoit la vue. Ce qu'il
y a de certain c'est que les anciens Médecins, tels que Ga-
lien , Avicenne & Dioscoride, prétendent que le chou affoiblit la vue.

(47) Le P. Hardouin dans sa Note 11 , sur Pline 19, 8 ,
prétend que c'est celui qui étoit Consul l'an de la fondation
de Rome 503.

(48) Notre Auteur l'appelle *la sienne* , soit qu'il la connût
mieux que les autres laitues , parce qu'elle étoit de son pays ,
soit qu'il se plût à en manger.

(49) C'est-à-dire, au mois de Janvier, temps auquel le
Soleil entre dans le Verseau.

& le Lupercus y met celle de Cappadoce dans le mois où l'on sacrifie aux morts (50). Mars *(51)*, plantez celle de Tartesus à vos Calendes (52); & vous, Déesse de Paphos (53), plantez également aux vôtres (52) celle de cette ville : c'est le temps auquel elle aspire à s'unir avec sa mere qui est pressée d'un desir égal : c'est le temps auquel cette mere bien amollie se tient couchée sous un guéret aisé à pénétrer. Que la génération s'opere :

---

(50) C'est-à-dire, au mois de Février, temps auquel on célébroit les *Lupercalia*, fêtes instituées en l'honneur de Pan. Les Prêtres qui les célébroient s'appelloient *Luperci* : ils couroient nuds par toute la ville pendant la solemnité de la Fête, & donnoient des coups de laniere de bouc dans la main des femmes grosses qu'ils rencontroient, pour leur procurer un heureux accouchement. Comme on faisoit aussi alors des Sacrifices en l'honneur des morts, ces Fêtes s'appelloient aussi *Feralia*, & le mois de Février, *Feralis*.

(51) Le mois de Mars étoit ainsi appellé du Dieu Mars, qui étoit le Dieu de la guerre.

(52) Voy. la Note 1 du Chap. XXVIII. de l'Economie rurale de Varron, Liv. I.

(53) C'est Vénus, à laquelle étoit dédié le mois d'Avril. Voy. la Note 16 du Chap. I. de l'Economie rurale de Varron, Liv. I. Columelle semble par conséquent faire dériver le mot d'*Aprilis* d'*Aphrodite*, qui étoit un des noms qu'on avoit donnés à Vénus, parce qu'elle étoit née de l'écume de la mer (d'ἀφρὸς, qui veut dire *écume*); mais il est plus naturel de faire dériver ce mot de celui d'*aperire*, qui veut dire *ouvrir*, parce que c'est en ce mois que la chaleur ouvre les pores de tous les corps, & qu'elle fait végéter toute la nature.

voici le temps preſcrit à l'univers pour engendrer :
voici le temps où l'amour court à la copulation :
c'eſt à préſent que l'ame du monde s'abandonne à
Vénus (53), & qu'agitée par l'aiguillon de la volupté, elle cherche avec ardeur à ſe réunir à ſes parties
pour les remplir de ſa progéniture. C'eſt à préſent que le Pere de la mer (54) & le Maître des
eaux (55) prodiguent leurs careſſes, l'un à ſa Thetys (54), l'autre à ſon Amphitrite (56) ; & déja ces
deux Déeſſes ouvrent leur ſein pour donner à
leur mari une poſtérité azurée, & peupler la mer
de poiſſons. Le plus grand des Dieux-lui-même
(57), mettant bas la foudre, rappelle le ſouvenir
des ſupercheries de ſes anciennes amours avec la
fille d'Acriſius (58), en tombant dans le ſein de
ſa mere ſous la forme d'une pluie violente ; &

---

(54) C'eſt l'Océan qui étoit mari de Thetys.

(55) C'eſt Neptune. Voy. la Note 16 du Chap. V. de l'E-
conomie rurale de Varron, Liv. II.

(56) Elle étoit fille de l'Océan & femme de Neptune.

(57) C'eſt Jupiter. Voy. la Note 1 du Chap. CXXXI. de
l'Economie rurale de Caton.

(58) Ce Roi d'Argos n'avoit qu'une fille nommée Danaé.
Les Oracles lui ayant prédit qu'il mourroit par la main de
celui qui naîtroit de cette fille, il la tenoit renfermée dans
une tour. Mais Jupiter, qui avoit entendu parler de ſa beauté, ſe changea en pluie d'or pour pouvoir l'aborder, &
tomba ſous cette forme dans ſon ſein, par le toit de ſa pri-
ſon. C'eſt à ce trait que fait alluſion Columelle, en faiſant
changer ce Dieu en pluie pour féconder la terre.

cette mere, de son côté, ne rejette pas les caresses de son fils, puisqu'au contraire la terre enflammée de passion se livre à ses embrassemens. C'est ce qui fait que les mers, que les montagnes, que tout l'univers enfin célébre le Printemps ; c'est ce qui fait que les desirs les plus ardens s'allument avec l'amour dans l'imagination des hommes, ainsi que dans celle des bestiaux & des oiseaux, & que cet amour pénétre la moelle de leurs os pour y exercer sa fureur, jusqu'à ce que Vénus (36), rassasiée de plaisirs, remplisse leurs membres fécondés, & enfante mille productions différentes, pour peupler continuellement l'univers d'êtres nouveaux, afin qu'il ne languisse pas dans le vuide des siecles. Mais comment ai-je l'audace de permettre à mes chevaux de s'emporter dans une voie trop élevée & de traverser les airs d'une course rapide ? Il n'appartient qu'à un Poëte particuliérement inspiré par le Dieu de la Poésie (59), & qui court après les lauriers de Delphes (60), de chanter ces objets, ainsi que les causes des choses, ou l'Etre qui donne le mouvement aux Orgyes (61) sacrées de la nature,

---

(59) Apollon, fils de Jupiter & de Latone, & frere jumeau de Diane.

(60) On couronnoit les Poëtes de laurier, parce que cet arbre étoit dédié à Apollon.

(61) On donnoit ce nom chez les anciens à tous les Sacrifices & à toutes les cérémonies, de telle nature qu'elles

ou les Loix secrettes du Ciel. Que la chaste Cybele (62) anime un Poëte par les Dyndimes; que ce
Poëte échauffé par le Citheron, par les montagnes
de Nysa dédiées à Bacchus (3), par celle du Par-
nasse qui lui est aussi consacrée, & par le silence
favori des Muses (16) qui regne dans la forêt Pieria, chante à grand bruit avec sa voix Bacchique :
Gloire à vous, Dieu de Delos (59), gloire à vous,
Evius (63), Evius (63); pour moi qui m'égare
en traitant d'objets moins importans que ceux-
là, j'entends ma Calliope (64) qui me rappelle
& qui m'ordonne de me renfermer dans un plus
petit cercle, & de tramer avec elle un tissu de
vers dont les fils soient plus grêles, & qui puissent être chantés sur quelque air pendant le
travail du Vigneron suspendu aux arbres pour
tailler les vignes auxquelles ils sont mariés, ou
du Jardinier occupé dans ses jardins verdoyans.
Passons donc aux opérations qui doivent suivre
celles que nous avons déja détaillées. Que l'on
distribue dans l'intervalle étroit d'un sillon &

---

fussent, quoique ce mot s'appliquât plus particuliérement
aux Sacrifices de Bacchus.

(62) C'étoit la femme de Saturne & la mere des Dieux.

(63) Bacchus ayant tué le premier Géant dans la guerre
des Dieux contre les Géans, Jupiter lui dit εὖ, εὖ, c'est-à-
dire, *courage*, *mon fils*. C'est de cette apostrophe que lui
étoit venu le surnom d'Evius.

(64) C'étoit une des Muses (Voy. la Note 16) & même
la plus méritante, suivant Hésiode.

le cresson alenois mortel aux vers qui se forment secrétement dans un ventre chargé de nourritures mal digérées, & la sarriette dont le goût tient de ceux du thym & de la tymbre, & le concombre & la courge, dont l'un a la tête tendre & l'autre l'a fragile. Que l'on plante l'artichaud hérissé qu'Iacchus (65) trouve agréable lorsqu'il boit, & qui déplaît à Phœbus (66) lorsqu'il chante : tantôt il s'éleve garni de grappes pourprées, tantôt il verdit avec une chevelure de couleur de myrthe, tantôt sa tête se penche & ses feuilles s'entr'ouvrent, tantôt il imite la pomme de pin par le piquant de sa pointe, tantôt il est évasé par en haut en façon de corbeille & hérissé d'épines menaçantes, quelquefois il est pâle & ressemble à la feuille torse de l'acanthe. Bientôt, dès que le grenadier, dont le fruit s'adoucit quand la peau de ses grains commence à rougir, se couvrira de fleurs teintes de sang, ce sera le temps de semer le pied de veau : c'est aussi alors que l'on verra naître les coriandres fameuses ainsi que la nielle semblable au cumin par sa délicatesse : c'est alors que la baie de l'asperge s'élancera à travers son fanage épineux, & que l'on

---

(65) Surnom de Bacchus (Voy. la Note 5). Il vient d'*iaxô*, qui veut dire *crier*, parce qu'on étoit dans l'usage de crier dans les Sacrifices que l'on faisoit à ce Dieu.

(66) C'est un des surnoms d'Apollon. (Voy. les Notes 23 & 59). On voit dans Tibulle que la fonction de ce Dieu auprès de Jupiter consistoit à chanter.

verra la mauve, accoutumée à suivre le Soleil
dans son cours, pencher la tête du côté de cet
astre. On voit aussi naître alors la coulevrée qui
a l'audace d'imiter tes vignes, Dieu de Nysa
(67), & qui, ne redoutant point les buissons,
se leve effrontément à travers les épines du
poirier sauvage & entortille les aunes inflexi-
bles. Déja la poirée, à la fenille verte & au pied
blanc, s'enfonce dans un sol gras à l'aide d'un
pieu ferré par la pointe, comme la seconde lettre
de l'alphabet, qui porte en Grec le même nom que
cette plante (68), s'imprime sur des tablettes à l'aide du stilet d'un Maître savant. La moisson des
fleurs odoriférantes se prépare aussi à présent : déja
le Printemps s'empourpre; déja la terre, enceinte
des productions bigatrées de l'année, se plaît à
en couronner ses tempes; déja les lotiers de
Phrygie étalent leur blancheur éclatante, & les
violettes ouvrent leurs yeux clignottans; déja le
lion (34) bâille, & la rose, dont les joues vir-
ginales commencent à s'entr'ouvrir, interdite
par la rougeur ingénue qui les couvre, contribue dans les Temples au culte des Habitans des
Cieux, en associant son odeur à celles de Saba.
Maintenant, c'est vous que j'implore, Acheloï-

---

(67) C'est Bacchus (Voy. la Note 3).

(68) Allusion assez insipide au nom Latin de la poirée,
qui est *beta*, & à celui de la seconde lettre de l'alphabet
Grec, qui est aussi *bêta*.

des (69) compagnes des Pegasides (70), chœurs
de Dryades (71) du mont Menale, Nymphes
Napées (72), vous qui habitez les forêts de l'Amphrysus, les plaines de Tempé en Theffalie, la
montagne Cyllene, les sombres campagnes du Lycæus, les cavernes dans lesquelles tombent continuellement des gouttes d'eau de la fontaine Casta-
lie; je vous implore aussi, vous qui ramassiez les
fleurs qui bordoient le fleuve Halesus en Sicile,
dans le temps que Proserpine (73), la fille de Cérès (74), fut enlevée, occupée qu'elle étoit de vos
danses & du plaisir de cueillir les lys éclatans
de la plaine d'Enna; enlevement depuis lequel

---

(69) Columelle par les Acheloïdes entendroit-il les Si-
renes, filles d'Achéloüs l'un des enfans de l'Océan & de
Thetys, ou bien les Nymphes du fleuve Acheloüs, qui
combattit, suivant la Fable, avec Hercule sous la forme
d'un Taureau, & qui, ayant perdu l'une de ses cornes dans
ce combat, fut changé en fleuve.

(70) C'est un des noms que portoient les Muses (Voy. la
Note 16) à cause de la fontaine que le cheval Pégase avoit
fait sortir d'un coup de pied, dont il avoit frappé l'Hé-
licon.

(71) Nymphes (Voy. la Note 18 du Chap. I. de l'Économie rurale de Varron, Liv. I.) qui habitoient les forêts.

(72) Nymphes des fontaines, suivant les uns, ou des
fleurs, suivant d'autres.

(73) Fille de Jupiter & de Cerès.

(74) Voy. la Note 2 du Chap. CXXXIV. de l'Economie
rurale de Caton.

elle

elle a préféré , en devenant l'épouse du Tyran du fleuve Lethé (75) , les tristes ombres aux astres, le Tartare au Ciel , Pluton (30) à Jupiter (57) & la mort à la vie, pour posséder le Royaume infernal : ô vous, que j'invoque en particulier, quittez le deuil , faites treve à votre tristesse & à vos craintes, & tournez ici vos pieds délicats , à la démarche légere , pour entasser la chevelure de la terre dans vos corbeilles sacrées. On ne dresse point ici de piéges aux Nymphes (76) , & elles n'y ont aucun enlevement à craindre , puisque la chaste Fides (77) & les Saints Penates (78) font l'unique objet de notre culte. Tout respire ici les jeux & les ris sans nul danger, tout y est plein de vin, & l'on y fait des festins délicieux dans d'agréables prairies. Nous touchons au Printemps qui chasse la gelée ; nous arrivons au temps de l'année le plus doux : c'est à présent que le jeune Phœbus (23) invite à se coucher sur l'herbe tendre , & que l'on peut goûter le plaisir de se désaltérer avec l'eau des fontaines qui coulent en murmurant sur le gazon , sans craindre de la trouver

---

(75) C'est Pluton (Voy. la Note 30).

(76) Voy. la Note 18 du Chap. I. de l'Economie rurale de Varron , Liv. I.

(77) Les Romains avoient fait une Déesse de la *Bonne-Foi* , en l'honneur de laquelle Numa avoit fait bâtir un Temple. On avoit la main gantée dans les sacrifices qu'on lui faisoit, pour montrer qu'elle devoit être discrette & réservée.

(78) Voy. la Note 1 du Chap. II. de l'Econ. rur. de Caton.

Tome IV.   Q

glacée ni trop échauffée par le Soleil. Déja les fleurs de la fille de Dioné (79) couronnent les jardins : déja l'on y voit éclorre la rose plus éclatante que la pourpre de Sarra. Oui, les jardins charmans paroissent plus rayonnans, par les fleurs dont ils sont émaillés, que le visage pourpré de Phœbé, fille de Latone (80), lorsque Borée chasse les nuées devant elle : ils brillent plus que le brûlant Sirius (81), que l'éclatant Pyroïs (82) & que la face lumineuse de l'Hesperus (83), dans le temps que Lucifer (83) reparoît au lever de l'Aurore : ils sont plus resplendissans que l'Arc céleste de la fille de Thaumas (84). Courage donc, allez sur la fin de la nuit quand l'étoile du matin se levera, ou lorsque Phœbus (15) baignera ses chevaux dans la mer Hibérienne (17), cueillir la marjolaine qui couvre la terre de son ombre odoriférante, ainsi que

---

(79) C'est Vénus, la Déesse des Jardins. Voy. la Note 16 du Chap. I. de l'Economie rurale de Varron.

(80) Latone fille de Ceus, eut de Jupiter deux enfans, Apollon & Diane : les Poëtes donnent à Apollon le nom de Phœbus (Voy. la Note 3), quand ils veulent désigner le Soleil, & à Diane celui de Phœbé, pour désigner la Lune.

(81) L'une des étoiles de la Constellation du Chien.

(82) C'est la Planette de Mars, ainsi nommée, parce que le voisinage du Soleil la rend éclatante comme le feu, de πῦρ, qui signifie *feu*, Voy. Pline 2, 8 & 18.

(83) Voy. la Note 18 du Chap. V. de l'Economie rurale de Varron, Liv III.

(84) C'est Iris ou l'Arc-en-Ciel, que la Fable supposoit fille de Thaumas & d'Electre fille de l'Océan.

la chevelure du narcisse & celle du balauste
sauvage : & vous, Nayade (85) plus belle qu'un
bel enfant, si vous voulez qu'Alexis (86) ne
dédaigne pas les richesses de Corydon (86),
portez des violettes dans vos corbeilles, liez en
bottes le baume & la canelle avec le troesne
blanc & les houppes du saffran, & arrosez ces
fleurs avec la liqueur pure de Bacchus (5), car
Bacchus (5) peut seul assaisonner les odeurs. Pour
vous, gens de la campagne, qui cueillez les tendres fleurs avec vos doigts endurcis, commencez à
remplir de jacinthes bleues vos petits paniers d'o-
sier blanc : que les roses élargissent le tissu du
jonc tortillé, & que les soucis de couleur de
feu fassent rompre les corbeilles sous leur poids,
afin que Vertumnus (87) se voie enrichi de ces
marchandises printanieres jusqu'à en regorger, &
que le Paysan qui les aura portées à la ville en
revienne ses poches chargées d'argent, en mar-
chant d'un pas chancelant, après avoir été bien
abbreuvé par Iacchus (85). Mais lorsque les épis
mûrs auront jauni la moisson; lorsque Titan (17)
aura prolongé le jour en entrant dans les Gémeaux, & qu'il aura englouti au milieu de ses

---

(85) C'est le nom des Nimphes des eaux. Voy. la Note 18
du Chap. 1. de l'Economie rurale de Varron, Liv. I.

(86) Noms de Pâtres, usités dans les Eglogues.

(87) C'étoit le Dieu qui présidoit aux ventes; on le couronnoit des premieres fleurs du Printemps, & il avoit un Temple
dans la rue de Rome où l'on vendoit tous les aromates.

flammes les pattes de l'écrevisse de Lerne, unis-
sez l'ail à l'oignon & le pavot de Cérès (88)
à l'anet, liez-les en bottes pour les aller vendre, pendant qu'ils sont verds, afin de chanter
les louanges solemnelles de Fors-Fortuna (89)
quand vous aurez vendu ces marchandises, &
que vous retournerez dans vos jardins charmans.
Comprimez aussi alors avec de lourds cylindres
le basilic, que vous aurez semé dans un gueret
bien labouré & arrosé, comprimez-le, dis-je,
afin de le faire épaissir, & pour empêcher que
l'ardeur d'un sol trop ameubli ne brûle ses jeunes
tiges, ou que la dent du petit puceron ne s'y
attache, ou enfin que la fourmi ravissante ne
vienne à en dévaster la graine. Au reste, non-
seulement le limaçon enveloppé dans sa coquil-
le & la chenille hérissée ont la hardiesse de
ronger les feuilles des plantes lorsqu'elles sont
tendres, mais il arrive même souvent, lorsque la tige déja forte du chou jaunâtre est gros-
sie ou que les cardes blanches de la poirée sont

---

(88) Cérès étoit la Déesse des b'eds (Voy. la Note 2 du
Chap. CXXXIV. de l'Economie rurale de Caton). Columelle donne l'épithete de *Cereale* au pavot, soit parce qu'il
servoit de nourriture aux hommes comme le bled (Voy.
Pline 19, 8), soit parce que Cérès en fit usage pour oublier
son chagrin après l'enlevement de sa fille Proserpine.

(89) C'étoit une Déesse différente de *Fortuna*, dont la
fête étoit célébrée par les gens qui n'avoient point de talent
particulier pour vivre, & qui avoit un Temple à Rome au-
delà du Tybre.

gonflées, & au moment même que le Jardinier,
croyant être en sûreté, se réjouit à la vue de
ses marchandises parvenues à l'adolescence, &
se prépare à mettre la faulx dessous, parce qu'elles
sont mûres, que l'impitoyable Jupiter (90) lance
une pluie durcie par la gelée, & détruit ainsi
par la grêle les travaux des hommes & des bœufs ;
souvent même il les dévaste en faisant tomber
une pluie pestilentielle, qui donne naissance
tant aux lisettes ennemies de Bacchus (3) &
des saussaies verdâtres, qu'à la chenille, qui
venant à se glisser dans les jardins serpente sur
leur surface, & brûle les semences par sa mor-
sure, de sorte que leur tête se dépouille de ses
cheveux, & que leur cime se dégarnit de feuilles, au point qu'elles languissent toutes mutilées
& consumées par un poison funeste. Des expériences diversifiées, jointes au travail, ont fait
trouver aux malheureux habitans de la campagne des remedes propres à les préserver des dommages qu'ils avoient à redouter de la part de
ces monstres, & l'usage, ce grand maître, a
montré aux Agriculteurs les moyens d'appaiser
la fureur des vents & de détourner les mauvais
temps par des sacrifices Toscans. C'est de-là que
pour empêcher la méchante Rubigo (91) de
brûler les herbes quand elles sont vertes, on

---

(90) Voy. la Note 1 du Chap. CXXXI. de l'Economie rurale de Caton.

(91) Les Romains avoient fait une Déesse de la *rouille*,

l'appaise avec le sang & les entrailles d'un chien à la mammelle : c'est de-là que le Tyrrhénien Tagès (92) enterra, à ce qu'on raconte, sur les limites d'un champ la tête d'un ânon d'Arcadie dépouillée de sa peau, & que Tarchon (93), pour détourner la foudre du grand Jupiter (90), entoura son habitation d'une haie de couleuvrée. De-là le fils d'Amithaon (94), à qui Chiron (95) avoit enseigné bien des secrets, suspendit à des croix des oiseaux de nuit, pour empêcher leurs pareils de faire entendre leur chant lugubre sur le haut des toits (96). Pour empêcher de même que des animaux malfaisans ne rongeassent les jeunes poutses, il a quelquefois été utile de tremper les graines dans la lie grasse de la liqueur de Pallas (37) extraite sans sel, ou de

---

afin de préserver les bleds de cette maladie par le culte qu'ils lui rendoient. Voy. la Note 13 du Chap. I. de l'Economie rurale de Varton, Liv. I.

(92) Cicéron raconte, Liv. II. *de Divinat.* qu'un Paysan qui labouroit son champ dans l'Etrurie, en vit sortir subitement, du milieu d'un sillon, un enfant qu'on nomma Tagès, & qui l'instruisit dans l'Art des Aruspices.

(93) C'étoit un des chefs des Etruriens, qui secourut Enée contre Turnus & les Rurules.

(94) C'est Mélampodes qui étoit un fameux Médecin.

(95) Voy. la Note 47 de la Préf. Liv. I.

(96) Ne pourroit-on pas regarder comme un vestige de cette superstition, l'usage que l'on voit encore pratiquer aujourd'hui dans plusieurs villages, d'attacher de pareils oiseaux aux portes, les ailes déployées.

les raſſaſier de la ſuie qui s'attache aux foyers.
Il a encore été utile de verſer ſur les plantes du jus amer de marrube, ou de les frotter
ſans ménagement avec du ſuc de joubarbe.
Mais ſi aucun de ces remedes ne parvient à écarter ces peſtes, on aura recours à l'art de Dar-
danus (97), & l'on conduira trois fois autour des
planches de ſon jardin & de la haie qui l'environne, une femme qui ſera pieds nuds & qui
aura la gorge découverte & les cheveux épars à
la maniere des perſonnes affligées, dans le temps
que, ſoumiſe aux loix ordinaires de la jeuneſſe,
elle perdra, non ſans en rougir, un ſang impur.
En effet, dès que cette femme en aura fait le
tour au pas, on verra auſſi-tôt (choſe ſurpre-
nante) les chenilles, au corps entortillé, rouler
à terre, de la même maniere que l'on voit tomber d'un arbre qu'on ſecoue une nuée de fruits
revêtus d'une peau molle, ou couverts d'une
écorce. C'eſt ainſi qu'autrefois Iolchos vit ce ſer-
pent qui, après avoir été aſſoupi par des enchan-
temens magiques, étoit tombé de la toiſon du
Bélier de Phryxus (41). Mais il eſt déja temps
de couper les tiges qui doivent l'être les premieres; il eſt temps d'arracher par le pied les laitues
de Tarteſus & de Paphos, & de lier en bottes
l'ail ainſi que le poireau qui ſe coupe de temps

---

(97) C'eſt un des plus célebres Magiciens de l'Antiquité,
dont Pline parle 30, 1.

à autre. Déja la roquette qui excite à la volupté
naît dans les jardins fertiles : déja la patience,
propre à faire couler l'urine, verdit sans culture, ainsi que les nerpruns & la scille : déja
l'on voit croître la haie piquante, hérissée de
houx-frelons, ainsi que l'asperge sauvage dont la
tige ne diffère en rien de celle de l'asperge cultivée : déja le pourpier humide défend de la soif
les bordures des planches, & la longue cosse du
haricot, dont le voisinage est à charge à l'arroche, commence à s'élever : déja l'on voit le concombre tortu suspendu sous des treilles, ou
tel qu'un serpent d'eau qui se glisse sous les
ombres fraîches du gazon, pour se garantir du
Soleil d'Eté, on le voit ramper à terre, ainsi
que la courge pleine de pepins. Mais la forme
de ces plantes varie : en effet, si vous avez
à cœur d'avoir des courges longues & qui soient
suspendues par le sommet grêle de leur tête,
choisissez - en la graine dans la partie la plus
mince de leur col ; si vous en voulez avoir au
contraire de grosses, dont le corps soit rond &
le ventre très-gonflé, vous en tirerez la graine
du milieu du ventre, & il en résultera des productions énormes, dans lesquelles vous pourrez
renfermer la poix de Narycium & le miel du
mont Hymette en Attique, ou dont vous pourrez faire de petits seaux propres à contenir
l'eau, ou des flacons à l'usage de Bacchus (3) :
vous pourrez encore vous en servir pour apprendre aux enfans à nâger dans les fleuves. Quant

au concombre dont la couleur est livide , qui
naît avec un ventre gros & velu , & qui se
tient caché comme un serpent sous un fanage
plein de nœuds, & couché sur son ventre tor-
tueux qu'il ramasse toujours en rond; il est pernicieux, & donne lieu à des maladies aiguës pendant les Etés violens, parce que son jus est fétide
& que la graine dont il est farci est visqueuse.
Pour celui qui, se traînant vers l'eau qui coule
sous une treille, semble exténué par la passion
violente que lui inspire cette eau, dont il suit
le cours, & qui est blanc & plus tremblant que
le pi d'une truie qui a mis bas, & souvent même plus mollet que du lait caillé versé sur des
paniers; il deviendra doux par la suite , prendra une couleur de safran & s'amollira en mûrissant , pour peu qu'il tire sa nourriture d'un
terrein arrosé : il pourra même servir un jour
de ressource à l'homme dans ses maladies. Lorsque le Chien d'Erigone (98), enflammé par le
feu d'Hypérion (99), commencera à faire voir
les productions des arbres, & qu'un jus de cou-

---

(98) Erigone étoit fille d'Icare & sœur de Pénélope. Son
pere ayant été tué par des Paysans Athéniens qui étoient
yvres, son chien lui indiqua l'endroit où étoit le cadavre,
qu'elle enterra, après quoi elle se pendit de chagrin. Bacchus obtint qu'elle & son chien fussent mis dans le Ciel au
nombre des Constellations, où elle est connue sous le nom
de la Vierge, & son chien sous celui de Sirius.

(99) Hypérion est le pere du Soleil, mais les Poëtes le
prennent souvent pour le Soleil lui-même.

leur de fang ruiffellera des petits paniers blancs
tiffus de jonc & remplis de mûres ; ce fera le
moment de faire defcendre la figue hârive de l'arbre qui porte ce fruit deux fois l'an & d'entaffer
dans des corbeilles les prunes d'Arménie (100),
ainfi que celles de couleur de cire & celles de
Damas, avec les fruits que la Perfe barbare nous
avoit envoyés (à ce qu'on raconte) armés des
poifons de leur patrie, mais qui ont perdu aujourd'hui l'habitude de nuire, & qui donnent
au contraire un jus d'ambrofie exempt de tout
danger de mort (101). Les plus petits de ces
fruits, que l'on appelle *Perfica* du nom de cette
Nation même, fe hâtent de mûrir ici plutôt
encore que dans leur pays, au lieu que les plus
gros qui viennent dans la Gaule mûriffent au
même temps : pour ceux que produit l'Afie, ils
font tardifs & ne viennent qu'aux froids. On
voit paroître enfuite fous la Conftellation de l'incommode Arcture la figue de l'arbre de Livie
(102) qui le difpute à celle de Chalcidie, la
figue de Caunus (103) rivale de celle de Chio,

---

(100) On croit que ce font les abricots.

(101) Ce font les pêches.

(102) Pline 15, 18, dit que cette figue eft ainfi appellée
de Livie, femme d'Augufte, qui l'aimoit beaucoup. Voy.
la Note 4 du Chap. X. Liv. V.

(103) Cicéron, Liv. II. *de Divin.* dit à l'occafion de cette
figue que, lorfque M. Craffus embarquoit fon armée à
Brundufium (pour fa malheureufe expédition contre les
Parthes, Pline 15, 19), un Marchand crioit fur le port des

la Chélidonienne pourprée , la figue folle graffe ,
la Calliftruthis (104) éclatante par fa graine de
couleur de rofe , la figue blanche qui prend fon
nom de la cire blonde , ainfi que celle de Lybie
qui eft fendue , & enfin celle de Lydie dont la
peau eft peinte. En outre , dès qu'on a célébré ,
fuivant le rit accoutumé , la folemnité du Dieu
Boiteux (105) , on feme pour la feconde fois , pendant que les eaux du Ciel font encore fufpendues ,
une quantité de raves qui nous viennent des
champs célebres de Nurfia , ainfi que des navets
qui nous font apportés des campagnes d'Amiternum. Mais déja Evius (63) , que la maturité
du raifin inquiéte , nous appelle & nous ordonne de fermer les jardins cultivés. Nous allons
donc les fermer & nous rendre aux champs pour
obéir à tes ordres : là , nous récolterons joyeu-
fement tes préfens , charmant Iacchus (65) , au

---

figues de Caunus à vendre. Comme ce cri Latin étoit *Cau-*
neas , il prétend (ainfi que Pline *ibid.*) que Craffus auroit dû
le regarder comme un mauvais préfage qui lui défendoit de
partir , *cave ne eas.*

(104) Voy. la Note 6 du Chap. X. Liv. V.

(105) C'eft Vulcain fils de Jupiter & de Junon. Jupiter
ayant dans fa colere chaffé les Dieux du Ciel , & garotté
Junon dans l'Olympe , Vulcain voulut la délivrer , mais Jupiter irrité contre lui de cette hardieffe , le précipita du Ciel
à terre , de façon qu'il eut la cuiffe caffée. Sa Fête fe célébroit au mois d'Août. Voy. le Chap. III. du Liv. XI.

milieu des Satyres (106) lascifs & des Pans (107) à deux cornes, qui secouent leurs bras affoiblis par le vin vieux, après quoi nous te chanterons à la maison, en te donnant les noms de Pere Mænalius, de Bacchus (3), de Lyæus (108) & de Lenæus (109), afin que la cuve bouillonne, & que les futailles, remplies de Falerne jusqu'aux bords, se dégorgent en rejettant l'écume de leur moût grossier.

Jusqu'ici, Silvinus, j'enseignois la culture des guérets, en rappellant les préceptes de Maron (1), ce Poëte Divin, qui, osant ouvrir les sources anciennes, fit entendre le premier, dans les villes de l'Empire Romain, les vers du Poëte d'Ascra (110).

---

(106) C'étoient dans la réalité des animaux du fond de la Lybie, qui avoient quelque chose de la figure humaine, & dont les anciens avoient fait des demi-Dieux, auxquels ils avoient donné les forêts en partage.

(107) Les Pans étoient les Dieux des champs, auxquels on supposoit des cornes, des pieds de chevres, avec une barbe & une queue semblables à celles d'un bouc. Ils portoient à la main un bâton recourbé.

(108) Surnom de Bacchus, qui vient de λύω, qui signifie *dégager*, parce que le vin dégage l'esprit.

(109) Autre surnom de Bacchus, du mot ληνός, qui signifie *cuve du pressoir*.

(110) C'est Hésiode, qui a célébré l'Agriculture dans ses Poésies.

Fin du dixieme Livre.

L'ÉCONOMIE RURALE
DE L. JUNIUS MODERATUS
COLUMELLE.

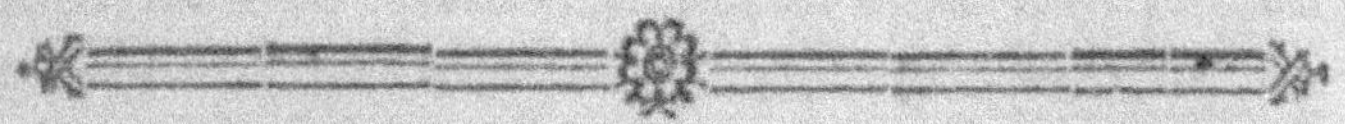

LIVRE ONZIEME.

LE MÉTAYER.

CHAPITRE PREMIER.

CLAUDIUS Augustalis, ce jeune homme formé par la fréquentation des gens d'étude, & particuliérement par celle des Agriculteurs, qui n'est pas moins recommandable par l'honnêteté de ses mœurs que par son érudition, a obtenu de moi, à force de follicitations, que je donnaſſe la culture des jardins en Proſe. Ce n'eſt pas que, dès le moment où j'ai entrepris d'embarraſſer cette matiere dans les entraves de la Poéſie, je n'aie prévû que je ſerois infailliblement forcé d'en venir là. Mais comme vous vous étiez acharné, Publius Silvinus, à me demander un eſſai de ma verſiſication, il m'avoit été impoſſible de vous refuſer, ſauf à entreprendre par la ſuite, au cas que cela me plût, le travail que j'entreprens effectivement aujourd'hui, & qui conſiſte à joindre les devoirs du Jardinier à ceux du Métayer. En effet, quoique je paruſſe avoir parcouru juſqu'à un certain point les devoirs du Métayer dans le premier Livre de mon Economie rurale (1), néanmoins, comme le même Auguſtalis, notre ami, me demandoit ſouvent, avec un empreſſement pareil au vôtre, d'y joindre ceux du Jardinier, il eſt arrivé que j'ai excédé le nombre de Volumes qui ſembloit avoir déja conſommé cet Ouvrage, en compoſant ce onzieme Livre de préceptes relatifs à l'Agriculture. Il faut mettre à la tête de ſon bien & des gens qui l'exploitent un Métayer qui ne ſoit ni dans le premier, ni dans le dernier âge de ſa vie, parce que les Eſclaves mépriſent autant un jeune apprentif qu'un vieillard, par la raiſon que l'un n'eſt pas encore au fait des travaux de la

____

(1) Dans les Chap. VIII & IX. du Liv. I.

campagne, & que l'autre ne peut plus s'en acquitter; outre que la jeunesse rend le premier
négligent, comme la vieillesse rend le second
paresseux. Le moyen âge est donc le plus propre à cet office; & tout homme aura suffisamment de forces pour s'acquitter des fonctions d'un
Agriculteur depuis trente ans jusqu'à soixante, à
moins qu'il ne lui soit survenu quelque maladie
de corps. Quel que soit l'homme que l'on destinera à cette besogne, il doit être très-savant &
très-robuste à la fois, tant afin de pouvoir instruire ceux qui lui seront subordonnés, que pour
pouvoir faire aisément lui-même ce qu'il or-
donnera ; d'autant plus que rien ne peut être
bien enseigné ni bien appris, si le maître n'en
donne point l'exemple & que le disciple ne le
reçoive point de lui, & qu'il est plus avantageux
à un Métayer d'être le maître de ses ouvriers
que d'en être le disciple, puisque Caton (2),
que l'on peut regarder comme un modele, si
l'on se réfere aux anciens usages, a dit, en parlant du Chef de famille lui-même, que les affaires d'un Propriétaire vont mal, lorsque son
Métayer lui montre ce qu'il y a à faire. Aussi
lit-on dans l'Economique de Xénophon (3), tra-

---

(2) On ne trouve pas ces paroles dans l'Economie rurale de
Caton, mais on en trouve le sens dans le Chap. V.

(3) Voy. la Note 24 du Chap. I. de l'Economie rurale de
Varron, Liv. I.

duit en Latin par M. Cicéron (4), que Socrate (5) ayant demandé à Ischomachus l'Athénien, si, dans le cas où ses affaires domestiques le forçoient à prendre un Métayer, il étoit dans l'usage de l'acheter comme un artisan ou s'il le formoit lui-même, cet homme admirable lui répondit : loin de l'acheter, je le forme moi-même, parce qu'un homme qui est fait pour me remplacer en mon absence & pour seconder ma vigilance, doit en sçavoir autant que moi. Il est vrai que ces exemples sont trop anciens pour nous, & qu'ils appartiennent à des temps où ce même Ischomachus prétendoit qu'il n'y avoit personne qui ne dût sçavoir cultiver par lui-même. Pour nous, qui ne pouvons pas nous dissimuler notre ignorance sur cet objet, contentons-nous de mettre des jeunes gens, qui aient la conception vive & le corps robuste, sous la direction d'Agriculteurs très-instruits, afin qu'il puisse s'en trouver au moins un entre plusieurs (attendu qu'il est difficile d'instruire les autres) qui parvienne à acquérir, à l'aide de leurs bons avis, la capacité nécessaire non-seulement pour cultiver, mais encore pour commander. En effet, il arrive souvent que des gens reconnus d'ailleurs pour être très au fait de l'exécution des ouvrages, n'ont point la prudence nécessaire pour commander, & qu'ils

______

(4) Voy. la Note 22 de la Préf. du Liv. I.
(5) Voy. la Note 7 du Chap. I. Liv. I.

nuisent

nuifent en conféquence aux affaires du Propriétaire, foit en le faifant avec trop de dureté, foit
en y mettant trop de douceur. Il faut donc, comme je l'ai déja dit (6), que le particulier que l'on
deftine à être Métayer foit inftruit & endurci aux
travaux ruftiques dès fon enfance, & l'on doit s'affurer préalablement, par des expériences multipliées,
non-feulement qu'il a appris l'Art de l'Agriculture, mais encore qu'il eft fidele & attaché à fon
Maître, article fans lequel la fcience d'un Métayer, fi éminente qu'on la fuppofe, ne fert de
rien. Or le principal talent d'un Maître, en ce
cas, confifte à fçavoir apprécier quels font les
offices & les travaux qu'il faudra départir à
chacun : en effet l'homme le plus robufte, s'il
n'a pas l'intelligence de ce qu'il fait, ou le plus
habile, s'il eft invalide, ne pourront jamais venir à bout d'exécuter ce qu'on leur aura com-
mandé. Il faut auffi examiner la nature de chaque opération. Il fe trouve effectivement tels ouvrages qui ne demandent que de la force, comme lorfqu'il s'agit de pouffer des fardeaux ou de
les porter, tels qui demandent autant d'adreffe
que de force, comme lorfqu'il s'agit de bêcher,
de labourer, de couper les moiffons & de faucher les prés, quelques-uns pour lefquels il faut
plus d'adreffe que de force, comme la taille &
la greffe des vignes, d'autres enfin qui exigent

---

(6) Dans le Chap. VIII. du Liv. I.

la science comme le point le plus capital , tels
que la nourriture des bestiaux & leur traitement
au cas de maladie. Or le Métayer , dont je par-
lois tout à l'heure , ne peut pas être bon juge
de ces différentes opérations , s'il n'a pas l'habi-
leté nécessaire pour pouvoir corriger ce qui se
trouvera mal fait dans les unes ou dans les autres, parce qu'il ne suffit pas de reprendre ceux
qui font mal , si l'on ne leur montre pas les
moyens de bien faire. J'aime à me répéter sur
cette matiere. Il ne faut pas moins instruire un
homme que l'on destine à être Métayer, qu'il
ne faut instruire un homme que l'on destine à
être Potier ou Artisan : j'oserois même presque
assurer qu'à proportion de ce que ces métiers
font moins étendus que l'Agriculture , ils font
plus aisés à apprendre que cet Art , dont l'objet est si diffus & si étendu , que si l'on vouloit
passer en revue ses différentes parties, il seroit à
peine possible de les compter toutes. Aussi ne puis-
je me lasser de témoigner ma surprise sur un
fait dont je me suis déja plaint avec raison
dans le premier Livre de mon ouvrage (7), je
veux dire sur ce qu'il s'est trouvé des gens qui
excelloient dans tous les autres Arts, quoique
moins nécessaires à la vie que celui-ci , sans qu'il
se soit trouvé de disciples ni de maîtres d'Agriculture , à moins que l'on ne veuille attribuer à

---

(7) Dans la Préf. du Liv. I.

l'étendue immense de cette science la crainte qu'il paroît que chacun a eue de l'apprendre ou de l'enseigner, quoique ce ne fût pas une raison suffisante pour la négliger par une défiance honteuse de soi-même. En effet, on n'abandonne point comme elle l'Art de l'Eloquence, parce qu'il ne s'est jamais trouvé d'Orateur parfait, ni la Philosophie, parce qu'il n'y a jamais en personne dont la sagesse ait été consommée; puisqu'au contraire, la plus grande partie des hommes s'encourage à acquérir la connoissance au moins de quelques portions de ces sciences, quoiqu'ils n'ignorent pas qu'ils ne pourront jamais parvenir à les posséder en entier. Est-ce donc un motif suffisant de se taire, parce qu'on sçait qu'on ne pourra pas devenir un Orateur parfait, ou de se laisser aller à la négligence, parce qu'on désespérera d'acquérir la sagesse? & n'est-ce pas un assez grand honneur que celui d'acquérir une parcelle, si petite qu'on la suppose, d'une grande chose? Mais, dira-t-on, qui est-ce qui pourra instruire un homme qui se destine à être Métayer, s'il ne se trouve point de Professeurs en ce genre? Je conviens moi-même qu'il est très-difficile d'apprendre à la fois tous les préceptes d'Agriculture d'une seule & même personne: néanmoins, s'il est difficile de trouver quelqu'un qui soit instruit sur toutes les parties de cet Art, on rencontre au moins, pour chaque partie isolée, un grand nombre de maîtres, à l'aide des-

quels un Métayer peut devenir parfait. Il y a
en effet de bons laboureurs, d'excellens ouvriers
pour fouiller la terre ou pour faucher le foin,
comme pour avoir foin des arbres & de la vigne, ainfi que de bons Médecins Vétérinaires &
de bons Pâtres, dont chacun ne cachera pas les
procédés de fon Art à quiconque voudra s'en inf-
truire. Celui donc qui fe trouvera chargé de la
régie d'une Métairie, après avoir été préalablement formé lui-même aux métiers particuliers
des différens ouvriers de la campagne, évitera
entre autres chofes d'entretenir aucun commerce
avec les efclaves de la maifon, & encore moins
avec les étrangers. Il fera très-tempérant tant fur
le fommeil que fur le vin : ce font en effet deux
chofes très-inalliables avec l'exactitude, parce
qu'un homme fujet à s'enyvrer manque à fes devoirs autant qu'il les oublie, & qu'un dormeur en
néglige une grande partie. Que peut en effet exécuter par lui-même un homme qui dort continuellement, ou que peut-il commander aux autres? Il faut encore qu'il n'ait pas de penchant
à l'amour, parce que, s'il fe livre une fois à
cette paffion, il ne pourra plus penfer à autre chofe qu'à l'objet de fes defirs, attendu que, lorfqu'on a l'efprit occupé d'une paffion, on ne croit
pas qu'il y ait de récompenfe plus flatteufe que
le fruit de la volupté, ni de fupplice plus dur
que la privation de fes defirs. Il faut donc qu'il
foit le premier éveillé de tous, & qu'après

avoir fait fortir, le plutôt que la faifon le permettra, les gens qui font toujours lents à fe
mettre à l'ouvrage, il aille leftement à leur
tête, parce qu'il eft très-intéreffant que les colons commencent leur befogne dès le matin, &
qu'ils la faffent diligemment & fans interrup-
tion; d'autant que, comme le difoit ce même
Ifchomachus que j'ai déja cité, la journée expédi-
tive & bien employée d'un feul ouvrier vaut mieux
que celle de dix ouvriers qui feroit employée avec
négligence & lenteur, & que, fi on laiffe à un
ouvrier la liberté de perdre fon temps à la ba-
gatelle, il en réfulte toujours un très-grand mal.
En effet, de même que de deux voyageurs qui
font partis en même-temps, celui qui va fon
chemin droit & fans s'arrêter arrive fouvent
moitié plutôt que l'autre, qui fe fera amufé à
chercher l'ombre des arbres, l'agrément des ruiffeaux ou la fraîcheur de l'air; de même en fait
d'opérations ruftiques, il feroit difficile de dire
combien un ouvrier diligent l'emporte fur un
ouvrier pareffeux & nonchalant. Il faut donc que
le Métayer ait foin que les gens, en allant à
l'ouvrage dès le point du jour, ne marchent point
languiffamment & à pas comptés, mais qu'ils le
fuivent au contraire avec ardeur, &, pour ainfi
dire, comme un Général qui mene bravement
& gayement fon armée au combat. Il faut auffi
qu'il les réveille au milieu du travail par des ex-
hortations multipliées, & que de temps en

temps, lorsqu'il en remarquera qui se décourageront, il prenne un moment leurs outils comme pour les aider, & qu'il mette lui-même la main à leur besogne, en les avertissant de la faire avec autant de courage qu'il l'aura faite lui-même. Il faut de même que dès que le crépuscule sera venu, il n'en laisse aucun derriere lui, mais qu'il les suive tous comme un excellent Pâtre, qui ne souffre jamais qu'aucune bête de son troupeau erre dans la campagne. Lorsqu'ensuite il sera rentré à la maison, il se comportera de même qu'un Berger vigilant, c'est-à-dire, qu'il ne se retirera pas aussitôt dans sa chambre, mais qu'il prendra le plus grand soin possible de chacun d'eux, soit en appliquant des remedes sur les blessures que quelqu'un d'eux aura pû se faire en travaillant (ce qui arrive communément), soit en faisant transporter sur le champ à l'Infirmerie ceux qui seront malades, & en ordonnant qu'on leur fasse tous les traitemens convenables. Il ne faudra pas qu'il néglige davantage ceux qui se porteront bien, mais il veillera à ce que les gens chargés du soin des provisions de bouche leur donnent à boire & à manger sans fraude. Il accoutumera les ouvriers des champs à prendre toujours leurs repas autour du foyer de leur maître & de l'âtre de la maison, & il prendra de même les siens en leur présence, pour leur montrer l'exemple de la frugalité, sans jamais

se coucher pour les prendre, si ce n'est les jours
de Fêtes, pendant lesquels il s'occupera à faire
quelques largesses à ceux qui se seront montrés
les plus courageux & les plus tempérans : il les
admettra même quelquefois à sa table, & se prêtera à leur accorder quelques autres marques de dis-
tinction pareille. Il visitera aussi pendant ces jours
là les instrumens nécessaires pour tous les ouvrages de la campagne, & ceux de fer plus souvent encore que les autres : il aura soin de les
avoir tous par doubles, & de les faire raccommoder de temps en temps avant de les serrer,
afin de n'être pas dans la nécessité d'en emprun-
ter de ses voisins, pour remplacer ceux qui pourroient avoir été endommagés dans le travail,
parce qu'il en coûtera toujours plus en journées
d'esclaves, que ces sortes d'emprunts détourneront
de leur ouvrage, qu'il n'en couteroit pour acheter
de nouveaux instrumens. Il tiendra les gens soi-
gnés & vêtus plutôt à profit que délicatement,
c'est-à-dire, de façon qu'ils soient bien deffen-
dus tant contre le froid que contre la pluie, ce
à quoi il parviendra parfaitement bien, en leur
donnant des fourrures garnies de manches & des
saies avec leurs capuchons : car il n'en faut pas
davantage pour les mettre en état de supporter
en travaillant la rigueur de presque tous les jours
d'Hiver. Il faudra en conséquence qu'il fasse deux
fois par mois la revue des habits des esclaves,
ainsi que celle des instrumens de fer, comme

je l'ai dit, parce que cette revue répétée fréquemment ne leur laissera ni prétexte pour manquer à leur devoir, ni espérance d'impunité, au cas qu'ils viennent à y manquer. Il appellera aussi tous les jours par leurs noms les esclaves qui seront à la chaîne dans la prison, & il examinera s'ils sont scrupuleusement enchaînés par les pieds, & si la prison est elle-même sûre & bien gardée, comme il ne délivrera pas, sans l'aveu du Chef de famille, ceux qui auront été mis à la chaîne par son ordre ou par celui de son maître. Il ne fera point de sacrifices, si ce n'est avec la permission de son maître : il ne liera pas, sans nécessité, connoissance avec des Aruspices (8) ou des Sorcieres, deux sortes de gens qui infectent les ames ignorantes du poison d'une vaine superstition. Il ne fréquentera ni la ville ni les marchés, si ce n'est pour vendre ou pour acheter les choses qui lui seront nécessaires ; il ne doit pas même sortir des limites de sa colonie, ni fournir aux gens, en s'absentant, l'occasion de cesser leur travail ou de tomber dans quelque faute. Il empêchera que l'on fasse des sentiers au travers des fonds, & qu'on n'y pose de nouvelles bornes. Il donnera très rarement l'hospitalité, si ce n'est aux amis de son maître. Il ne fera pas faire par ses camarades d'esclavage les

---

(8) Voy. la Note 4 du Chap. V. de l'Economie rurale de Caton.

choses qui seront de son ministere, & il ne permettra à personne de sortir hors des limites
(sauf le cas de la plus grande nécessité). Il n'em-
ploiera pas l'argent de son maître en achats de
bestiaux ou d'autres marchandises, parce que
cette habitude détourne un Mérayer de ses occupations, & qu'elle en fait plutôt un Commer-
çant qu'un Agriculteur, outre qu'elle ne lui permet jamais d'appurer ses comptes vis-à-vis de
son maître, & que, quand celui-ci vient à lui
demander de l'argent comptant, il n'a que des effets à lui représenter, au lieu d'argent. C'est donc
une chose qu'il doit absolument éviter : mais il
doit encore plus éviter la passion de la chasse,
soit au poil soit à la plume, attendu qu'elle lui
feroit perdre un nombre de journées considérable. Il faudra aussi qu'il s'applique à observer
ces points-ci, qui sont d'une exécution très-difficile même dans les plus grands gouvernemens,
je veux dire, à ne traiter ceux qui lui seront
soumis ni trop durement ni trop doucement,
à accorder toujours quelque faveur à ceux qui
se comporteront bien & qui seront appliqués à
leurs devoirs, à pardonner même aux plus mé-
chans, & à user envers eux d'un tel tempéramment, qu'il les mette dans le cas de craindre
plutôt sa sévérité, que de détester sa cruauté ;
chose à laquelle il pourra parvenir, s'il a plutôt
l'attention d'empêcher qu'un ouvrier ne com-
mette quelque faute, que de le punir tardive-

ment après la faute faite. Or il n'y a pas de meilleur moyen pour empêcher l'homme, même le plus méchant, de commettre des fautes, que celui d'exiger de lui de l'ouvrage tous les jours, rien n'étant plus vrai que l'oracle de M. Caton (9), qui dit qu'en ne faisant rien les hommes apprennent à mal faire. Ainsi le Métayer veillera à ce que tous les ouvrages soient faits à temps, chose qu'il obtiendra sans peine, s'il se fait toujours voir aux ouvriers, parce qu'alors ceux qui sont préposés aux différentes fonctions s'acquitteront exactement de leurs devoirs, & que les gens fatigués par l'exercice qu'ils auront pris en travaillant, se livreront plutôt au manger, au repos & au sommeil, qu'ils ne s'occuperont à mal faire. Or le point le plus à desirer dans toutes les parties de l'administration d'une Métairie, ainsi que dans le reste de la vie, c'est que celui qui ignore quelque chose soit convaincu de son ignorance, & que tous ses vœux tendent à s'en instruire. En effet, quoique la science soit de la plus grande utilité, l'imprudence ou la négligence sont encore plus nuisibles qu'elle n'est utile, sur-tout en matiere d'Agriculture, parce que le point le

---

(9) Cet Oracle attribué ici à Caton ne se trouve point dans son Economie rurale, telle que nous l'avons. Il paroît néanmoins qu'il s'y trouvoit du temps de Columelle. Preuve qu'elle ne nous est pas parvenue entiere, comme nous l'avons observé dans notre Préface.

plus important de cet Art est de ne faire qu'en
une seule reprise tout ce qu'exige la méthode de
la culture. En effet, c'est en vain que l'on corri-
ge quelquefois ce qui aura été mal fait par imprudence ou par négligence, puisque la chose est
déja perdue pour le maître à qui elle appartient,
& qu'elle ne réussit jamais assez par la suite pour
réparer les pertes qu'elle a éprouvées dans le
principe, & pour faire retrouver le lucre qu'elle
auroit dû produire. Qui est-ce en effet qui
ignore combien le temps passé est irréparable?
Le Métayer, qui doit avoir continuellement
cette maxime devant les yeux, prendra donc
garde de se trouver jamais pris au dépourvu &
surchargé d'ouvrage, parce que l'économie rustique trompe souvent ceux qui se sont une fois
mis en retard : c'est ce qu'un des Auteurs les plus
anciens, Hésiode (10) a exprimé si énergique-
ment par ce vers : *L'homme qui retarde son ouvrage a toujours à lutter contre des pertes.* C'est pourquoi, un Métayer doit supposer que ce proverbe
vulgaire, *ne balancez point à planter*, que les
Paysans n'appliquent qu'à la plantation des arbres (11), s'entend également de la culture d'une
terre, & il doit tenir pour certain qu'à moins de

---

(10) Voy. la Note 36 du Chap. I. de l'Economie rurale
de Varron, Liv. I.

(11) Caton l'emploie dans le Chap. III. de son Economie rurale. Peut-être en est-il l'Auteur.

faire dans le cours de chaque jour (12) l'ouvrage inftant de la journée , on perd non pas feulement les douze heures dont eft compofé le jour
que l'on aura perdu à ne rien faire , mais encore l'année entiere. En effet , comme chaque
opération veut être faite jufqu'à un certain point
aux momens qui lui font fixés , s'il arrive qu'il
y en ait une qui ait été finie plus tard qu'elle
n'auroit dû l'être, les autres travaux qui la fuivront fe trouveront auffi faits trop tard , parce
que le temps dans lequel ils auroient dû l'être
fera écoulé ; & tout l'ordre des travaux fe trouvant dérangé par là , les efpérances de l'année
entiere s'évanouiront. C'eft pourquoi il eft néceffaire que nous donnions des préceptes qui
renferment ce qu'il y a à faire dans le cours
de chaque mois , & qui foient réglés fur l'influence des Aftres, parce que , comme dit Virgile (13) , *nous ne devons pas moins obferver la
faifon de l'Arcture , les jours des Chevreaux & la
Conftellation brillante du Serpent , que ne les obfervent ceux qui , voguant fur des mers orageufes pour
retourner dans leur patrie , ont à paffer par le Pont
& le détroit Abydos , dans lequel abondent les poif*-

---

(12) Il faut néanmoins entendre ce précepte avec le tempérammment que notre Auteur va donner au commencement
du Chapitre fuivant.

(13) Liv. I. des Géorg. Voy. la Note 25 de la Pref. du
Liv. I.

sons à écailles. Je conviens que j'ai opposé bien des doutes contre ces sortes d'observations dans les Livres que j'ai composés contre les Astrologues ; mais mon unique objet dans ces traités étoit de démasquer l'effronterie avec laquelle les Chaldéens affirment que les changemens de temps répondent constamment à des jours fixes, comme à des termes invariables, au lieu que dans notre Art rustique nous ne donnons point dans des calculs aussi rigoureux, puisqu'il suffit à un Métayer, pour son utilité, de prévoir les temps futurs tellement quellement, & (comme on dit) *pingui Minervâ* (14), pourvu qu'il tienne d'ailleurs comme un principe certain, que la vertu d'une Constellation se fait sentir tantôt avant son lever ou son coucher, tantôt après, & quelquefois même à certains jours marqués de l'un ou de l'autre : en effet, sa prévoyance sera suffisante, pour peu qu'il puisse se garantir quelques jours d'avance des temps suspects.

------

(14) C'est-à-dire, *grossiérement.*

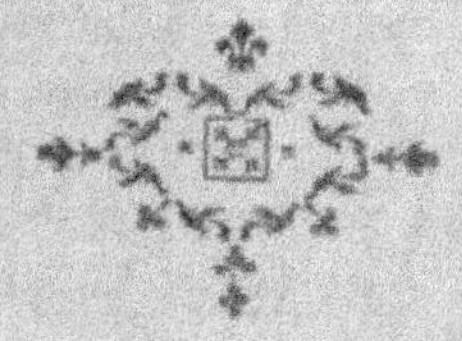

CHAPITRE II. (1)

NOus allons donc prescrire ce qu'il y aura à faire dans le cours de chaque mois, en réglant les travaux de la campagne sur les différentes saisons, autant que la température de l'air le permettra ; de sorte que , le Métayer étant prévenu par la lecture de ce commentaire de l'inconstance & des variétés du temps, il ne lui arrivera jamais d'être trompé, ou que du moins ce malheur ne lui arrivera que très-rarement. Et pour ne pas nous écarter de ce qu'a prescrit le meilleur des Poëtes (2), *il commencera par donner le premier labour à la terre au commencement du Printemps.* Il est vrai qu'un homme de la campagne ne doit point observer le commencement du Printemps à la maniere d'un Astronome, & de façon à attendre le jour préfix auquel on dit que commence cette saison, mais qu'il peut prendre quelques jours

----

(1) Si l'on vouloit comparer ici Columelle avec les autres Auteurs, tels qu'Ovide, Pline & Varron, ou avec les anciens Calendriers, on seroit forcé d'entrer dans une discussion immense , dont on ne pourroit probablement pas se tirer. Voy. les Notes 5 & 7 du Chap. XXVIII. de l'Economie rurale de Varron, Liv. I.

(2) Virgile, Liv. I. des Géorg.

fur l'Hiver , parce que , paffé le Solftice d'Hiver , l'année commence à être tempérée , & que les jours devenant plus doux permettent d'entreprendre les travaux. Il pourra donc (pour nous régler fur le premier mois de l'année Romaine) commencer les travaux de la culture aux Ides (3) de Janvier. Entre ceux auxquels il pourra mettre alors la main, il s'en trouvera qui appartenoient aux temps qui auront précédé celui-ci, & d'autres qui appartiendront aux temps qui le fuivront ; il achevera donc les premiers qui n'auront pas été faits, & commencera les feconds. Au refte, il nous fuffit de diftribuer les travaux par demi-mois, parce qu'un ouvrage n'eft pas cenfé fait trop tôt quand il l'eft quinze jours avant le temps que nous allons lui affigner, comme il n'eft pas cenfé fait trop tard quand il l'eft quinze jours après (4). Le jour des Ides (3) de Janvier, temps

---

(3) Voy. la Note 1 du Chap. XXVIII. de l'Economie rurale de Varron , Liv. I.

(4) On pourroit appliquer ici ce que dit Pline 18 , 6, qu'*autant il eft néceffaire de bien cultiver , autant il eft dommageable de cultiver très-bien , & qu'il faut en cela , comme en toute autre chofe , garder un jufte milieu* , & ne pas donner par conféquent dans ces rafinemens abfolument oppofés à l'efprit de l'Agriculture , dans lequel nous voyons donner les Agromanes modernes, qui, pour vouloir que l'on cultive trop bien , s'écartent de la voie qu'ont fuivie les anciens pour bien cultiver. Auffi ne voyons-nous point de peuple en Europe qui puiffe fe vanter d'avoir porté fon Agriculture

venteux & incertain. Le dix-huit des Calendes
(3) de Février, temps incertain. Le dix-sept, le
Soleil entre dans le Verseau, le Lion commence
à se coucher le matin; vent d'Afrique, quelquefois vent de Midi avec de la pluie. Le seize,
l'Ecrévisse acheve de se coucher; froid. Le quinze, le Verseau commence à se lever; le vent
d'Afrique annonce le mauvais temps. Le onze,
la Lire se couche le soir; jour pluvieux. Le neuf,
le coucher de la Constellation de la Baleine
annonce le mauvais temps, quelquefois même
il l'amene. Le six, la claire Etoile que l'on voit
sur la poitrine du Lion se couche, c'est souvent
un signe que l'on touche à la moitié de l'Hiver
(5). Le cinq, vent de Midi ou d'Afrique, froid,
jour pluvieux. Le trois, le Dauphin commence
à se coucher, la Lire se couche aussi. La veille
des Calendes (3), le coucher des Astres, dont
nous venons de parler, amene le mauvais temps,
quelquefois il ne fait que l'annoncer. Nous don-

___

au point où étoit celle des anciens Romains. La raison en
est qu'on lit beaucoup les ouvrages modernes sur l'Agro-
manie, & qu'on néglige les ouvrages de nos Auteurs sur
l'Agriculture.

(5) Si l'on compte les jours d'Hiver qui sont écoulés, on
trouvera que l'on est plus près de la fin de l'Hiver que
de son milieu; mais Columelle fait moins d'attention dans
cette observation à la quantité des jours d'Hiver qui sont
écoulés, qu'au froid qui regne alors, de sorte qu'en égard
à ce froid on est communément alors à la moitié de l'Hiver.

nerons

nerons donc la note des différens temps éventuels, en parcourant les autres demi-mois, comme nous avons fait à l'égard de celui-ci, afin que le Métayer puisse (ainsi que je l'ai déja dit) se conduire avec prévoyance, soit en s'abstenant de certains ouvrages, soit en les dépêchant, suivant l'exigence des cas. Par conséquent, si l'on a de grandes possessions en vignobles ou en arbres mariés à des vignes, on employera le temps qui s'écoulera depuis le Solstice d'Hiver, en commençant aux Ides (5) de Janvier jusqu'à l'arrivée du vent Favonius (6), à reprendre tout ce qui sera resté à faire de la taille d'Automne, en évitant néanmoins de toucher à la vigne pendant les matinées, parce que son bois, encore engourdi par la bruine & par les gelées nocturnes, redoute alors le fer. C'est pourquoi, en attendant le dégel, on pourra, jusqu'à la seconde ou à la troisieme heure du jour (7), élaguer les buissons pour les empêcher de croître au point de couvrir tout le champ, nettoyer les guérets, faire des fagots & enfin fendre du bois, afin de ne se mettre à la taille que lorsque la journée commencera à être plus supportable. Il faut aussi, dans les climats exposés au Soleil & maigres ou secs, commencer à nettoyer les prés

---

(6) Voy. la Note 6 du Chap. VI. de l'Economie rurale de Caton.

(7) Voy. la Note 4 du Chap. IX. Liv. II.

& à en interdire l'entrée aux beftiaux, afin que le foin y vienne en abondance. Il eft encore temps alors de donner les premiers labours aux terres feches & graffes ; car, pour les terres humides & médiocres, il ne faudra les leur donner que vers l'Eté ; quant à celles qui feront très-maigres & feches, elles ne devront être labourées qu'à la fin de l'Eté & au commencement de l'Automne, afin d'être auffitôt enfemencées. Au furplus, il eft aifé de donner en deux journées le premier labour à un *Jugerum* d'une terre graffe pendant ce temps-ci, parce que le fol encore humecté des pluies d'Hiver fe laiffe cultiver alors facilement. Il faut auffi pendant le même mois farcler avant les Calendes (3) de Février, les bleds d'Automne, foit grains *Adorea* (8) que quelques-uns appellent *Vennucula* (9), foit froments. Le temps de les farcler eft celui où ils commencent à jetter quatre fanes. Ceux qui auront des journées de refte devant eux, pourront auffi farcler dès-lors l'orge qui fera en état de l'être. Les feves exigent encore le même genre de culture, pourvu que leur tige ait déja quatre doigts de hauteur; car il ne feroit pas à propos de les farcler auparavant, attendu qu'elles feroient encore trop tendres. Le

____

(8) Voy. la Note 1 du Chap. XXXIV. de l'Economie rurale de Caton.

(9) Voy. la Note 4 du Chap. VI. Liv. II.

mieux seroit de semer l'ers dans le mois précédent, quoiqu'il n'y ait pas d'inconvénient à le semer dans ce mois-ci ou dans le suivant; car pour ce qui est du mois de Mars, c'est un temps pendant lequel les gens de la campagne deffendent absolument de le mettre en terre. C'est à présent le temps de bêcher les vignes qui sont échalassées & liées. Il faut se hâter de greffer vers les Ides (3) les arbres qui viennent les premiers en fleurs, tels que le cerisier, le jujubier, l'amandier & le pêcher. C'est le temps propre à faire des échalas ainsi que des pieus. C'est également celui de couper le bois de construction : mais, soit qu'il s'agisse de l'une ou de l'autre de ces destinations, le meilleur est de le couper quand la Lune est dans son déclin, depuis son vingtieme jour jusqu'à son trentieme, parce que l'on estime qu'étant coupé ainsi il ne se pourrit jamais. On peut en une journée couper cent pieus & les éguiser, comme on peut fendre dans le même espace de temps soixante échalas, soit de chêne, soit d'olivier, les polir des deux côtés & les éguiser. On peut encore faire dix pieus & cinq échalas pendant la veillée du soir, & autant pendant celle du matin (10). Si c'est du

---

(10) Pline 18, 26, s'accorde avec notre Auteur sur le nombre de pieus & d'échalas que l'on peut faire pendant les veillées du soir ou du matin, & cependant il prétend que l'on ne peut préparer dans la journée que trente écha-

bois de robre que l'on ait à travailler, un seul ouvrier doit en tailler vingt pieds de long, de façon qu'ils soient bien équarris ; ce qui formera la charge d'un *vehis*. Si c'est du pin, il ne faut également qu'un seul ouvrier pour en expédier vingt-cinq pieds, & c'est ce qu'on appellera encore un *vehis*. Trente pieds d'orme ainsi que de frêne, quarante pieds de cyprès & jusqu'à soixante pieds de sapin & de peuplier peuvent de même être très-bien équarris en une journée, & on donnera également le nom de *vehis* à toutes ces mesures. On doit aussi pendant ces jours-ci marquer d'une empreinte les agneaux qui sont sevrés, ainsi que les petits des autres bestiaux & des grands quadrupedes qui ne l'auront pas encore été. Le jour des Calendes (3) de Février, la Lire commence à se coucher ; le vent d'Orient & quelquefois celui du Midi s'éleve avec de la grêle. Le trois

---

las & soixante pieus : mais la modicité de cette besogne fait douter de l'intégrité de ce passage dans Pline. D'un autre côté, Pline observe la proportion numéraire entre les échalas & les pieus, dont s'écarte notre Auteur. Car si l'on fait, selon ce dernier, dix pieus & cinq échalas pendant les veillées, pourquoi ne fait-on que cent pieus & non pas cent vingt pendant le jour, puisqu'on fait soixante échalas, cent vingt étant à soixante, ce que dix est à cinq. Il y a donc lieu de croire que Columelle est fautif, en supposant que Pline ne le soit pas, mais comment corriger les fautes de nombres ? on n'en finiroit pas.

des Nones (3), la Lire fe couche en entier,
ainfi que la moitié du Lion ; vent d'Aval ou
de Septentrion , quelquefois vent *Favonius* (6).
Le jour des Nones (3), la moitié du Verfeau
fe leve ; temps venteux. Le fept des Ides (3),
la Conftellation de Callifto fe couche (11), les
vents *Favonii* (6) commencent à fouffler. Le fix,
temps venteux. Le trois , vent d'Eft. Pendant
ces jours-ci on nettoie les prés ou les champs
dans les climats maritimes, chauds & fecs , &
on en laiffe croître l'herbe pour en tirer du
foin. Il faut alors échalaffer & lier le refte des
vignes auxquelles les froids de l'Hiver auront
empêché de donner ces façons , de peur que , fi
l'on tardoit davantage à le faire, on n'endom-
mageât leurs boutons qui feroient déja gros , &
qu'on n'arrachât leurs yeux. Il faut auffi achever
tant de bêcher les vignes dans les mêmes climats, que de tailler ou de lier les feps mariés
aux arbres , qui demandent tantôt plus tantôt
moins de façons. Il faut enfuite faire , entre les
Nones (3) & les Ides (3), des pépinieres d'arbres
à fruits , & transférer des pépinieres dans leurs
foffes les jeunes arbres qui feront bons à être plantés. Il faut auffi terminer alors les façons au

---

(11) C'eft la grande Ourfe. Mais fi ce que dit Ovide ,
que cette Conftellation ne fe couche pas , eft vrai, comment concilier ce Poëte avec notre Auteur ?

Pastinum (12), que l'on aura commencées dans le mois de Décembre ou de Janvier, & planter les vignes. Or, pour façonner au *Pastinum* (12) un *Jugerum* de terrein, il faut quatre-vingt journées (13), si on en fouille le sol à la profondeur de trois pieds, cinquante (13), si on ne le fouille qu'à celle de deux pieds & demi, ou quarante (13), si on le fouille au hoyau à deux pieds de profondeur. Au reste cette derniere mesure est la moindre de celles que l'on pourra donner au labour au *Pastinum* (12), quand il s'agira d'un terrein sec dans lequel on voudra planter des arbrisseaux : car si l'on se propose de n'y mettre que des plantes potageres, une profondeur d'un pied & demi pourra être suffisante, auquel cas un *Jugerum* ne demandera communément que trente journées de travail (13). On doit aussi distribuer dans

---

(12) Voy. la Note 1 du Chap. XV. Liv. II.

(13) Si trente journées suffisent pour labourer un *Jugerum* à la profondeur d'un pied & demi, quarante pour celle de deux pieds, & cinquante pour celle de deux pieds & demi, il sembleroit d'abord qu'il n'en faut que soixante & non pas quatre-vingt pour le labourer à la profondeur de trois pieds, puisque trente est à soixante, ce qu'un & demi est à trois. Mais il faut remarquer que cette proportion n'a pas lieu ici, parce que plus on laboure profondément, plus la partie inférieure de la terre est dure & plus elle demande de travail & de temps, outre qu'il faut un plus grand effort pour rejetter la terre du fond d'un fossé que de sa su-

le même temps une portion de son fumier sur les
prés, & en répandre une autre portion aux pieds
des oliviers & des autres arbres. Il faut encore fai-

---

perficie, & par conséquent plus de temps. Mais, d'un autre
côté, s'il est vrai que plus on laboure profondément, plus
on doit augmenter le nombre des journées, pourquoi Columelle ne l'a t-il pas fait dans tous les cas, & qu'en exi-
geant trente journées pour la profondeur d'un pied & demi,
il n'en a pas exigé plus de quarante pour celle de deux pieds,
ni plus de cinquante pour celle de deux pieds & demi? Si
l'on veut qu'il s'en soit tenu à demander en gros dix journées
pour un demi pied de profondeur, soit dans la partie inférieure de la terre, soit dans sa superficie, nous en reviendrons
toujours à objecter qu'il n'en devoit demander de même que
soixante pour une profondeur de trois pieds & non pas quatre-
vingt. Cependant, en comparant le Chap. I. du Liv. *de Arbo-*
ribus, on voit que Columelle avoit déja assigné dans cette
premiere Edition quatre-vingt journées pour une profondeur
de trois pieds, de façon qu'en répétant ce nombre ici, il
paroît y avoir persisté à dessein dans sa seconde Edition,
quoi qu'il ait voulu suivre d'ailleurs ici une proportion plus
juste dans le nombre des journées par rapport aux autres pro-
fondeurs, puisque dans ce Chap. I. *de Arboribus*, il demandoit cinquante journées pour une profondeur au-dessus d'un
pied & demi, mais cependant au-dessous de deux, & soixante
pour une profondeur de deux pieds. Il faut avouer qu'il
est difficile de corriger cet Auteur dans une si grande confusion de nombres; peut-être même n'a-t-il voulu lui-même
que donner des approximations, à cause de la difficulté
qu'il y avoit à fixer quelque chose de certain dans cette
matiere, vû la disparité des terreins, ainsi que celle des
journées & celle des ouvriers qui peuvent être plus ou
moins robustes ou laborieux.

re avec soin des pépinieres de vignes, & les remplir scrupuleusement de mailletons très - récemment tirés du sep. Il est bon de mettre alors
en terre les peupliers, les saules & les frênes,
avant qu'ils soient en feuilles, de même que
les ormes qui seront bons à être plantés, comme aussi de tailler ceux de ces arbres qui auront
été plantés précédemment, de les bêcher autour
de leur pied & de couper les petites racines
qu'ils auront jettées sur la superficie du sol pendant l'Eté. Il faut encore jetter alors, avant la
fouille des vignes, hors des terres labourées, &
ranger auprès des haies les sarmens & les branches des arbres mariés aux vignes, ainsi que les
ronces & en un mot toutes les immondices qui
pourroient, si on les laissoit à terre, retarder les
ouvriers qui ont à fouiller la terre ou à lui
donner toute autre façon. Il faut faire de nouvelles pépinieres de rosiers ou soigner les anciennes, planter des roseaux ou même cultiver ceux
qui l'auront été antérieurement, faire des sauf-
saies ou en tailler les arbres, y arracher les mauvaises herbes & les bêcher, semer le genêt en
graine dans une terre façonnée au *Pastinum* (12),
ou même le déposer en pied dans des fosses.
Les semailles des tremois ne sont pas non plus
faites à contretemps dans ce moment-ci, quoiqu'il soit mieux de les faire dans les pays tempérés pendant le mois de Janvier. Le jour des
Ides (3) de Février, le Sagittaire se couche le

foir; grand froid. Le feize des Calendes (3) de Mars , la Coupe fe leve le foir; changement de vent. Le quinze , le Soleil entre dans les Poiffons; le temps eft quelquefois venteux. Le treize & le douze , vent *Favonius* (6) ou vent de Midi avec grêle & orages. Le dix , le Lion acheve de fe coucher; les vents Septentrionaux , que l'on appelle *Ornithiæ* (14), ont coutume de fouffler pendant l'efpace de trente jours , après quoi les hirondelles arrivent. Le neuf, l'Arcture fe leve au commencement de la nuit ; temps froid , vent d'Aquilon ou d'Aval , quelquefois il pleut. Le huit , le Sagittaire commence à fe lever au Crépufcule; temps variable , quoiqu'on remarque le plus grand calme dans la mer Atlantique. Le fept , temps venteux; on apperçoit les hirondelles (15). Il eft temps de faire pendant ces jours-ci , dans les climats froids , les opérations que nous avons détaillées ci-deffus , & quoiqu'il foit tard pour les faire dans les climats chauds , il ne faut pas néanmoins fe dif-

---

(14) Ainfi nommés d'*ὄρνις*, qui veut dire *oifeau* , à caufe des hirondelles qui les fuivent. Pline 2 , 47 , ne les diftingue point des vents *Favonii*.

(15) Comment concilier ceci avec ce qu'il vient de dire qu'elles n'arrivoient qu'après les vents *Ornithiæ* , qui commençoient à fouffler quatre jours avant celui-ci , & qui continuoient pendant trente jours , à moins qu'on ne fuppofe encore une faute dans ce nombre de trente ?

penser de les y faire alors, si on ne les a pas
faites précédemment. Au surplus, il paroît que
c'est le meilleur temps pour planter les mailletons & les marcottes, quoiqu'il n'y ait pas plus
d'inconvénient à les planter entre les Calendes
(3) & les Ides (3) du mois suivant, pourvu néanmoins que le pays ne soit pas très-chaud : il sera
même mieux de différer à le faire jusques là,
si le pays est plus froid que chaud. On greffera
aussi très-bien dans ce temps-ci les arbres & les
vignes dans les climats tempérés. Le jour des
Calendes (3) de Mars, vent d'Afrique, & quelquefois de Midi avec de la grêle. Le six des
Nones (3), le Vendangeur, que les Grecs appellent τρυγητήρ, paroît; vent Septentrional. Le quatre, vent *Favonius* (6) & quelquefois vent de
Midi; froid. Le jour des Nones (3), le Cheval
se leve le matin; vent d'Aquilon. Le trois des
Ides (3), le Poisson du côté de l'Aquilon acheve
de se lever; vent Septentrional. La veille des Ides
(3), le Vaisseau Argo se leve; vent *Favonius* (6)
ou vent de Midi, quelquefois d'Aquilon. On
dispose à propos pendant ces jours-ci les jardins : mais j'en parlerai plus particuliérement
dans leur lieu, afin qu'on ne m'impute pas d'a-
voir passé trop négligemment sur les fonctions
du Jardinier, en les confondant, pour ainsi dire,
parmi cette bande de travaux que je suis occupé à
décrire, ou d'avoir interrompu en ce moment
l'ordre des autres genres de culture que j'ai com-

mencé à détailler. Ainsi, le temps qui s'écoule depuis le jour des Calendes (5) de Mars jusqu'au dix de celles d'Avril est un temps excellent pour tailler la vigne, pourvu néanmoins que l'on n'apperçoive pas encore de mouvement dans ses boutons. C'est aussi principalement dans ce temps que l'on prend sur les arbres avec succès des branches, qui ne disent encore mot, pour être employées en greffes; comme c'est aussi alors que l'opération de la greffe elle-même est sans contredit la mieux faite, tant sur les vignes que sur les arbres. On préfere encore ce temps-ci pour planter la vigne dans les climats froids & humides, & il est aussi très à propos de déposer alors en terre les cimes des figuiers qui sont déja garnies de leurs boutons. On sarcle aussi les bleds à merveille pour la seconde fois : une journée suffit pour en sarcler trois *modii*. C'est le temps de nettoyer les prés & d'en interdire l'entrée aux bestiaux dans les pays chauds & secs; il faut même commencer à le faire, comme nous l'avons dit ci-dessus, au mois de Janvier : mais dans les pays froids on se contente de laisser croître l'herbe des prés depuis les *Quinquatria* (16).

---

(16) C'étoient des Fêtes que l'on célébroit au mois de Mars en l'honneur de Pallas, à laquelle on avoit dédié un Temple sur le mont Aventin à pareil temps. Ces Fêtes duroient cinq jours; au premier jour on faisoit des Sacrifices, pendant les trois suivans on donnoit des combats de Gladiateurs,

Il faudra préparer dans ce temps-ci toutes les especes de fosses dans lesquelles on se propose de mettre du plant en Automne. Si le terrein est commode , un seul homme en fera en une journée quatorze de celles que l'on nomme *quaternarii* , c'est-à-dire, de celles qui ont quatre pieds tant en largeur qu'en longueur , & dix-huit de celles qui en ont trois (17). Au reste ,

---

& le cinquieme on purifioit le peuple. Ce n'est pas néanmoins à cause de ce nombre de jours destinés à ces Fêtes, qu'elles étoient appellées *Quinquatria* , mais parce qu'on les célébroit cinq jours après les Ides , & que le lendemain des Ides étoit un jour *ater* , c'est-à-dire un jour que les Anciens regardoient comme malheureux : *Quinquatria* , comme qui diroit *quinque ab atro die.*

(17) Columelle , dans le Ch. IV. *de Arboribus* , avoit dit de même qu'un seul homme devoit faire dix-huit fosses de trois pieds tant en largeur qu'en longueur , ainsi ce nombre paroit correct ; mais pour celles de quatre pieds , c'est à tort qu'il prétend ici qu'un homme en peut faire quatorze. Il avoit dit dans le Chap. IV. *de Arboribus* , qu'il n'en pouvoit faire que douze , mais ce nombre lui-même , quoique moins fautif que celui de quatorze , n'est pas encore absolument correct. En effet, d'après ce qu'a dit Columelle plus haut , que la moindre profondeur que l'on puisse donner au labour d'une terre destinée à recevoir des arbres , est de deux pieds , il faut supposer au moins cette profondeur aux fosses dont il parle ici. Or, d'après cette supposition, son calcul n'est pas juste. Car dix-huit fosses de trois pieds tant en longueur qu'en largeur , & de deux pieds de profondeur , donneront trois cent vingt-quatre Pieds cubiques : mais un fosse de quatre pieds tant en longueur qu'en largeur , & de deux pieds de profondeur, donnant à elle seule trente-deux Pieds cubi-

pour planter des vignes ou des arbres de basse
tige , on fera une tranchée de cent vingt pieds
de longueur, sur deux pieds de largeur & deux
& demi de profondeur (17) , & il ne faudra
non plus qu'une journée pour la faire. C'est le
temps de bêcher & de façonner les pépinieres de
rosiers tardifs. Il est à propos de répandre en ce
temps-ci de la lie d'huile extraite sans sel autour
des oliviers qui ne se porteront pas bien : il suffira de six *congü* de cette liqueur pour les plus
grands arbres , d'une urne pour les médiocres
& à proportion pour les autres; ceux même qui
se porteront bien n'en deviendront que plus

---

ques, on n'en pourra gueres faire que dix qui donneront
trois cent vingt Pieds cubiques. Une preuve que Columelle
n'a pas cherché à être fort exact dans ses calculs , & qu'il ne
s'est pas réglé sur une proportion constante, c'est qu'il ne
demande ensuite ici qu'une journée pour faire une tranchée
de cent vingt pieds de longueur , de deux pieds de largeur
& de deux pieds & demi de profondeur , c'est-à-dire, de
six cent Pieds cubiques , quoiqu'il eût assigné plus haut
mil quatre cent Pieds cubiques à une journée , en deman-
dant quarante journées pour fouiller un *Jugerum* à la profondeur de deux pieds : en effet le *Jugerum* étant de vingt-
huit mil huit cent pieds quarrés (Voy. *Jugerum* à la table de
Caton), cette profondeur de deux pieds devoit donner cin-
quante-sept mil six cent Pieds cubiques qui , divisés en quarante journées, donnoient mil quatre cent quarante Pieds
cubiques pour une journée. Quelle confusion ! doit - on
l'attribuer à Columelle ou aux Editeurs des Livres, que l'on
ne trouve jamais plus fautifs que dans les nombres ?

fertiles, si on les en arrose. Quelques Auteurs ont prétendu que c'étoit le meilleur temps pour former des pépinieres, de même qu'ils ont prescrit de semer alors sur des planches les baies de laurier ou de myrthe, & la graine des autres arbustes qui sont toujours verts. Les mêmes Auteurs ont aussi été d'avis qu'il falloit planter, depuis les Ides (3) de Février ou même depuis les Calendes (3) de Mars, l'*orthocissus* & le lierre. Le jour des Ides (3) de Mars, le Scorpion commence à se coucher ; il annonce le mauvais temps. Le dix-sept des Calendes (3) d'Avril, il se couche ; froid. Le seize, le Soleil entre dans le Bélier ; vent *Favonius* (6) ou vent d'Aval. Le douze, le Cheval se couche le matin ; vent Septentrional. Le dix, le Bélier commence à se lever ; jour pluvieux, quelquefois il neige. Le neuf & le huit, l'Equinoxe du Printemps annonce le mauvais temps. Il ne faut pas manquer d'achever, depuis les Ides (3), les opérations dont nous venons de parler. On donne aussi pour lors à merveille les premiers labours à la terre dans les lieux humides & gras, & les seconds sur la fin de Mars aux guérets qui auront reçu les premiers au mois de Janvier. Si en taillant la vigne on a laissé de côté quelques treilles de raisin distingué, ou quelques seps particuliers mariés à des arbres dans les champs ou dans les buissons, il faut sans contredit les tailler avant les Calendes (3) d'Avril, passé lequel jour cette saçon leur seroit infructueuse pour être tardive. C'est aussi alors qu'on commence à semer pour la premiere fois le millet & le panis ; cet enfemencement doit être fini vers les Ides (3) d'Avril. Il faut cinq *Sextarii* de chacune de ces graines, pour ensemencer un *Jugerum* de terre. En outre, c'est encore le temps de châtrer les bêtes à laine, ainsi que les autres quadrupedes. On peut effectivement châtrer très-bien tous les bestiaux, dans les pays tempérés, depuis les Ides (4) de Février jusqu'à celles d'Avril, & dans les pays froids, depuis celles de Mars jusqu'à celles de Mai. Le jour des Calendes (5) d'Avril, le Scorpion se couche le matin ; il annonce le mauvais temps. Le jour des Nones (5), vent *Favonius* (6) ou vent de Midi avec de la grêle, & quelquefois dès la veille. Le huit des Ides (5), les Pléïades se cachent le soir ; quelquefois il fait froid. Le sept, le six & le cinq, les vents de Midi & d'Afrique annoncent le mauvais temps. Le quatre, la Balance commence à se coucher au lever du Soleil ; elle annonce quelquefois le mauvais temps. La veille des Ides (5), les Hyades se cachent ; froid. Il ne faut pas manquer pendant ces jours-ci de bêcher les vignes pour la premiere fois dans les pays froids, & cette opération doit être terminée avant les Ides (5). Il faut aussi se hâter alors d'achever les opérations qui auroient dû être faites au mois de Mars après l'Equinoxe. On ente encore très-bien alors les figuiers & les vignes. On peut arracher les mauvaises herbes des pépinieres faites précédemment, comme on peut aussi les bêcher commodément. Il faut laver les brebis de Tarente avec de la saponaire, pour les disposer à la tonte. Le jour des Ides (3) d'Avril, la Balance se couche, ainsi que je l'ai dit ci-dessus ; froid. Le dix-huit des Calendes (3) de Mai , temps venteux & pluie , quoique ce ne soit pas une regle infaillible. Le quinze, le Soleil entre dans le Taureau ; il annonce la pluie. Le quatorze , les Hyades se cachent le soir ; elles annoncent la pluie. Le onze, on est à la moitié du Printemps (18) ; pluie & quelquefois grêle. Le dix , les Pléïades se levent avec le Soleil ; vent d'Afrique ou de Midi , temps humide. Le neuf, la Lire paroît au commencement de la nuit ; elle annonce le mauvais temps. Le quatre, communément vent de Midi avec de la pluie. Le trois, la Chevre se leve le matin ; vent de Midi , quelquefois de la pluie. La veille des Calendes (3), la Canicule se cache le soir ; elle annonce le mauvais temps. Nous continuerons pendant ces jours-ci les mê-

---

(18) On est bien plutôt aux deux tiers de cette saison , si l'on suit la division des saisons que Varron donne dans le Chap. XVIII. de son Economie rurale, Liv. I. ou celle des autres Auteurs , mais Columelle n'a égard ici qu'à la température de l'air & à la chaleur. Voy. la Note 5.

mes opérations que ci-deſſus. On peut greffer en écuſſon ou autrement les oliviers, pourvu qu'ils commencent à quitter leur écorce : on peut également enter en écuſſon les autres arbres à fruit. Rien n'empêche qu'on n'épampre auſſi la vigne pour la premiere fois, parce que ſes yeux qui ne font que commencer à paroître peuvent être abbatus d'un coup de doigt. Outre cela, ſi, en bêchant les vignes, on y a dérangé quelque choſe, ou qu'on en ait omis quelque partie par négligence, un vigneron attentif doit y remettre la main, & examiner les jougs qui pourront ſe trouver rompus pour les raccommoder, ou remettre à leur place les pieux renverſés, ſans cependant faire tomber les jeunes pampres. Il faut marquer d'une empreinte dans le même temps les beſtiaux de la ſeconde portée. Aux Calendes (3) de Mai, on prétend que le Soleil reſte pendant deux jours dans le même degré de la Dodecatemorie (19). Le ſix des Nones (3), l'Hyade ſe leve avec le Soleil; vents Septentrionaux. Le cinq, le Centaure paroit entier; il annonce le mauvais temps. Le

---

(19) Chacun des douze Signes du Zodiaque comprenant trente degrés, ſur les trois cent ſoixante dans leſquels il eſt diviſé, il eſt néceſſaire, puiſque l'année a trois cent ſoixante & cinq jours, que le Soleil reſte quelquefois deux jours dans un ſeul degré, pour parcourir dans l'année toute l'étendue du Zodiaque.

trois, il annonce la pluie. La veille des Nones (3), le Scorpion se couche à moitié ; il annonce le mauvais temps. Le jour des Nones (3), les Pléiades se levent le matin ; vent *Favonius* (6). Le sept des Ides (3), c'est le commencement de l'Eté ; vent *Favonius* (6) ou vent d'Aval, quelquefois même pluie. Le six, les Pléiades paroissent entieres ; vent *Favonius* (6) ou vent d'Aval, quelquefois aussi pluie. Le trois, la Lyre se leve le matin ; elle annonce le mauvais temps. Il faut pendant ces jours-ci arracher les mauvaises herbes des terres ensemencées, & commencer la coupe du foin. Un bon ouvrier fauche un *Jugerum* de prés à lui seul, & ne lie pas moins de douze cent bottes de quatre livres chacune. C'est aussi le temps de bêcher le pied des arbres, & de recouvrir ceux qui sont déchaussés : on peut bêcher en une journée le pied de quatre-vingt jeunes arbres, celui de soixante & cinq d'une moyenne grosseur, & celui de cinquante grands. Il faudra pendant ce mois-ci bêcher souvent toutes les pépinieres. En général, depuis les Calendes (3) de Mars jusqu'aux Ides (3) de Septembre, il faut les bêcher tous les mois, ainsi que les jeunes vignes. On taille les oliviers & on les débarrasse de leur mousse dans le cours des mêmes jours, quand le climat est très-froid & pluvieux. Au reste, si le pays est tempéré, il faudra répéter cette opération dans deux saisons de l'année, sçavoir, depuis les Ides (3) d'Octobre jusqu'à cel-

les de Décembre , & enfuite depuis celles de
Février jufqu'à celles de Mars , pourvu cependant que ces arbres ne quittent point alors leur
écorce. C'eft dans le même mois qu'on peut planter pour le plus tard des boutures d'oliviers dans
une pépiniere façonnée au *Pastinum* (12) : il faudra , lorfqu'elles feront plantées , les enduire de
fumier & de cendre mêlés enfemble , & les recouvrir de mouffe pour empêcher que le Soleil
ne les fende ; mais il vaut mieux faire cette opération à la fin du mois de Mars ou au commencement d'Avril , ainfi qu'aux autres temps pendant lefquels nous avons ordonné de fournir les
pépinieres de pieds d'arbres ou de boutures. Le
jour des Ides (3) de Mai, la Lyre fe leve le matin ; vent de Midi ou de Sud-Sud-Eft , quelquefois temps humide. Le dix-fept des Calendes (3)
de Juin, de même. Le feize & le quinze, vent
de Sud-Sud-Eft ou de Midi , avec de la pluie.
Le treize , le Soleil entre dans les Gémeaux. Le
douze, les Hyades fe levent ; vent Septentrional , & quelquefois vent de Midi avec de la
pluie. Le onze & le dix , l'Arcture fe leve le
matin ; il annonce le mauvais temps. Le fept &
le fix, la Chevre fe leve le matin ; vents Septentrionaux. Depuis les Ides (3) jufqu'aux Calendes
(3) de Juin , il faut bêcher pour la feconde fois
les anciennes vignes avant qu'elles commencent
à fleurir. Il faut auffi les épamprer ainfi que tou-

T ij

tes les autres vignes. Si l'on a soin de le faire souvent, la journée d'un enfant suffira pour en épamprer un *Jugerum*. Il y a des pays où l'on tond alors les brebis, & où l'on se fait rendre compte du nombre des bestiaux tant nés que morts. Ceux qui ont semé des lupins dans la vue de fumer les champs, les reversent aussi alors en terre avec la charrue. Le jour des Calendes (5) & le quatre des Nones (5) de Juin, l'Aigle se leve ; temps venteux & quelquefois pluie. Le sept des Ides (5), l'Arcture se couche ; vent *Favonius* (6) ou vent d'Aval. Le quatre, le Dauphin se leve le soir; vent *Favonius* (6), quelquefois de la rosée. Si l'on s'est trouvé avoir plus d'ouvrage qu'on n'aura pû en faire, il faut achever pendant ces jours-ci les opérations qui appartenoient à la fin de Mai. Il faut aussi recharger la terre au pied de tous les arbres fruitiers que l'on aura bêchés, de sorte que cette opération soit finie avant le Solstice. Outre cela, on donnera le premier ou le second labour à la terre, suivant la qualité du sol ou la température du climat. Si la terre est difficile à labourer, il faut trois journées pour le premier labour d'un *Jugerum*, deux pour le second, & une pour le troisieme : une journée suffit aussi pour recouvrir de terre la semence jettée dans deux *Jugera*. Mais si la terre est aisée à labourer, il suffit de deux journées pour le premier labour d'un *Jugerum* &

d'une pour le second (20) : une journée suffit auffi pour recouvrir de terre la femence jettée dans quatre *Jugera* (ce qui fe fait en formant de larges fillons dans une terre déja labourée). Il fuit de ce calcul qu'on peut aifément femer pendant l'Automne, à l'aide d'une feule paire de bœufs, cent cinquante *modii* de froment & cent de légumes, tels qu'ils foient (21). Il faut

---

(20) L'Auteur ne parle pas ici du troifieme labour, foit que cet oubli doive lui être attribué, foit qu'il doive l'être aux Editeurs. Au furplus, il a dit dans le Ch. IV. du Liv. II. que ce troifieme labour demandoit les trois quarts d'une journée.

(21) Pour comprendre ce calcul, il faut comparer ce qu'a dit Columelle Liv. II. Chap. IX, qu'un *Jugerum* d'un terrein médiocre demandoit cinq *modii* de froment; ainfi cent cinquante *modii* enfemenceront à ce compte trente *Jugera*. Quant aux légumes, choififfons le meilleur & celui qui étoit le plus d'ufage, c'eft le lupin. Or il en falloit dix *modii* pour un *Jugerum*, Liv. II. Chap. X. Ainfi cent *modii* en enfemenceront dix *Jugera*. Mais quarante *Jugera*, tant en froment qu'en lupins, auront befoin, fi la terre eft dif-ficile, de cent vingt journées pour le premier labour, de quatre-vingt pour le fecond, de quarante pour le troifieme, & de vingt pour recouvrir la femence de terre; ce qui fait deux cent foixante journées. Si, au contraire, la terre eft facile, le premier labour ne prendra que quatre-vingt jour-nées, le fecond quarante, le troifieme trente, & il n'en faudra que dix pour recouvrir la femence; ce qui fera cent foixante journées; donc quatre cent vingt journées en tout. Mais eu égard à la diverfité des terreins, on peut pren-dre la moyenne proportionnelle, qui fera deux cent dix journées : or, fi l'on ajoute à ce nombre de journées les

pendant les mêmes jours préparer l'aire où l'on
doit battre le bled, & y porter la récolte à
mesure qu'elle aura été faite. Il faut aussi reprendre la culture des vignobles, quand on en a une
grande quantité. Si l'on est à portée d'avoir du
fourage, on en donnera aux bestiaux avant le
Solstice, ou dans ce temps-ci, ou même pendant
les quinze jours qui précéderont les Calendes (3)
de Juin. Mais si l'on commence à manquer d'herbages verts, on leur donnera, depuis ces Calendes (3) jusqu'à la fin de l'Automne, des feuilles d'arbres cueillies exprès. Le jour des Ides (3)
de Juin, la chaleur commence. Le treize des
Calendes (3) de Juillet, le Soleil entre dans l'E-
crevisse; il annonce le mauvais temps. Le onze,
le Serpentaire, que les Grecs appellent ὀφιῦχος,
se couche le matin; il annonce le mauvais temps.
Le huit, le sept & le six, c'est le Solstice; vent
Favonius (6), chaleur. Le trois, temps venteux.
On continue ces jours-ci les mêmes opérations
que ci-dessus. Mais il faut aussi couper la vesce
qui doit servir de fourage avant que les cosses
en soient durcies, moissonner l'orge, cueillir les
fèves tardives, battre celles qui auront été semées les premieres & en serrer avec soin la pail-

---

temps de pluie, & les jours de Fêtes ou de repos (Voy.
le Chap XIII. du Liv. II), avec les quatre mois moins
cinq jours destinés à différens objets, on aura à péu près
toute l'année employée.

le, battre l'orge & ferrer toutes les pailles, châtrer les ruches qu'on a dû examiner & foigner
de temps en temps, c'eſt à-dire, tous les neuf à
dix jours, depuis les Calendes (3) de Mai. On
ne doit néanmoins récolter les rayons dans ce
moment-ci qu'au cas qu'ils foient pleins & recouverts de leur pellicule : car, ſi la plus grande partie s'en trouve vuide, ou qu'elle ne
foit point recouverte de cette pellicule, ce fera
une preuve qu'ils ne font pas encore à leur
point de maturité, & par conféquent on retar-
dera la récolte du miel. Il y a des perfonnes
dans les Provinces d'Outre-mer qui fement le
féfame ce mois-ci ou le fuivant. Le jour des
Calendes (3) de Juillet, vent *Favonius* (6) ou
vent de Midi, & chaleur. Le quatre des Nones (3), la Couronne fe couche le matin. La
veille des Nones (3), la moitié de l'Ecreviſſe fe
couche ; chaleur. Le huit des Ides (3), la moitié du Capricorne fe couche. Le fept, Cepheus
fe leve le foir ; il annonce le mauvais temps.
Le fix, les *Prodromi* (22) commencent à fouffler.
On continue ces jours-ci les mêmes opérations
que ci-deſſus. On bine auſſi à merveille dans
le même temps les guérets qui ont reçu le pre-

---

(22) Ainſi nommés de πρό, qui veut dire *devant*, & de
δρόμω, qui veut dire *courir*. Ces vents étoient comme les
avant-coureurs de la Canicule, qu'ils précédoient d'environ
huit jours, felon Pline 2, 47.

mier labour, comme on fait très-bien de défricher les bruyeres, lorsque la Lune est dans son déclin. Le jour des Ides (3) de Juiller, l'Avant-Chien se leve le matin ; il annonce le mauvais temps. Le treize des Calendes (5) d'Août, le Soleil entre dans le Lion ; vent *Favonius* (6). Le neuf, la claire Etoile que l'on apperçoit dans la poitrine du Lion se leve ; quelquefois elle annonce le mauvais temps. Le huit, le Verséau commence à se coucher sensiblement ; vent *Favonius* (6) ou vent de Midi. Le sept, la Canicule paroît ; vapeur brûlante. Le six, l'Aigle se leve. Le quatre, les claires Etoiles que l'on apperçoit dans la poitrine du Lion se levent ; quelquefois elles annoncent le mauvais temps. Le trois, l'Aigle se couche ; elle annonce le mauvais temps. On fait la moisson pendant ces jours-ci dans les pays tempérés & maritimes, & dans l'espace des trente jours qui suivent la récolte, on ramasse, pour le mettre en tas, le chaume que l'on avoit laissé sur terre en coupant les épis. Il faut une journée pour scier un *Jugerum* de chaume. Dès qu'on l'aura enlevé hors du champ, on bêchera, sans attendre que la trop grande ardeur du Soleil brûle les terres qui auront été moissonnées, le pied de tous les arbres qui s'y trouveront, & on les rechaussera. Ceux qui se disposent à faire des semailles considérables, doivent aussi biner alors les terres. Quant à ce qui concerne la fouille &

la culture des jeunes vignes , j'ai déja répété
souvent qu'il ne falloit laisser passer aucun mois
jusqu'à l'Equinoxe d'Automne , sans s'en occuper. On se rappellera de cueillir des feuilles
pour les bestiaux avant le lever du jour & après
sa chute , tant à présent que pendant le mois
d'Août. Il faut aussi éviter de bêcher les vignes,
telles qu'elles soient , pendant la chaleur, &
avoir l'attention de ne le faire que le matin
jusqu'à la troisieme heure du jour (7), & depuis
la dixieme jusqu'au Crépuscule. Il y a des pays,
tels que la Cilicie & la Pamphylie, où l'on seme
le sesame dans ce mois-ci. Pour ce qui est des
contrées humides de l'Italie, on peut l'y semer
à la fin du mois de Juin. En outre , c'est le
temps de suspendre des figues sauvages aux figuiers (23) , précaution que quelques personnes
croient nécessaire pour empêcher que leur fruit
ne tombe, & pour le faire parvenir plutôt à sa
maturité. Le jour des Calendes (5) d'Août, vents

---

(23) On lit dans Pline 15 , 18 , que la figue sauvage,
qui ne murit point elle même , engendre des moucherons
en pourrissant, & que ces moucherons ne trouvant point à
vivre sur ce fruit, volent sur les figuiers voisins , dont ils
entrouvrent les figues en les mordant , de sorte qu'elles sont
ensuite pénétrées & vivifiées tant par l'air que par le Soleil ,
outre que ces moucherons épuisent l'humeur lacteuse & nuisible du figuier , toutes choses qui contribuent aux effets
dont parle ici Columelle.

Etéſiens. La veille des Nones (3), le Lion ſe leve à moitié ; il annonce le mauvais temps. Le ſept des Ides (3), la moitié du Verſeau ſe couche ; temps brûlant & nébuleux. La veille des Ides (3), la Lyre ſe couche le matin, & l'Automne commence. On continue ces jours-ci les mêmes opérations que ci-deſſus. Il y a cependant quelques endroits où l'on récolte les rayons, mais s'ils ne ſont pas pleins de miel, ni recouverts de leur pellicule, il faut en différer la récolte juſqu'au mois d'Octobre. Le jour des Ides (3) d'Août, le coucher du Dauphin annonce le mauvais temps. Le dix-neuf des Calendes (3) de Septembre, ſon coucher qui ſe fait le matin annonce le mauvais temps. Le treize, le Soleil entre dans la Vierge ; il annonce le mauvais temps, tant pour ce jour là que pour le ſuivant, quelquefois auſſi il tonne. Ce même jour la Lyre ſe couche. Le dix, elle amene communément le mauvais temps & la pluie. Le ſept, le Vendangeur ſe leve le matin, & l'Arcture commence à ſe coucher ; quelquefois il pleut. Le trois, les épaules de la Vierge ſe levent ; les vents Etéſiens ceſſent de ſouffler, & quelquefois il fait froid. La veille des Calendes (3), Andromede ſe leve le ſoir ; quelquefois il fait froid. On ente ces jours-ci les figuiers en écuſſon : c'eſt ce que l'on appelle *emplaſtratio*. On auroit pû le faire également & même plus commodément dans le mois précédent, après les

Ides (3) de Juillet, temps auquel certaines personnes entent aussi en écusson d'autres arbres. On
fait la vendange en quelques endroits, comme,
par exemple, dans les contrées maritimes de la
Bétique & dans l'Afrique. Quant aux contrées qui
sont plus froides que celles-là, on y pulvérise la
terre par l'opération, que les Paysans appellent
occatio, c'est-à-dire, en cassant dans les vignobles toutes les mottes de terre pour les réduire
en poudre. Avant de pulvériser la terre dans les
vignobles, si les seps en sont très fluets, ou qu'il
y en ait peu, on y jette dans le même temps
trois ou quatre *modii* de lupins par *Jugerum*,
après quoi on les herse, & lorsqu'ils sont venus on les reverse en terre à la premiere fouille que l'on donne aux vignes, ce qui leur procure un assez bon fumier. Lorsque la température du climat est pluvieuse, comme il arrive
dans les terroirs de l'Italie voisins des villes,
bien des personnes dépouillent aussi alors les
seps de leurs pampres, afin que le fruit n'éprouve
point de difficulté à mûrir, & que les pluies ne
le pourrissent point. Dans les contrées plus chaudes au contraire, telles que les provinces que j'ai
nommées ci-dessus, on ombrage les grappes à
l'approche de la vendange, soit avec de la paille,
soit avec d'autres matieres propres à les couvrir,
pour empêcher que les vents ou la chaleur ne
les dessechent. C'est encore le temps de faire du
raisin sec ainsi que des figues seches. Nous don-

nerons en son lieu (24), lorsque nous parlerons des fonctions de la Métayere , la maniere de faire sécher ces fruits au Soleil. On fera bien aussi d'arracher au mois d'Août la fougere & la leche par-tout où il s'en trouvera , quoiqu'il vaille encore mieux le faire vers les Ides (5) de Juillet avant le lever de la Canicule. Le jour des Calendes (5) de Septembre , chaleur. Le quatre des Nones (5), le Poisson Méridional acheve de se coucher; chaleur. Le jour des Nones (5), l'Arcture se leve ; vent *Favonius* (6) ou vent d'Aval. Le sept des Ides (5), le Poisson Septentrional acheve de se coucher & la Chevre se leve; elle annonce le mauvais temps. Le trois, vent *Favonius* (6) ou vent d'Afrique ; la moitié de la Vierge se leve. On fait commodément pendant ces jours-ci la vendange dans les contrées maritimes & chaudes, ainsi que les autres opérations que nous avons détaillées ci-dessus. Les seconds labours doivent aussi être achevés, au cas que les premiers aient été faits tard : car, s'ils ont été faits de bonne heure, il faudra faire à présent les troisiemes. C'est aussi dans ce temps-ci que ceux qui sont dans l'usage de frelater le vin , préparent à cet effet de l'eau de mer en la faisant cuire chez eux : je donnerai la méthode de cette préparation (25) , lorsque

---

(24) Dans le Chap. XVI. du Liv. suivant.
(25) Dans le Chap. XXV. *ibid.*

j'entrerai dans le détail des fonctions de la Métayere. Le jour des Ides (5) de Septembre , le mauvais temps eſt quelquefois annoncé par la Conſtellation de la Baleine. Le quinze des Calendes (5) d'Octobre, l'Arcture ſe leve; vent *Favonius* (6) ou vent d'Afrique , quelquefois vent d'Eſt, que quelques perſonnes appellent *Vulturnus*. Le quatorze , l'Epi de la Vierge ſe leve; vent *Favonius* (6) ou vent d'Aval. Le treize , le Soleil entre dans la Balance, la Coupe paroît le matin. Le onze, les Poiſſons ſe couchent le matin, le Bélier commence auſſi à ſe coucher; vent *Favonius* (6) ou vent d'Aval, & quelquefois de Midi avec des pluies. Le dix, le Vaiſſeau Argo ſe couche ; il annonce le mauvais temps, quelque fois même la pluie. Le neuf, le Centaure commence à ſe lever le matin; il annonce le mauvais temps & quelquefois la pluie. Le huit, le ſept & le ſix, l'Equinoxe d'Automne annonce la pluie. Le cinq, les Chevreaux ſe levent; vent *Favonius* (6) & quelquefois vent de Midi avec de la pluie. Le quatre , la Vierge acheve de ſe lever ; elle annonce le mauvais temps. On fait pendant ces jours-ci la vendange dans pluſieurs pays. Il y a eu différens avis ſur la façon de juger quand il étoit temps de la faire. Les uns ont crû qu'il en étoit temps quand ils voyoient une partie des grappes s'amollir; d'autres, lorſqu'ils les voyoient colorées & tranſparentes ; quelques-uns même attendoient qu'ils viſſent tomber les pampres & les feuilles. Mais tous ces signes sont trompeurs, parce que l'excessive chaleur du Soleil ou de l'année peut donner lieu à ces différens accidens, sans que le raisin soit mûr. C'est pourquoi, quelques personnes se sont avisés de goûter le raisin, pour juger à sa saveur, selon qu'elle étoit aigre ou douce, s'il étoit temps de faire la vendange. Mais cette épreuve est encore elle-même sujette à tromper quelquefois, parce qu'il y a tel raisin qui ne devient jamais doux, vû sa trop grande âpreté. Il est donc à propos, & c'est ce que nous pratiquons nous-mêmes, d'examiner la maturité naturelle du raisin même : or on la reconnoît aux pepins qui sont cachés dans les grains de raisin, lorsqu'en les faisant sortir au-dehors, on s'apperçoit qu'ils sont tachés, & qu'il s'en trouve même déja quelques-uns qui sont presque noirs. En effet, il n'y a rien autre chose qui puisse colorer le pepin que la maturité de la nature, puisqu'étant caché au centre des grains, il est à l'abri tant de l'ardeur du Soleil que des vents, & que son humidité l'empêche de se cuire ou de se tacher, à moins que ce ne soit naturellement. Que le Métayer sache donc que dès qu'il se sera assuré de ce fait il doit faire la vendange. Mais avant de commencer à cueillir le raisin, il faudra qu'il ait préparé dès le mois précédent (si faire se peut) toutes les choses dont il aura besoin; sinon, qu'il ait, au moins quinze jours d'avance, enduit de poix en partie, en partie nettoyé & rincé soigneusement avec de l'eau de mer ou avec de l'eau salée, & bien fait sécher les futailles ainsi que leurs couvercles, les couloires & les autres instrumens sans lesquels on ne peut pas bien faire le mout; qu'il ait rincé & lavé avec soin, &, si le cas l'exige, enduit de poix les pressoirs & les cuves; qu'il ait préparé, afin de l'avoir sous sa main, le bois à brûler nécessaire pour faire cuire le vin jusqu'à diminution de moitié ou des deux tiers; & qu'il ait mis en réserve longtemps d'avance le sel & les parfums qu'on a coutume d'employer pour frelater le vin. Il ne faut pas néanmoins que ces soins le détournent tout-à-fait des autres parties de la culture; car on fait encore pendant ces jours-ci dans les lieux secs des planches de raves & de navets, comme on seme aussi à présent les herbages que l'on coupe avant qu'ils soient mûrs pour servir de ressource aux bestiaux pendant l'Hiver, ainsi que la silique à laquelle les gens de la campagne donnent le nom de fenu-Grec, & la vesce destinée à servir de fourage. C'est encore alors qu'il faut semer le plus de lupins, d'autant que quelques personnes sont d'avis qu'il faut les porter dans les champs, pour y être semés, au sortir même de l'aire. C'est dans le même temps que l'on moissonne le millet & le panis, & que l'on seme les haricots destinés à être mangés, car il vaut mieux mettre en terre à la fin d'Octobre vers les Calendes (3) de Novembre ceux qu'on réserve pour être employés en semailles. C'est pourquoi, comme ces dernieres opérations doivent être faites dans les champs par le Métayer lui-même, il pourra confier à la Métayere le soin de celles qui peuvent être faites dans l'intérieur de la Métairie, de façon néanmoins qu'il se réserve le soin d'examiner par ses propres yeux si elles auront été bien faites. Le jour des Calendes (3) d'Octobre & le six des Nones annoncent quelquefois le mauvais temps (26). Le quatre des Nones (3), le Chartier se couche le matin & la Vierge acheve de se coucher, ce qui annonce quelquefois le mauvais temps. Le trois, la Couronne commence à se lever ; elle annonce le mauvais temps. La veille des Nones (3), les Chevreaux se levent le soir, la moitié du Bélier se couche ; vent d'Aquilon. Le huit des Ides (3), la claire Etoile de la Couronne se leve. Le six, les Pléïades se levent le soir; vent *Favonius* (6), & quelquefois vent d'Afrique avec de la pluie. Le trois & la veille des Ides (3), la Couronne se leve entiere le matin; vent de Midi, froid & quelquefois pluie. On a coutume de faire pendant ces jours-ci, dans les pays

---

(26) Columelle ne donne point ici de phénomene comme dans les autres jours. Est-ce oubli de sa part, ou faute dans les Manuscrits?

froids,

froids, la vendange & les autres opérations détaillées ci-deſſus. On ſeme auſſi dans les mêmes pays les bleds des premieres ſemailles & ſurtout l'*Adoreum* (27). Il eſt auſſi très-bon de ſemer alors le froment dans les lieux ombragés. Mais, puiſque nous faiſons mention des ſemailles, il ne ſera pas hors de propos de déterminer la quantité de ſemences en tout genre qu'il faudra pour un *Jugerum* de terre. On prendra donc quatre ou cinq *modii* de froment, neuf ou dix d'*Adoreum* (27), cinq ou ſix d'orge, quatre ou cinq *ſextarii* de millet ou de panis, huit ou dix *modii* de lupins, quatre de haricots, trois ou quatre de pois, ſix de fèves, un de lentilles ou tant ſoit peu plus, neuf ou dix de graine de lin, trois ou quatre de geſſe, deux ou trois de pois chiches, quatre ou cinq *ſextarii* de ſeſame, ſept ou huit *modii* de veſce ſi on la deſtine à ſervir de fourage, & cinq ou ſix ſi on la deſtine aux ſemailles, quatre ou cinq d'ers, ſept ou huit d'orge ſi on doit le couper en herbes, & ſix de fenu-Grec. Il faut ſemer un *cyathus* de graine d'herbe de Médie par *Jugerum*, ſur de petites planches longues de dix pieds & larges de cinq. On met ſix grains de chanvre dans un pied quarré de terre. Le jour des Ides (3) d'Octobre & les deux jours ſuivans, quelquefois mau-

---

(27) Voy. la Note 1 du Chap. XXXIV. de l'Economie rurale de Caton.

vais temps & souvent de la rosée (26). Le treize
des Calendes (3) de Novembre, le Soleil entre
dans le Scorpion, ce jour & le suivant, les Pléïades commencent à se coucher au lever du Soleil ; elles annoncent le mauvais temps. Le onze,
la queue du Taureau se couche ; vent de Midi,
quelquefois pluie. Le huit, le Centaure acheve de se lever le matin ; il annonce le mauvais
temps. Le sept, le front du Scorpion se leve ;
il annonce le mauvais temps. Le cinq, les Pléïades se couchent ; l'Hiver se fait sentir par le
froid & par la gelée. Le quatre, l'Arcture se
couche le soir ; jour venteux. Le trois & la veille des Calendes (3) de Novembre, Cassiope commence à se coucher ; elle annonce le mauvais
temps. On met très-bien en terre pendant ces
jours-ci toutes les plantes qui sont dans le cas
d'être transférées, ainsi que les arbrisseaux de
toutes les especes. On marie aussi très-bien les
ormes avec la vigne, & on propage également
bien les seps eux-mêmes, tant dans les plans
d'arbres mariés à des vignes que dans les vignobles. C'est le temps d'arracher les mauvaises
herbes des pépinieres & de les bêcher, de dé-
chausser les arbres & les vignes & de les tailler, enfin de tailler les seps mariés à des arbres.
Il faut aussi tailler les arbres des pépinieres qui
n'auront pas été effeuillés dans le temps convenable, ainsi que les petits figuiers qui sont en
pépinieres, & les réduire à un seul jet, quoi-

qu'il eût mieux valu les effeuiller pendant leur
jeuneſſe dans le temps de la pouſſe. Mais, s'il
eſt néceſſaire en Agriculture que toutes les opérations ſoient faites avec célérité, cela eſt encore
plus néceſſaire à l'égard des ſemailles. Auſſi les
Agriculteurs ont-ils un vieux proverbe, qui dit
que les ſemailles faites à temps trompent ſouvent leur attente, mais que celles qui ſont faites trop tard ne la trompent point, parce qu'elles ne réuſſiſſent jamais. Nous preſcrirons donc
en général de commencer par enſemencer les
lieux naturellement froids, & de finir par les
plus chauds. On dit que la veſce & les fèves
fument les terres : pour le lupin, il ne les fume point, à moins qu'on ne le reverſe en terre
pendant qu'il eſt en fleurs; mais, d'un autre
côté, il n'y a pas de graine que les ouvriers puiſſent ſemer ou ſerrer avec plus de facilité que cel-
le-là dans les momens où ils n'ont rien à faire,
puiſqu'on peut la ſemer dès les premiers temps des
ſemailles avant toutes les autres, & qu'on peut
la récolter dans les derniers temps, après que
tous les fruits de la terre ſont recueillis. Les
ſemailles faites, il faut herſer le grain que l'on
aura jetté en terre. Trois journées ſuffiront tant
pour herſer deux *Jugera* de terre, que pour déchauſſer les arbres qui s'y trouveront. Quoique
les anciens aient voulu que l'on ne mît qu'une
journée à ſarcler & à herſer un *Jugerum* de terre, je n'oſerois pas aſſurer qu'on pût en venir

aisément à bout. Il faut dans le même temps nettoyer les fosses & les ruisseaux, & faire des rigoles & des tranchées pour favoriser l'écoulement des eaux. On fera bien de donner aux bœufs, dans ce temps-ci, des feuilles de frêne, si l'on en a, sinon, des feuilles de figuier sauvage, & au défaut des unes & des autres des feuilles d'yeuse. Il n'est pas non plus inutile de leur donner un *modius* de gland par paire de bœufs, pourvu qu'on leur en donne pendant trente jours de suite, ni plus ni moins, de peur qu'ils ne tombent malades, d'autant que, si on leur en donnoit pendant un moindre espace de temps, ils deviendroient galeux au Printemps, comme l'assure Hyginus (18). Mais, avant de leur donner le gland, il faut le mêler avec de la paille. C'est encore dans ce temps-ci, que, si l'on veut former une forêt *barbarica*, c'est-à-dire, une forêt qui soit composée d'arbres de différentes especes, on peut très-bien semer les glands ainsi que les autres semences dont elle doit éclorre. Il faut aussi cueillir à présent les olives dont on veut faire de l'huile verte. La meilleure se fait avec celles qui sont tournées & qui commencent à noircir ; car on ne doit faire de l'huile acerbe qu'avec des olives blanches. Le jour des Calendes (3) de Novembre & le lendemain, la tête du Taureau se couche ; ce qui annonce la

---

(18) Voy. la Note 33 du Chap. I, Liv. I.

pluie. Le trois des Nones (3), la Lyre se leve le matin; froid & pluie. Le huit des Ides (3), elle se leve en entier; vent *Favonius* (6), froid. Le sept, la claire Etoile du Scorpion se leve; elle annonce le mauvais temps, froid ou vent d'Est, quelquefois rosée. Le six, les Pléïades se couchent le matin; elles annoncent le mauvais temps, froid. Le cinq, c'est le commencement de l'Hiver; vent de Midi ou d'Est, quelquefois rosée. On peut encore, absolument parlant, finir pendant ceux de ces jours-ci qui s'écouleront jusqu'aux Ides (3), ce que l'on n'aura pas pû achever le mois précédent : mais voici des opérations particulieres qu'il y aura à faire. Il faudra jetter sur terre en un seul jour, lequel jour sera celui même de la pleine Lune ou le précédent, la quantité de fèves que l'on voudra semer, quoiqu'on sera libre de remettre plus tard à les recouvrir de terre, pourvu néanmoins qu'on les garantisse contre l'avidité des oiseaux & des bestiaux. On fera aussi en sorte, pourvû que le cours de la Lune ne s'y oppose pas, qu'elles soient hersées avant les Ides (3) de Novembre, après avoir été semées dans un terrein qui soit neuf & très-gras, ou du moins très-fumé. Il suffira de se pourvoir de dix-huit *vehes* de fumier par *Jugerum*. Or le *vehis* de fumier contenant quatre-vingt *modii*, on en peut conclurre qu'il faut répandre cinq *modii* de fumier sur un espace de dix pieds de terrein en tout sens. On voit par ce calcul qu'il n'en faudra que mil quatre cent quarante *modii* pour un *Jugerum* entier (29). Il faut auſſi déchauſſer à préſent les oliviers, & s'ils ſont peu fertiles, ou que les feuillages de leurs cimes ſoient deſſéchés, on répandra au pied de ceux de ces arbres qui feront grands quatre *modii* de crottin de chevres, & de même au pied des autres à proportion de leur grandeur. Il faut dans le même temps déchauſſer les vignes, & verſer au pied de chaque ſep la valeur d'un *ſextarius* de fiente de pigeon, ou un *congius* d'urine d'homme, ou enfin quatre *ſextarii* de telle autre eſpece de fumier que ce ſoit. Deux journées ſuffiront pour déchauſſer un *Jugerum* de vignes, dont les ſeps feront plantés à ſix pieds de diſtance l'un de l'autre. Le jour des Ides (5) de Novembre, temps incertain, quoique le plus ſouvent beau (26). Le dix-ſept des Calendes (5) de Décembre, vent d'Aquilon, quelquefois de Midi avec de la pluie. Le ſeize, la Lyre ſe leve le matin; vent de Midi, quelquefois d'Aquilon très-violent. Le quinze, vent d'Aquilon, quelquefois de Midi avec de la pluie. Le quatorze, le Soleil entre dans le Sagittaire, & les Hyades ſe levent le matin; ce qui annonce le mauvais temps. Le douze, les cornes du Taureau ſe couchent le

---

(29) Ceci eſt exact, puiſque le *Jugerum* eſt de 28800 pieds quarrés. (Voy. le mot *Jugerum* à la Table de Caton).

foir; vent d'Aquilon , froid & pluie. Le onze,
l'Hyade fe couche le matin ; froid. Le dix , le
Lievre fe couche le matin ; il annonce le mauvais temps. Le fept , la Canicule fe couche au
lever du Soleil ; froid. La veille des Calendes
(3), les Hyades fe couchent en entier; vent *Favonius* (6) ou vent de Midi , quelquefois pluie.
Il faut continuer pendant ces jours-ci les opérations que l'on n'aura pas faites les jours précédens. Et fi l'on n'a pas beaucoup de femailles à
faire , il fera très - bon de les avoir achevées
avant les Calendes (3) de Décembre. Mais il
faut auffi prendre quelque portion fur les nuits
qui font longues alors, pour l'ajouter aux jours,
d'autant qu'il y a beaucoup d'opérations qui peuvent très-bien fe faire pendant les veillées. En
effet, fi l'on a des vignobles , on pourra tailler
& éguifer les pieus & les échalas : fi la contrée
eft fertile en férules & en écorces , on fera des
ruches pour les abeilles; fi elle l'eft en palmiers
& en genêts d'Efpagne, on fera des cabas & des
paniers, & fi elle l'eft en arbuftes qui ne portent que des verges, on fera des corbeilles d'o-
fier. Enfin , pour ne pas entrer ici dans le détail
de tous les ouvrages qui peuvent fe faire pendant les veillées , nous nous contenterons de
dire qu'il n'y a point de pays qui ne produife
de quoi s'y occuper. En effet , il n'y a qu'un
Agriculteur négligent qui puiffe régler fon travail fur la briéveté des jours, fur-tout dans les

contrées où les jours ne font que de neuf heures , tandis que les nuits font de quinze. On
peut encore émonder , pendant les veillées , le
faule qui aura été coupé un jour d'avance , &
en préparer des liens pour les vignes : s'il eft
peu pliant de fa nature , il faudra le couper
quinze jours d'avance , & , après l'avoir émondé , l'enfouir dans du fumier afin qu'il s'y attendriffe ; mais s'il eft defféché , pour avoir été
coupé depuis trop longtemps , il faut le mettre
tremper dans la marre. On éguifera auffi pendant les veillées les inftrumens de fer , & on
leur fera des manches , ou on leur en adaptera de
tout faits. Les meilleurs font ceux de bois d'yeufe , viennent enfuite ceux de charme & en troifieme lieu ceux de frêne. Le jour des Calendes (5)
de Décembre , temps incertain, quoiqu'il foit le
plus fouvent beau (26). Le huit des Ides (3) , le
Sagittaire fe couche à moitié ; il annonce le mauvais temps. Le fept , l'Aigle fe leve le matin ;
vent d'Afrique , quelquefois de Midi, rofée. Le
trois, vent d'Aval ou de Septentrion , & quelquefois de Midi avec de la pluie. Il faudra achever pendant ces jours-ci les ouvrages qui n'auront pas été faits dans le mois précédent , ce
qu'il faut entendre néanmoins des lieux tempérés ou chauds , car il feroit trop tard pour les
faire à préfent dans les lieux froids. Le jour des
Ides (3) de Décembre , le Scorpion fe leve entier
le matin ; froid. Le feize des Calendes (3) de Jan-

vier, le Soleil entre dans le Capricorne; c'est le Solstice d'Hiver selon Hipparchus (30), aussi annonce-t-il souvent le mauvais temps. Le quinze, changement de vents annoncé (26). Le dix, la Chevre se couche le matin; elle annonce le mauvais temps. Le neuf, c'est (selon l'observation des Chaldéens) le Solstice d'Hiver & ses annonces. Le six, le Dauphin commence à se lever le matin; il annonce le mauvais temps. Le quatre, l'Aigle se couche le soir; froid. Le trois, la Canicule se couche le soir; elle annonce le mauvais temps. La veille des Calendes (3), temps mauvais & venteux (26). Ceux qui donnent carriere à leurs scrupules en matiere d'Economie rurale, prétendent qu'on ne doit point toucher à la terre avec le fer pendant ces jours-ci, si ce n'est pour la façonner au *Pastinum* (12) à l'effet d'y planter des vignes. Aussi ne se permettent-ils alors que des genres de travaux différens de celui-là, tels que ceux qui consistent à cueillir les olives, à faire de l'huile, à échalasser la vigne & à l'arrêter en la liant par le tronc, à poser les jougs dans les vignobles & à les affermir en les attachant ensemble. Au reste, il ne faut point, pendant ce temps-ci, faire ce que l'on appelle *palmare*, c'est-à-dire, lier les branches de la vigne, parce qu'elles se romproient pour la plus grande partie, vû la roideur que le

____

(30) Voy. la Note 2 du Chap. I. Liv. I.

froid leur aura fait contracter. On peut aussi
greffer commodément, pendant le cours de ces
jours-ci, les cerisiers, les jujubiers, les abrico-
tiers, les amandiers & les autres arbres qui fleu-
rissent les premiers. Quelques personnes même
sement des légumes. Le jour des Calendes (5)
de Janvier, temps incertain (26). Le trois des
Nones (5), l'Ecrevisse se couche; temps variable.
La veille des Nones (5), c'est le milieu de l'Hiver; grand vent de Midi, quelquefois pluie. Le
jour des Nones (5), la Lyre se leve le matin;
temps variable. Le six des Ides (5), vent de
Midi & quelquefois vent *Favonius* (6). Le cinq,
vent de Midi, quelquefois pluie. La veille des
Ides (5), temps incertain. Les Agriculteurs scru-
puleux s'abstiennent encore pendant ces jours-ci
de travailler à la terre, de façon néanmoins
qu'ils mettent la main à chaque espece de travaux le jour même des Calendes (5) de Janvier,
pour se rendre les Augures favorables (31), en
remettant au surplus le labourage aux Ides (5)
suivantes. Mais, comme un Métayer ne doit pas
non plus ignorer ce qu'il faut donner par jour à
chaque paire de bœufs, de mois en mois, nous
allons aussi donner le détail de cette administration. Au mois de Janvier, il leur donnera de la

----

(31) C'étoit l'usage chez les Romains de faire quelque
chose de sa profession ce jour là, dans la vue de commencer heureusement l'année.

paille avec fix *fextarii* d'ers détrempé; ou un *femo-*
dius de gefle moulue; ou il remplira de feuillages
un panier, dont on fe fert pour mettre leur nourriture, qui foit de la contenance de vingt *modii*;
ou il leur donnera autant de paille qu'ils en voudront avec vingt livres de foin; ou bien encore
des feuillages verts, foit d'yeufe foit de laurier,
très-copieufement; ou enfin des herbages d'orge
féchés qui leur valent mieux que tout le refte.
Au mois de Février, de même. Au mois de
Mars, de même; ou cinquante livres de foin s'ils
doivent travailler. Au mois d'Avril, des feuilles de chêne & de peuplier, mais depuis les Calendes (3) jufqu'aux Ides (3), de la paille ou
quarante livres de foin. Au mois de Mai, du
fourage en abondance. Depuis les Calendes (3)
de Juin, des feuillages en abondance. Au mois
de Juillet, de même. Au mois d'Août, de même; ou cinquante livres de paille d'ers. Au
mois de Septembre, des feuillages en abondance. Au mois d'Octobre, des feuillages & des
feuilles de figuier. Au mois de Novembre, la
valeur d'un panier de feuillages ou de feuilles
de figuier jufqu'aux Ides (3), & depuis les Ides
(3) un *modius* de gland mêlé avec de la paille,
& un *modius* de lupins détrempés & mêlés avec
de la paille; ou des mêlanges d'herbages coupés
à temps. Au mois de Décembre, des feuilles
feches; ou de la paille avec un *femodius* d'ers détrempé; ou un *femodius* de lupins détrempés

avant d'être mesurés ; ou un *modius* de gland, comme nous avons dit ci-dessus ; ou des mêlanges d'herbages.

CHAPITRE III.

COMME nous avons parcouru les travaux que le Métayer doit exécuter dans les temps de l'année qui sont fixés pour chacun d'eux , nous allons à présent, en nous rappellant la promesse par laquelle nous nous y sommes engagés (1), joindre à la suite de ce détail la culture des jardins , dont il doit également s'occuper , tant pour diminuer la dépense de sa nourriture journaliere , que pour avoir *des mets* de campagne *non achetés* , comme dit le Poëte (2) , à présenter à son Maître lorsqu'il y viendra. Démocrite (3) , dans le Livre auquel il a donné le titre de Géorgiques , est d'avis que ceux qui construisent des murailles pour clorre des jardins agissent peu prudemment, parce que , d'un côté , si une muraille n'est construite qu'en briques , elle ne peut pas durer long - temps , attendu que les

---

(1) Dans le Chap. I. de ce Liv.
(2) Virgile, Liv. IV. des Géorgiques.
(3) Voy. la Note 23 du Chap. I. de l'Economie rurale de Varron , Liv. I.

pluies & les mauvais temps l'endommagent communément (4), & que, d'un autre côté, si on la construit en pierres, ce sera une dépense bien au-dessus de ce que la chose mérite, outre que pour enclorre de cette mániere un jardin d'une grande étendue, il faudroit être très-opulent. Je donnerai donc une façon de mettre un jardin à l'abri des incursions des hommes & de celles des bestiaux sans grands frais. Les Auteurs les plus anciens ont préféré une haie vive à un treillis composé de pieces de bois, non-seulement parce qu'elle entraînoit moins de dépenses après elle, mais encore parce qu'elle duroit plus long-temps que des ouvrages plus considérables. En conséquence, ils ont donné la méthode que voici pour former des buissons en semant des épines. Il faut après l'Equinoxe d'Automne, & dès que les pluies auront humecté la terre, creuser deux tranchées, à la distance de trois pieds l'une de l'autre, autour du lieu que l'on voudra clorre de haies. Il suffira que ces tranchées aient deux pieds tant en largeur qu'en profondeur : du reste on les laissera passer l'Hiver à l'air sans y rien mettre, & l'on se contentera de préparer alors les graines que l'on se proposera d'y semer par la suite. Ces graines seront celles des plus grandes épines, & principalement de la ronce,

---

(4) Il ne s'agit apparemment ici que de brique crue & sechée au Soleil, & non de brique cuite au four.

du paliure , & de cette plante que les Grecs
appellent κυνόσβατον (5) , & que nous nommons
sentis canis. On choisira les graines de ces ronces les plus mûres , & on les mêlera avec de la
farine d'ers moulu , après quoi on roulera dans
cette farine , préalablement mouillée , de vieux
cordages de navires , ou telle autre espece de
corde que ce soit ; lorsqu'ensuite ces cordes
seront bien séchées , on les serrera sur un plancher pour y rester jusqu'à quarante jours par-delà
le Solstice d'Hiver , puis , vers l'arrivée des
hirondelles , & lorsque le vent *Favonius* (6)
commencera à s'élever après les Ides (7) de Février , on tarira l'eau qui pourra s'être amassée
dans les tranchées pendant l'Hiver , & on les
remplira jusqu'à la moitié de leur profondeur
de la terre ameublie qui étoit restée entassée
sur leurs bords depuis l'Automne. Enfin on tirera
les cordes dont nous venons de parler des planchers sur lesquels elles étoient serrées , & après
les avoir développées , on les étendra le long
des deux tranchées , en les recouvrant de terre ,

---

(5) De κύων , qui veut dire *chien* , & βάτος , qui veut dire
ronce , comme qui diroit *ronce de chien* : nous l'appellons ,
rose de chien.

(6) Voy. la Note 6 du Chap. VI. de l'Economie rurale de
Caton.

(7) Voy. la Note 1 du Chap. XXVIII. de l'Economie rurale de Varron , LIV. I.

de façon néanmoins que les graines d'épines,
adhérentes aux tourons de ces cordes, ne foient
pas chargées de terre au point de ne pouvoir
plus germer. Elles germeront en effet vers le
trentieme jour, & lorfqu'elles auront commencé
à prendre quelque accroiffement, on les habi-
tuera à fe pencher du côté de l'intervalle qui
fépare les tranchées. Il faudra ficher en terre au
milieu de cet intervalle une haie d'ofier, fur
laquelle monteront les buiffons de l'une & l'autre tranchée, & qui leur tiendra lieu, pour
ainfi dire, d'une efpece de foutien contre lequel
ils s'appuieront, jufqu'à ce qu'ils foient fortifiés.
Il eft vifible qu'on ne pourra jamais venir à bout
de détruire ce buiffon, à moins qu'on ne veuille
le déterrer jufqu'aux racines : d'ailleurs perfonne
ne doute qu'il ne foit dans le cas de reprendre
encore mieux, lorfqu'il aura été endommagé
par le feu. Voilà donc la façon d'enclorre un
jardin qui a été la plus approuvée par les Anciens. Au furplus, il faudra, fi la fituation de
la terre ne s'y oppofe point, choifir pour fon
emplacement un lieu qui foit dans le voifinage
de la Métairie : l'important eft que ce lieu foit
gras, & qu'il puiffe être arrofé par un ruiffeau
dont les eaux couleront à travers, ou, s'il ne
s'y trouve pas d'eau courante, par un puits à
bonne fource. Mais afin d'être affuré que ce
puits ne manquera jamais d'eau, il ne faudra
le creufer que lorfque le Soleil fera dans les

derniers degrés de la Vierge, c'est-à-dire, au mois de Septembre avant l'Equinoxe d'Automne, parce que le meilleur temps pour reconnoître la bonté d'une source d'eau, c'est lorsque les longues sécheresses de l'Eté ont absolument dénué la terre de toute eau de pluie. Il faut encore prendre garde que l'emplacement du jardin ne soit au-dessous de l'aire, de peur que lorsqu'on viendra à battre le bled, le vent ne fasse voler sur sa superficie des pailles ou de la poussiere, toutes choses funestes aux plantes potageres. On distingue deux saisons dans lesquelles on peut disposer le terrein & le façonner au *pastinum* (8), parce qu'il y a de même deux saisons dans lesquelles les plantes potageres peuvent être semées, la plus grande partie d'entre elles pouvant l'être en Automne ainsi qu'au Printemps. Il vaudra mieux néanmoins préparer le terrein au Printemps dans les lieux arrosés, tant parce que la douceur du temps qui se fait sentir au commencement de l'année, accueillira favorablement les semences au moment qu'elles germeront, que parce qu'on pourra remédier à la sécheresse de l'Eté, qui succédera à cette saison, par des eaux de source, au lieu que, lorsque la nature du lieu ne permet point de fournir aux semences de l'eau naturelle ou artificielle, on n'a pas d'autre ressource que celle des pluies d'hiver. Ce n'est

---

(8) Voy. la Note 1 du Chap. XV. Liv. I.

pas qu'on ne puisse faire de bonne besogne dans les lieux même les plus secs, pourvu qu'on y laboure le sol au *pastinum* (8) plus profondément que dans les lieux arrosés : il faudra à cet effet le fouiller à trois pieds de profondeur, de façon que la terre qui se trouvera gonflée par le labour monte à la hauteur de quatre ; lorsqu'on aura au contraire la faculté d'arroser, il suffira de retourner la terre crue avec une houe de petite dimension, c'est-à-dire, dont le fer n'ait pas tout-à-fait deux pieds de hauteur. Quoi qu'il en soit, on aura soin de façonner au *pastinum* (8) pendant l'Automne, vers les Calendes (7) de Novembre, le terrein que l'on destinera à être ensemencé au Printemps, & de retourner au contraire au mois de Mai celui que l'on voudra couvrir en Automne, afin que les mottes de terre aient le temps de se dissoudre aux froids de l'Hiver ou aux chaleurs de l'Eté, & que toutes les racines des herbes périssent. Il ne faudra pas le fumer long-temps d'avance ; mais lorsque le temps de l'ensemencer approchera, on en arrachera les herbes cinq jours avant & on le fumera, après quoi on le binera avec l'attention nécessaire pour incorporer ce fumier avec la terre. Au-reste, le meilleur fumier pour cet usage est le crottin d'âne, parce que c'est celui qui engendre le moins d'herbes : vient ensuite celui des bêtes de somme ou des brebis, pourvu qu'il ait été mortifié pendant une année ; quant aux excrémens humains, quoiqu'ils paſſent pour être excellens, il n'eſt pas néanmoins néceſſaire de les employer, à moins que le terrein ne ſoit compoſé d'un gravier pur, ou d'un ſable très-délié & ſans aucune vertu, auquel cas il lui faudroit des alimens de la plus grande ſubſtance. Ainſi, après avoir bêché le terrein que l'on deſtinera à être enſemencé au Printemps, on le laiſſera ſe conſumer après l'Automne par les froids du Solſtice d'Hiver & par les bruines, parce que la violence du froid n'affine pas moins la terre & ne la diſſout pas moins en la faiſant fermenter, que ne le font les chaleurs de l'Eté par une raiſon contraire. On ne répandra donc le fumier ſur ce terrein que lorſque le Solſtice d'Hiver ſera paſſé ; enſuite on le diſtribuera par planches, après l'avoir biné vers les Ides (7) de Janvier. Il faut cependant avoir l'attention de ne donner à ces planches que la largeur néceſſaire, pour que les ouvriers qui en arracheront les mauvaiſes herbes puiſſent aiſément atteindre avec la main juſqu'au milieu, afin qu'en cherchant les mauvaiſes herbes, ils ne ſoient pas forcés de fouler aux pieds les ſemences, mais qu'au contraire ils puiſſent arracher ces herbes des deux côtés des planches alternativement, en paſſant par les ſentiers qui les borderont. Ce que nous venons de dire par rapport à ce qui concerne les opérations néceſſaires avant l'enſemencement doit ſuffire. Nous allons à préſent

prescrire les genres de culture qu'il faut donner
au terrein suivant les différentes saisons, & entrer dans le détail des semences qu'il y faut
mettre, en commençant par traiter des graines
que l'on peut semer dans les deux saisons, c'est-
à-dire, en Automne & au Printemps. Ces graines sont celles du chou & de la laitue, de l'artichaud, de la roquette, du cresson alenois, de
la coriandre, du cerfeuil, de l'anet, du panais,
du chervi, du pavot. En effet, on peut les semer
ou vers les Calendes (7) de Septembre, ou encore mieux en Février avant celles de Mars,
quoiqu'on puisse aussi les confier à la terre vers
les Ides (7) de Janvier dans les lieux secs ou
tempérés, tels que sont les contrées maritimes
de la Calabria & de l'Apulia. Les plantes au
contraire que l'on ne doit semer qu'en Automne,
(pourvu même que l'on ait à cultiver un terrein
maritime ou exposé au Soleil) sont à-peu-près
celles-ci : l'ail, les oignons, l'oignon de Cypre,
la moutarde. Au surplus nous allons aussi parcourir mois par mois les différens temps où chaque
plante doit communément être confiée à la terre.
On pourra donc semer très-bien le passerage aussitôt après les Calendes (7) de Janvier. Au mois de
Février on mettra en terre, soit en plante, soit
en graine, la rue & l'asperge, ainsi que la graine
d'oignon & celle de poireau : on y mettra aussi
la graine des racines de Syrie & celle des raves
& des navets, si l'on veut en recueillir au Prin-

temps & en Eté. Quant à l'ail & à l'oignon de Cypre, ce temps est le dernier de ceux où l'on puisse
les semer. On pourra néanmoins, dans les lieux
exposés au Soleil, transférer vers les Calendes (7)
de Mars le poireau (s'il est déja un peu fort),
de même que l'on pourra transplanter le panax
à la fin du même mois, & vers les Calendes (7)
d'Avril le poireau, l'aunée & la plante de la
ruë qui aura été semée tard. Il faut aussi semer
alors le concombre, la courge & le caprier, afin
qu'ils viennent de bonne heure. Car pour ce qui
est de la graine de poirée, on ne la seme avan-
tageusement que lorsque le grenadier est en
fleurs. On peut aussi transférer sans inconvénient
les têtes de poireau vers les Ides (7) de Mai.
Passé ce temps, il ne faut plus rien mettre en
terre à l'approche de l'Eté, si ce n'est la graine
de celleri, pourvu néanmoins qu'on puisse l'arroser, parce qu'avec le secours de l'eau elle viendra très-bien pendant l'Eté. Au-reste, le troisieme
des temps auxquels on pourra semer est le mois
d'Août vers les fêtes de Vulcain (9) : c'est même
le meilleur temps pour semer les racines & les
raves, ainsi que les navets, le chervi & même
le maceron. Voilà ce qui concerne les temps
propres aux ensemencemens. Je vais maintenant
entrer dans le détail des plantes qui exigent des
soins particuliers : celles dont je n'aurai point

---

(9) Voy. la Note 105 du Liv. X.

parlé seront censées n'avoir besoin d'aucun autre
soin particulier, si ce n'est de celui qui consiste à
arracher les mauvaises herbes, & je dirai une
fois pour toutes à ce sujet, qu'il faut travailler
en tout temps à exterminer les mauvaises herbes. L'oignon de Cypre, que quelques personnes
appellent ail Punique & que les Grecs nomment ἀφροσκόροδον, croît beaucoup plus que l'ail :
il faut avant de le mettre en terre, en partager
la tête en plusieurs parties vers les Calendes (7)
d'Octobre, parce qu'il est composé comme l'ail
de plusieurs gousses adhérentes : lorsqu'on aura
désuni ces gousses, on les plantera par sillons,
en les mettant sur les raies qui seront entre les
sillons, afin qu'elles soient moins endommagées
par les eaux de l'Hiver. Ces raies ressemblent
aux élévations de terre que les paysans ont soin
de pratiquer dans les champs labourés, pour y
placer le grain à l'abri de l'humidité, avec cette
différence qu'il faut les faire moins larges dans
les jardins que dans les champs. On arrangera
donc sur le haut, c'est-à-dire, sur le dos de
ces raies, à un *palmus* de distance les unes des
autres, les gousses d'oignon de Cypre ou celles
d'ail (car on seme aussi ces dernieres de la même façon). Les sillons qui sépareront ces raies
seront à un demi-pied de distance les uns des
autres. Lorsque ces gousses auront jetté par la
suite trois fanes, on les sarclera : car plus cette
opération sera répétée souvent, plus ces semences

prendront d'accroissement. Il faudra ensuite, avant qu'elles forment une tige, tordre & recourber en terre tout leur fanage, afin que leurs têtes deviennent plus grosses. Mais dans les pays sujets aux bruines, il ne faut semer ni l'une ni l'autre de ces plantes pendant l'Automne, parce qu'elles périroient au Solstice d'Hiver : comme néanmoins la rigueur de cette saison s'adoucit communément au mois de Janvier, le meilleur temps pour semer l'ail & l'oignon de Cypre dans les lieux froids, c'est vers les Ides (7) de ce mois. Au surplus, en tel temps qu'on sème ces plantes ou qu'on les serre sur des planchers quand on les aura cueillies, on aura l'attention dans ces pays de ne les semer & de ne les déterrer que lorsque la Lune sera sous terre, parce qu'on prétend qu'en s'y prenant de cette façon, elles n'ont pas le goût trop fort, & qu'elles n'empestent pas l'haleine de ceux qui les mangent. Il y a cependant bien des personnes qui les sèment au mois de Décembre, avant les Calendes (7) de Janvier, au milieu du jour, lorsque la température douce de l'air & la nature du terrein le permettent. Il faut transférer le chou lorsqu'il aura six feuilles, en observant néanmoins de ne le mettre en terre, qu'après en avoir enduit la racine avec du fumier liquide, & l'avoir enveloppée de trois petites bandes d'algue, parce qu'avec cette précaution il s'attendrira plutôt à la cuisson, & qu'on n'aura pas befoin de recourir au nitre pour lui faire conferver fa couleur verte. Au furplus, le meilleur temps pour le mettre en terre, c'eſt après les Ides (7) d'Avril pour les contrées froides & pluvieuſes. Si, lorſque ſon pied aura pris racine en terre, le Jardinier le farcle & le fume auſſi ſouvent qu'il lui ſera poſſible, il s'en portera d'autant mieux & donnera des tiges & des cimes plus groſſes. Il y a des perſonnes qui le mettent en terre dans les lieux plus expoſés au Soleil depuis les Calendes (7) de Mars; mais pour lors il monte preſque entiérement en cime, & quand on l'a une fois coupé, il ne donne plus par la ſuite de grandes feuilles en Hiver. On peut auſſi le transférer juſqu'à deux fois, lors même que ſa tige eſt forte, & l'on prétend qu'en le faiſant il donne plus de graine, & que cette graine eſt plus groſſe. Il faut que la laitue ait autant de feuilles que le chou pour être transférée. On la met très-bien en terre, dans les lieux expoſés au Soleil & maritimes, pendant l'Automne, mais on auroit tort de le faire au milieu des terres & dans les pays froids : il n'eſt pas non plus avantageux de l'y mettre pendant l'Hiver. D'ailleurs il faut auſſi enduire ſa racine de fumier, & elle demande plus d'eau que le chou, pour que ſes feuilles deviennent tendres. Au reſte il y a pluſieurs eſpeces de laitues, qu'il faut ſemer chacune en ſon temps. On ſeme à propos au mois de Janvier celle dont la couleur eſt

X iv

brune & comme pourprée, ou même la verte dont les feuilles sont frisées, de même que celle de Cæcilius (10). Pour celle de Cappadoce, dont les feuilles sont pâles, peignées & épaisses, on la seme au mois de Février : vient ensuite la blanche & dont les feuilles sont très-frisées, qu'on voit dans la province de Bétique & sur les confins de Gadès ; on la seme très-bien au mois de Mars. On nomme encore la laitue de Cypre qui est d'un blanc tirant sur le rouge, & dont les feuilles sont lisses & très-tendres : on la seme commodément jusqu'aux Ides (7) d'Avril. On peut néanmoins communément semer la laitue presque pendant toute l'année, dans les climats exposés au Soleil, ainsi que dans les lieux où l'on a de l'eau en abondance. Pour l'empêcher de monter trop tôt en tige, on mettra au milieu de cette plante, lorsqu'elle aura déja pris quelque accroissement, une petite brique, dont le poids venant, pour ainsi dire, à la resserrer, la contraindra de s'étendre en largeur. On suit aussi la même méthode par rapport à la chicorée, avec cette différence qu'elle supporte mieux l'Hiver, raison pour laquelle on peut la semer au commencement de l'Automne même dans les pays froids. On fera bien de transplanter les œilletons d'artichaud pendant l'Equinoxe d'Automne, au lieu

---

(10) Voy. la Note 46 du Liv. X.

qu'il fera mieux d'en femer la graine vers les
Calendes (7) de Mars : mais quand on mettra
des pieds d'artichauds en terre vers les Calendes (7) de Novembre , on les fumera avec une
grande quantité de cendre , parce que c'eft l'efpece de fumier qui paroît la plus convenable à
cette plante potagere. On laiffe la moutarde &
la coriandre , ainfi que la roquette & le bafilic
à l'endroit même où on les a femés , fans les
tranfplanter , & la feule culture que ces plantes demandent confifte à être fumées & dé-
barraffées des mauvaifes herbes. Du refte , on
peut les femer non-feulement en Automne , mais
encore pendant le Printemps. Néanmoins , fi l'on
transfere la moutarde en pied au commencement de l'Hiver , elle donnera plus de cime au
Printemps. On feme le panax pendant les deux
faifons dans une terre bien légere & bien labourée , & l'on a foin de le femer le moins
dru que faire fe peut , afin qu'il prenne plus
d'accroiffement. Il eft cependant mieux de le
femer pendant le Printemps. Pour avoir des poireaux que l'on puiffe couper fouvent , ceux qui
nous ont devancés ont prefcrit de les femer
drus , & de les laiffer dans l'endroit où ils auront été femés , pour les couper enfuite lorfqu'ils
feront devenus grands. Mais l'ufage nous a appris qu'il étoit mieux de les transférer , pour les
planter , comme les poireaux à tête , dans des
intervalles modiques , c'eft-à-dire , de quatre

doigts, & les couper lorsqu'ils feront devenus forts. Quant aux poireaux auxquels on veut procurer une groffe tête, il faut avoir foin, quand on les tranfplante, d'en couper toutes les petites racines, & de tondre l'extrémité fupérieure de leur fane avant de les mettre en terre : après quoi on enterre de petites briques ou des coquilles fous leur pied, pour leur fervir comme de fiege, afin que leur tête prenne plus de largeur à mefure qu'ils croîtront. La culture du poireau à large tête confifte à être farclé & fumé affiduement. Il n'y a cependant pas de culture différente pour celui que l'on veut couper fouvent, fi ce n'eft qu'on doit l'arrofer, le fumer & le farcler toutes les fois qu'on le coupera. On en feme la graine dans les lieux chauds au mois de Janvier, & dans les lieux froids au mois de Février, & pour lui faire prendre plus d'accroiffement, on a foin d'en envelopper plufieurs graines dans de petits linges clairs, avant de les couvrir de terre. Au refte, quand fa graine eft levée, il faut, dans les lieux où l'on ne peut pas lui fournir d'eau, le tranfplanter vers l'Equinoxe d'Automne, au lieu qu'on peut le tranfplanter au mois de Mai dans ceux où on pourra lui donner de l'eau. On peut auffi planter l'ache en pied comme en graine, mais c'eft l'eau qui lui fait le plus de plaifir ; auffi fait-on très bien de la mettre auprès des fontaines. Si l'on veut qu'elle ait des feuilles larges, on en-

veloppera dans un petit linge clair ce que l'on
pourra pincer de sa graine avec trois doigts, &
en la semant aussi sur des planches, elle se hé-
rissera ; mais si l'on aime mieux qu'elle ait des
feuilles frisées, on en mettra la graine dans un
mortier, & après l'avoir écrasée avec un pilon
de bois de saule & en avoir détaché les coques, on l'enveloppera de même dans de petits linges avant de la couvrir de terre. On peut
aussi, sans prendre tant de précautions, la faire
friser, de quelque façon qu'elle ait été semée,
en réprimant ses accroissemens, lorsqu'elle sera
levée, avec un cylindre que l'on roulera dessus.
Le meilleur temps pour la semer, c'est depuis
les Ides (7) de Mai jusqu'au Solstice, parce
qu'elle aime la chaleur. C'est aussi à peu près
dans le même espace de temps que l'on seme
le basilic : lorsque sa graine est semée, on foule
soigneusement la terre avec une hie ou avec un
cylindre, parce que, si on la laissoit dans son
état de gonflement, il arriveroit communément
que cette graine se pourriroit. Le panais, le
chervi & l'aunée prennent de la force dans un
terrein labouré profondément au *Pastinum* (8)
& bien fumé : mais il faut semer ces plantes
très-clair, si l'on veut qu'elles prennent encore
plus d'accroissement. Quant à l'aunée, il faut
l'espacer de trois pieds en la semant, parce
qu'elle donne de grandes tiges, & que ses racines s'étendent sous terre comme les yeux du

roſeau. Au reſte la culture de toutes ces plantes ne conſiſte qu'à les débarraſſer des herbes en les ſarclant : & on peut très-bien les mettre en terre au commencement de Septembre ou à la fin d'Août. Le Maceron, que quelques Grecs appellent ἱπποσέλινον (11) & d'autres σμύρνιον (12), veut être ſemé en graine dans un terrein façonné au *peſtinum* (8), & ſur-tout auprès des murailles, parce qu'il ſe plaît à l'ombre, & qu'il profite dans tel lieu que ce ſoit : d'ailleurs, quand il eſt une fois ſemé, il dure éternellement, pourvu qu'on ne l'arrache pas abſolument par les racines, mais que l'on en laiſſe ſucceſſivement monter des tiges en graine, & il ne demande qu'une culture légere, qui conſiſte à le ſarcler. On le ſeme non-ſeulement depuis les Fêtes de Vulcain (9) juſqu'aux Calendes (7) de Septembre, mais encore au mois de Janvier. La mente veut trouver une moiteur douce dans la terre, c'eſt pourquoi il eſt bon de la mettre anprès des fontaines au mois de Mars. S'il arrive qu'on manque de graine de mente, on pourra prendre dans des jacheres de la mentaſtre, & la planter en renverſant ſa cime par en bas : cette méthode lui ôte

---

(11) D'ἵππος, qui veut dire *cheval*, & σέλινον, qui veut dire *ache*, parce que cette plante reſſemble à l'ache.

(12) De σμύρνα, qui veut dire *myrrhe*, parce que la racine de cette plante a une odeur & un goût approchans de ceux de la myrrhe.

son goût sauvage & en fait de la mente cultivée. Il faut transféter au mois de Mars, dans un lieu exposé au Soleil, la rue dont on aura semé la graine en Automne ; on chargera son pied de cendre, & on arrachera les mauvaises herbes qui l'environneront, jusqu'à ce qu'elle soit fortifiée, de peur que ces herbes ne la suffoquent. Mais il faut avoir la main gantée pour faire cette opération, parce qu'autrement il y viendroit des ulceres dangereux. Si cependant, faute d'être instruit de ce danger, on a arraché ces mauvaises herbes avec la main nue, & qu'il y soit survenu une démangeaison avec de l'enflure, on se la frottera de temps en temps avec de l'huile. La tige de cette plante se conserve intacte plusieurs années, à moins qu'une femme ne vienne à la toucher dans le temps de ses regles, auquel cas elle se desseche. Ce sont plutôt ceux qui prennent soin des ruches, que les Jardiniers qui s'adonnent, comme je l'ai déja dit dans un des Livres précédens (13), à semer du thym, de l'origan d'outremer & du serpolet, mais nous pensons cependant qu'il n'est pas hors de propos d'en faire aussi venir dans les jardins, eu égard à la cuisine, parce que ces plantes sont excellentes pour assaisonner certains mets. Elles ne veulent point d'un terrein gras ni fumé, mais elles demandent qu'il soit exposé au So-

____

(13) Dans le Chap. IV. du Liv. IX.

leil , d'autant qu'elles viennent d'elles mêmes dans des lieux très-maigres , & communément dans les contrées maritimes. On les feme tant en graine qu'en pied vers l'Equinoxe du Printemps : il vaut cependant mieux planter de jeunes pieds de thym dans un terrein bien labouré , & pour qu'ils ne tardent pas à prendre, on fera infufer dans de l'eau un jour d'avance des tiges de thym broyées, & lorfque cette eau fera bien impregnée de leur fuc, on en arrofera les pieds qui feront en terre, jufqu'à ce qu'ils foient bien fortifiés. Quant à la farriette , c'eft une plante trop vivace , pour que l'on fe donne beaucoup de peine à la foigner. Lorfque vous aurez tranfplanté le pafferage avant les Calendes (7) de Mars , vous pourrez le couper de temps en temps comme le poireau , quoique plus rarement ; car il ne faudra pas le couper paffé les Calendes (7) de Novembre, parce qu'il mourroit pour peu qu'il fût maltraité pendant le froid ; il rendra cependant affez bien pendant deux ans, fi on le farcle & qu'on le fume avec foin. Il y a même plufieurs pays où fa vigueur fe prolonge jufqu'à dix ans. On feme la graine de poirée dans le temps que le grenadier eft en fleurs, & dès qu'elle a cinq feuilles, comme le chou, on la tranfplante en Eté, fi l'on a un jardin arrofé , mais fi le terrein eft fec, il ne faudra la tranfplanter qu'en Automne, quand les pluies auront commencé à tomber. On feme le cerfeuil & l'arroche potagere, que les Grecs appellent ἀτράφαξυς, vers les Calendes (7) d'Octobre, dans un climat qui ne ſoit pas très-froid; car, ſi le pays eſt ſujet à des Hivers rigoureux, il faut transférer ces plantes de l'endroit où elles auront été miſes en maſſe après les Ides (7) de Février, en les diviſant. On ſuit la même méthode à l'égard du pavot & de l'anet. On prépare, environ deux ans avant de les mettre en place, les pattes de l'aſperge cultivée, ainſi que celles de l'aſperge que les Payſans appellent *corruda* : on en ſeme la graine après les Ides (7) de Février, dans de petites foſſes creuſées ſur un ſol gras & fumé, de façon que chaque foſſe en contienne autant que l'on pourra en pincer avec trois doigts. A peu près quarante jours après, les racines que ces graines auront jettées s'entrelacent enſemble & font comme une ſeule maſſe : les Jardiniers donnent à ces petites racines, ainſi entortillées & entrelacées, le nom de *ſpongiæ*. Au ſurplus, il faut les transférer au bout de deux ans dans un lieu expoſé au Soleil, & qui ſoit bien humecté & fumé. On les arrange dans des ſillons ſéparés les uns des autres de la largeur d'un pied, & qui n'ont pas plus d'un *dodrans* de profondeur, de façon qu'elles puiſſent aiſément germer lorſqu'elles ſeront couvertes de terre. Mais on a l'attention dans les lieux ſecs de les mettre au fond des ſillons, afin qu'elles y reſtent immobiles comme dans de petites auges, au lieu que dans les lieux humides on les met au contraire sur le dos de la raie qui est entre les sillons, pour éviter que la trop grande humidité ne les endommage. Un an après qu'elles auront été plantées de cette maniere, il faudra rompre les asperges qu'elles donneront, parce que, si on vouloit les arracher de terre, toute la masse de ces petites racines encore jeunes & foibles viendroit en même temps que les asperges. Les autres années, on ne les rompra plus, mais on les arrachera par les racines, autrement, si l'on rompoit les tiges, elles suffoqueroient les yeux des racines, & les aveugleroient, pour ainsi dire, au point de les empêcher de donner des asperges par la suite. Au reste, il ne faut pas arracher toutes les tiges qui seront venues les dernieres pendant l'Automne, mais il en faut laisser monter une partie en graine. Lorsqu'ensuite celles-ci auront formé des épines, on en cueillera la graine, & on brûlera les rafles telles qu'elles se comporteront, & sur le lieu même, après quoi on sarclera tous les sillons & on en arrachera les herbes ; ensuite on y jettera du fumier ou de la cendre, dont le suc, étant délayé par les pluies pendant tout l'Hiver, pénétrera jusqu'aux racines de l'asperge. Enfin on bêchotera la terre au Printemps, avant qu'elles commencent à germer, avec des *capreoli*, qui sont des

especes

efpeces d'inftrumens de fer à deux cornes , afin
que les tiges levent plus facilement , & que ,
trouvant de l'aifance dans la terre, elles deviennent plus groffes. On feme très-bien deux fois
l'an la graine de raiforts, fçavoir au mois de
Février , lorfqu'on veut avoir de ces fortes de
racines pendant le Printemps , & au mois d'Avril ,
vers les Fêtes de Vulcain (9) , lorfqu'on veut en
avoir dans le temps qui leur eft propre : mais
le dernier de ces enfemencemens paffe fans difficulté pour le meilleur. Tout le foin que cette
racine exige confifte à être mife dans une terre
fumée & labourée, & enfuite à être chargée de
terre de temps en temps à mefure qu'elle prend
de l'accroiffement , parce que , lorfqu'elle furmonte la fuperficie de la terre , elle devient
dure & fpongieufe. Lorfque l'on a de l'eau à
fouhait , les concombres & les courges demandent peu de foin , parce que c'eft l'eau qui les
aide le plus à venir. Mais, fi l'on eft forcé d'en
femer dans des lieux fecs , où l'on n'ait point
la commodité de faire venir de l'eau pour les
arrofer, il faut faire au mois de Février des fillons d'un pied & demi de profondeur, dans
lefquels on étendra, après les Ides (7) de Mars ,
jufqu'au tiers à peu près de leur profondeur, de
la paille fur laquelle on entaffera de la terre
fumée jufqu'à la moitié du fillon, & après avoir
dépofé les graines dans cette terre , on les arrofera jufqu'à ce qu'elles levent. Quand elles au-

ront commencé à se fortifier, il faudra les suivre dans leurs accroissemens & continuer de remettre de la terre dans le sillon à mesure qu'elles croîtront, jusqu'à ce qu'il soit comblé. Avec
une telle culture ces plantes se porteront assez
bien pendant tout l'Eté, sans avoir besoin d'être
arrosées, & elles donneront même un fruit de
meilleur goût qu'il ne le seroit si elles l'avoient
été. Il faut mettre en terre la graine de ces
plantes le plutôt qu'on le pourra dans les lieux
aquatiques, pourvu que ce ne soit pas avant les
Calendes (7) de Mars, de façon qu'on puisse les
transplanter après l'Equinoxe. On ramassera la
graine que l'on voudra semer dans le milieu
même de la courge, & on la mettra en terre la
cime renversée, si l'on veut que les fruits qu'elle produira soient d'une grosseur énorme. En
effet, il y a des courges, telles que celles d'A-
lexandrie, qui sont assez grosses pour servir de
vases, lorsqu'elles sont desséchées. Si on les destine au contraire à être vendues comme provisions de bouche, il faudra en prendre la graine dans la tête du fruit & la semer la cime
droite, parce qu'il en viendra un fruit plus
long & plus mince que le premier, & qui se
vendra communément plus cher. Mais il faut
éviter, le plus que l'on pourra, que des femmes n'approchent d'un endroit semé en concombres ou en courges, parce qu'il suffiroit
presque qu'elles touchassent à ces fruits quand

ils sont le plus verts pour les faire languir, & que même, si elles se trouvoient dans le temps de leurs regles, elles les feroient mourir par leur seul regard. Le concombre est tendre & très-agréable, lorsqu'on en a trempé la graine dans du lait avant de la semer : quelques personnes même, pour le rendre encore plus doux, la trempent dans de l'hydromel. Au reste, quand on veut avoir des concombres hâtifs, on remplit des paniers, après le Solstice d'Hiver, de terre fumée que l'on arrose légérement, & lorsque leur graine est levée dans ces paniers, on les met de jour en plein air dans un lieu où il fasse doux & où le Soleil donne, & qui soit voisin du bâtiment, afin qu'ils soient à l'abri de tout vent, & on les reporte ensuite à la maison pendant le froid & dans les mauvais temps. On suit cette méthode jusqu'après l'Equinoxe du Printemps, & l'on enfonce alors entiérement en terre ces paniers : c'est le moyen d'avoir du fruit hâtif. On peut même, si la chose en vaut la peine, ajuster des roulettes sous de très-grands vases, pour avoir moins de peine à les mettre à l'air & à les porter ensuite à la maison. Au surplus, indépendamment de ces précautions, il faudra encore couvrir ces vases de pierres transparentes, afin de pouvoir les mettre sans danger au Soleil, même pendant les temps froids, quand le jour sera serein. C'est par ce moyen que l'on servoit à Tibere César des concombres presque pendant toute l'année. Mais nous avons lû dans Bolus de Mendesum, Auteur Egyptien, une maniere moins pénible de parvenir au même but. En effet, cet Auteur ordonne d'avoir dans un lieu du jardin, qui soit exposé au Soleil & fumé, des férules & des ronces plantées alternativement par rangées : il prescrit ensuite de couper après l'Equinoxe ces ronces ou ces férules un peu au-dessous de la superficie de la terre, & d'en ouvrir la moelle avec un stilet de bois, & enfin, après avoir mis du fumier dans le trou qu'on y aura ainsi pratiqué, d'y insérer de la graine de concombre, afin qu'à mesure que les concombres croîtront ils s'incorporent aux férules & aux ronces, & qu'ils ne tirent point leur nourriture de leurs propres racines, mais qu'ils la tirent, pour ainsi dire, de la racine de leur mere : il prétend que ces plantes ainsi entées donnent des concombres même pendant les froids. Le second ensemencement de cette plante se fait communément aux *Quinquatria* (14). Le caprier vient de lui même dans nombre de Provinces au milieu des jacheres, mais si l'on veut en semer dans des pays où il ne s'en trouve point, il faut lui choisir un terrein sec. On commencera par environner ce terrein d'un petit fossé, que l'on comblera de pierres & de chaux ou de mortier à la Carthaginoise, pour former

---

(14) Voy. la Note 15 du Chap. précédent.

une espece de paraper impénétrable aux tiges de cet arbrisseau, qui s'étendroit presque par tout le terrein, s'il n'étoit pas arrêté par quelque digue; & ce n'est pas même le plus grand inconvénient qu'il y auroit à craindre (puisqu'on pourroit arracher ces tiges de temps en temps), mais il y auroit encore lieu de craindre que cet arbrisseau, qui renferme un poison pernicieux, ne rendît la terre stérile en lui communiquant ses sucs. Au reste, ou il ne demande aucune culture, ou il se contente de la plus légere, d'autant qu'il vient très-bien, même dans des terres abandonnées, sans aucun soin de la part du Paysan. On le seme aux deux Equinoxes. Les oignonnieres demandent une terre qui soit plutôt labourée fréquemment que profondément. C'est pourquoi on lui donnera un premier labour après les Calendes (7) de Novembre, afin qu'elle se dissolve aux froids & aux gelées de l'Hiver, un second au bout de quarante jours, & un troisieme vingt & un jours après, puis on la fumera sur le champ, ensuite on la distribuera par planches, après l'avoir fouillée uniformément à la houe & en avoir extirpé toutes les racines. On choisira ensuite vers les Calendes (7) de Février un jour serein, pour jetter la graine d'oignon sur ces planches, en l'entremêlant d'un peu de graine de sarriette, pour pouvoir avoir de cette derniere plante avec les oignons, tant parce qu'elle est agréable à manger verte, que parce qu'elle

Y iij

n'est point sans utilité pour l'assaisonnement des mets lorsqu'elle est séche. Au reste, il faut sarcler les oignonnieres au moins quatre fois ou même plus souvent. Si l'on veut en avoir de la graine, on mettra en terre au mois de Février les plus grandes têtes de l'oignon d'Ascalon, qui est celui de la meilleure espece, en les éloignant de quatre doigts ou même de cinq, & quand elles auront commencé à germer on les sarclera au moins trois fois; ensuite, lorsqu'elles auront donné une tige, on mettra dans les intervalles qui les sépareront des especes de petits *canterii* (15) peu élevés pour les tenir fermes, parce qu'à moins qu'elles ne trouvent beaucoup de roseaux en traverse qui les soutiennent, tels à peu près que ceux qui soutiennent les vignes attachées au joug, les tiges d'oignons seront abbatues, & toute leur graine sera dispersée par le vent, d'autant qu'il ne faut pas attendre pour la cueillir qu'elle ait commencé à noircir en mûrissant. Il ne faut pas, dis-je, la laisser trop sécher sur pied ni tomber tout-à-fait, mais il faut au contraire cueillir les tiges bien entieres & les faire sécher au Soleil. On seme les navets & les raves dans deux temps différens, & leur culture est la même que celle des raiforts. Cependant le meilleur temps pour les semer est au mois d'Août : il faut

---

(15) Voy. ce que c'est qu'un *canterius* dans le Chap. IV. du Liv. V.

quatre *sextarii* de graine pour en enfemencer un
Jugerum , pourvu qu'on y joigne une *hemina* de
graine de racine de Syrie. Quand on femera ces
racines en Eté, il faudra prendre garde que les
moucherons qui feront engendrés par la fécherefſe,
n'en mangent les feuilles toutes jeunes à mefure
qu'elles poufſeront : pour l'éviter, on prendra de
la poufſiere ramaſſée fur les planchers , ou même de la fuie qui s'attache aux foyers dans les
maifons, & on en mêlera avec la graine un jour
avant de la femer, en verfant de l'eau defſus , pour
la laifſer s'imbiber du fuc de ces matieres toute la
nuit. En effet la graine ainfi trempée eſt bonne à
être femée le lendemain. Quelques anciens Auteurs, & Démocrite (3) entre autres, preſcrivent
de médicamenter toutes les graines avec le jus de
l'herbe que l'on appelle *fedum* (16) , & d'employer
ce remede contre les infectes ; mais quoique
l'expérience nous ait confirmé la vérité de leur
opinion , comme nous n'avons pas néanmoins
une afſez grande quantité de cette herbe à notre
difpofition , nous avons plus fouvent recours à
la fuie & à la poufſiere , dont nous venons de
parler, & nous nous en fervons afſez heureufe-
ment pour conferver les plantes en bon état.
Hyginus (17) penfe qu'il faut , quand le grain
eſt battu , jetter de la graine de raves fur la

---

(16) C'eſt *de la joubarbe.*

(17) Voy. la Note 31 du Chap. I. Liv. I.

paille même qui est restée étendue dans l'aire (18), parce qu'il prétend que ces racines deviendront plus grosses, vû que la dureté du sol
s'opposera à ce qu'elles y pénetrent profondément. Mais, comme nous avons fait cet essai
inutilement, nous croyons qu'il vaut mieux semer les raves, les raiforts & les navets dans
une terre bien ameublie. Au surplus, les Agriculteurs religeux tiennent encore aujourd'hui à
l'usage des Anciens, qui consistoit à prier les
Dieux, en semant ces racines, de les faire croître
pour eux & pour leurs voisins. Dans les lieux
froids, où l'on peut craindre que l'ensemencement qu'on en fera en Automne ne soit brûlé par
les gelées de l'Hiver, on fait avec des roseaux
des *canterii* (15) peu élevés & traversés par des
baguettes posées dessus, sur lesquelles on étend
de la paille, pour mettre les semences à l'abri
de la bruine. Dans les pays au contraire exposés
au Soleil, lorsqu'il survient après les pluies de
ces animaux pernicieux que nous appellons *eru-*

---

(18) Il ne s'agit pas ici d'une aire qui soit bâtie, mais
d'une partie du champ sur laquelle on aura battu le bled,
& qui aura été ramollie par les pluies de l'Automne & labourée ensuite. Cet Auteur prétendoit sans doute que la
graine, étant ainsi semée avec la paille, n'étoit pas si aisément enlevée par les oiseaux ou par les vents, & que, n'é-
tant que légérement couverte de terre, elle germoit plus
aisément.

ce (19), & que l'on nomme en Grec κάμπαι (19),
il faut ou les ôter avec la main, ou secouer les
tiges des plantes potageres, parce qu'une fois
que ces animaux, ainsi secoués pendant qu'ils
étoient encore engourdis par le froid de la nuit,
seront tombés à terre, ils ne pourront plus gagner en rampant la partie supérieure de ces tiges. Il est cependant inutile de prendre ces précautions lorsqu'on a trempé les graines, comme
je l'ai dit ci-dessus, dans du jus de joubarbe
avant de les semer, parce qu'une fois qu'elles ont
été corrigées de cette maniere, elles n'ont plus
rien à craindre des chenilles. Mais Démocrite (3) assure dans le Livre qu'il a intitulé περὶ
ἀντιπαθῶν (20), que ces insectes périssent tous,
lorsqu'une femme a fait trois fois le tour d'une
planche ensemencée, les cheveux épars & les
pieds nuds, dans le temps de ses regles, parce
qu'après cette opération toutes les espaces de vermisseaux tombent à bas & perdent la vie. Jusqu'ici j'ai crû devoir donner des préceptes sur la
culture des jardins & sur les devoirs du Métayer :
mais quoique j'aie prétendu au commencement
de ce traité-ci (21), qu'un Métayer devoit être

---

(19) Ce sont *des chenilles*.

(20) C'est à-dire, des choses *antipathiques*. La philosophie ancienne attribuoit tous les effets naturels, dont elle
ignoroit la cause, à une vertu sympatique ou antipathique.

(21) Dans le Chap. I. de ce Liv.

dreffé à tous les travaux ruftiques & y exceller, comme il arrive néanmoins affez communément que la mémoire nous échappe par rapport aux chofes même que nous avons apprifes, & qu'en conféquence nous avons fouvent befoin de journaux pour nous les rappeller, j'ai joint ci-deffous les fommaires de tous mes Livres (22), afin que l'on puiffe trouver aifément, quand le cas l'exigera, toutes les opérations répandues dans chacun de ces Livres, avec la maniere de les faire.

---

(22) Il paroit que Columelle avoit fait lui-même les fommaires de tous les Livres de fon ouvrage, mais nous avons déja remarqué que ceux qui nous font reftés n'étoient pas de lui. Il fuffiroit pour le prouver d'en faire voir la variété dans les diverfes Editions. D'ailleurs il ne les avoit pas placés au commencement des Chapitres, comme ils le font dans prefque toutes les Editions, mais à la fin de ce Livre-ci, par lequel il comptoit finir tout fon ouvrage. Pline les a placés au contraire au commencement de fon Hiftoire naturelle.

Fin du onzieme Livre.

L'ÉCONOMIE RURALE

DE L. JUNIUS MODERATUS COLUMELLE.

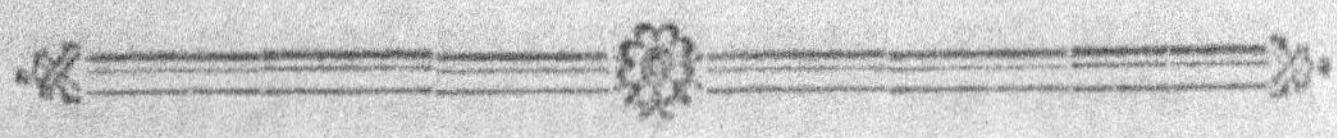

LIVRE DOUZIEME

ET DERNIER.

LA MÉTAYERE.

PRÉFACE.

Xénophon (1) l'Athénien, P. Silvinus, dit dans son Livre intitulé l'Économique, & Ci-

____

(1) Voy. la Note 24 du Chap. I. de l'Economie rurale de Varron, Liv. I.

céron (1) l'a également répété autrefois, que le mariage a été institué par la nature, pour former la société de la vie non-feulement la plus agréable, mais encore la plus utile, & que le but de l'union de l'homme avec la femme ne se borne pas à empêcher que le genre humain ne périsse à la longue, mais qu'il tend encore à procurer aux mortels des secours, pour les aider dans leur vieillesse & pour les défendre. De plus, comme les provisions nécessaires à la nourriture & à l'entretien des hommes ne devoient point être préparées, comme celles des bêtes féroces, aux yeux de tout le monde & dans des lieux sauvages, mais dans des maisons & à l'abri, il a été nécessaire que l'un des deux sexes sortît au-dehors & s'exposât aux injures de l'air, pour se procurer ces provisions par son travail & par son industrie, & que l'autre restât dans l'intérieur de la maison pour les y serrer & les garder, parce que, s'il étoit nécessaire de cultiver les champs, de voyager sur mer ou même de se livrer à tout autre genre de commerce pour pouvoir acquérir des biens, il n'étoit pas moins essentiel, lorsqu'une fois on avoit entassé à la maison les biens que l'on avoit acquis, qu'il y eût une seconde personne destinée à les y garder, & à faire les autres ouvrages qui ne pouvoient être faits que dans l'intérieur. En effet les productions de la terre

---

(1) Voy. la Note 22 de la Préf. du Liv. I.

& les alimens terreſtres avoient beſoin d'un toit ſous lequel on pût les mettre à couvert, & il falloit néceſſairement garder dans un lieu clôs non-ſeulement les petits & les fruits provenus des brebis & de tous les autres beſtiaux, mais encore toutes les autres choſes qui ſervent habituellement à nourrir comme à entretenir le genre humain. Or, comme les objets que nous venons d'énoncer exigeoient des ſoins & de l'attention, puiſqu'on ne pouvoit pas acquérir au-dehors, ſans beaucoup de peines, les choſes qu'il falloit enſuite garder à la maiſon; c'eſt avec raiſon, comme je l'ai dit, que les travaux de la femme & ceux du mari ont été réglés par la nature même, les uns par rapport aux ſoins domeſtiques, les autres par rapport aux exercices du dehors. Auſſi la nature a-t-elle conſtitué le mari de façon à pouvoir ſupporter le chaud & le froid, ainſi que les voyages & les travaux tant de la paix que de la guerre, je veux dire ceux de l'Agriculture & du ſervice Militaire, comme elle a départi à la femme le ſoin des affaires domeſtiques, en la rendant inhabile à d'autres fonctions. Et comme elle avoit donné à ce ſexe la garde & la vigilance en partage, elle l'a rendu plus timide que le ſexe viril, parce que la timidité eſt ce qui contribue le plus à aſſurer la garde de quelque choſe, au lieu qu'elle a rendu le mari plus hardi que la femme, parce qu'il devoit ſouvent être dans le cas de repouſſer les

injures, en cherchant fa nourriture au-dehors &
en plein air. Mais comme, d'un autre côté, la
mémoire & l'attention étoient également nécef-
faires à l'homme & à la femme après l'acquifi-
tion des biens, elle n'a pas moins avantagé l'un
que l'autre du côté de ces facultés. Bien plus,
la fimple nature n'ayant pas jugé à propos de
donner à aucun Etre toute la perfection dont il
étoit fufceptible, c'eft la raifon pour laquelle elle
a voulu que chacun des deux fexes eût befoin
de l'autre, parce que communément ce qui
manque à l'un des deux fe trouve chez l'autre.
Telles font les réflexions utiles que Xénophon
(1) avoit faites dans fon ÉCONOMIQUE, & que
Cicéron (2) a répétées après lui, lorfqu'il a traduit cet Auteur en Latin, en le rapprochant
des mœurs Romaines. Auffi prefque tous les
travaux domeftiques avoient-ils été départis aux
femmes jufqu'à l'âge de nos peres, tant chez les
Grecs que chez les Romains qui s'étoient mo-
delés fur ces peuples, & les Chefs de famille
ne s'en mêloient en aucune façon, lorfqu'ils re-
venoient auprès de leurs Penates (3), comme
pour fe remettre de la fatigue qu'ils avoient
effuyée au-dehors. En effet, on voyoit regner
dans leur ménage le plus grand refpect joint à
la concorde & à l'exactitude, & les femmes

---

(3) Voy. la Note 2 du Chap. II. de l'Economie rurale de
Caton.

animées à la vigilance par l'effet d'une émulation admirable, ne cherchoient qu'à aggrandir les possessions de leur mari & à les bonifier par leurs soins. On ne voyoit rien de partagé dans la maison, rien que le mari ou la femme prétendissent avoir en propre, & tous deux au contraire conspiroient unanimement à la chose commune, de sorte que l'exactitude de la femme dans les affaires du dedans alloit de pair avec l'industrie du mari dans celles du dehors. En conséquence, les Métayers ni les Métayeres n'avoient pas de grandes occupations dans ces temps heureux où les maîtres veilloient journellement à leurs biens, en les gouvernant par eux-mêmes. Aujourd'hui au contraire, que la plupart des femmes croupissent dans le luxe & dans la nonchalance, au point que loin de daigner prendre le soin d'apprêter la laine, elles sont dégoûtées des vêtemens qui sont faits à la maison, & qu'entraînées par leurs desirs déréglés, elles en extorquent de leurs maris, à force de caresses, d'autres qui sont plus précieux, puisqu'ils coûtent un argent énorme, & qu'ils absorbent des revenus presque entiers; il n'est point étonnant que le soin de la campagne ou des instrumens rustiques les excede, & qu'elles regardent comme la chose la plus ignoble une résidence de quelques jours dans leurs Métairies. L'ancien usage des meres de famille, tant Sabines que Romaines, étant donc non-seulement paſſé de mode, mais même abſolument anéanti, il eſt devenu néceſſaire que les ſoins de la Métayere s'étendiſſent aux fonctions de la Dame qu'elle a remplacée, d'autant que les Métayers ont auſſi ſuccédé aux Propriétaires, qui ne ſe contentoient pas autrefois de cultiver les campagnes par eux-mêmes, puiſqu'ils y faiſoient encore leur réſidence ordinaire conformément aux anciens uſages. Au reſte, comme je ne veux pas affecter de cenſurer hors de propos les mœurs de notre ſiecle, je vais à préſent détailler les devoirs de la Métayere.

CHAPITRE PREMIER.

AInſi (pour ne pas nous écarter de l'ordre des matieres que nous avons ſuivi dans le volume précédent (1)) une Métayere doit être jeune, c'eſt-à-dire, qu'elle ne doit pas être trop petite fille, pour les raiſons que nous avons déduites en parlant de l'âge du Métayer. Il faut auſſi que ſa ſanté ne ſoit point altérée, & qu'elle ne ſoit ni difforme, ni d'une très-belle figure, parce qu'étant d'un côté dans une vigueur pleine & entiere, elle ſuffira aux veilles & aux autres travaux, & que d'un autre côté ſa laideur ne

____

(1) Dans le Chap. I. du Liv. précédent.

dégoûtera

dégoûtera point le Métayer qui doit vivre avec
elle, comme sa trop grande beauté ne le rendra pas paresseux ; d'autant qu'il ne faut pas
moins éviter d'avoir un Métayer vagabond &
qui fuie le lit de sa compagne, que d'en avoir
un nonchalant à la maison & qui seroit toujours dans ses bras. Mais ce ne sont pas là
les seules choses à observer dans une Métayere.
En effet, il faudra examiner entre autres si elle
n'est point portée au vin, à la gourmandise, à la
superstition, au sommeil, si elle n'a point de goût
pour les hommes, & si elle sçait s'occuper du soin
des objets qu'elle doit se rappeller à la mémoire,
ou de ceux qu'elle doit prévoir pour la suite, afin
d'être en état de suivre à peu près les regles que
nous avons prescrites (1) pour le Métayer; d'autant que presque tout doit être égal entre l'homme & la femme, & que si tous les deux doivent
éviter de mal faire, ils ne doivent pas moins
s'attendre à des récompenses quand ils se comporteront bien. Elle donnera de plus tous ses
soins à ce que le Métayer n'ait à travailler dans
l'intérieur de la maison que le moins que faire
se pourra ; article d'autant plus important, que
celui-ci doit sortir dès le matin avec les gens,
& qu'il ne peut manquer d'être fatigué lorsqu'il rentre le soir à la fin de ses travaux. Cependant, en fixant les devoirs de la Métayere,
nous ne prétendons point exempter le Métayer
du soin de l'intérieur de la maison, mais sim-

plement le foulager dans ce genre de travail, en lui donnant quelqu'un pour l'aider. En effet, il ne faut pas s'en rapporter uniquement à la femme pour les fonctions de l'intérieur, & on ne doit les lui confier qu'autant que le Métayer y aura l'œil de temps en temps. C'est le moyen qu'elle soit plus exacte, lorsqu'elle se rappellera à l'esprit qu'il y a quelqu'un auprès d'elle à qui elle doit rendre un compte fréquent. Elle demeurera aussi convaincue qu'elle doit toujours rester à la maison, ou du moins le plus que faire se pourra ; qu'elle doit en faire sortir les esclaves que le travail appellera aux champs, & y retenir ceux qu'elle jugera nécessaires à quelque ouvrage dans la Métairie ; qu'elle doit prendre garde qu'ils ne fassent manquer la besogne par une trop longue inaction ; enfin qu'elle doit examiner attentivement si les choses qu'on apportera à la maison ne sont pas gâtées, pour ne s'en charger qu'après s'être bien assurée qu'elles sont en bon état, & pour laisser ensuite sous sa main celles qui seront destinées à la consommation, & mettre en réserve celles qui seront dans le cas d'être gardées, afin de ne pas consommer en un mois ce qui doit servir à la provision de l'année entiere. Il faut encore, si quelqu'un des gens vient à tomber malade, qu'elle veille à ce qu'il soit soigné le mieux que faire se pourra, parce que ces sortes d'attentions ne contribuent pas moins à gagner leur bienveillance qu'à assurer leur obéissance, outre que, dès qu'ils sont rétablis, ils s'appliquent à leur service avec encore plus de fidélité qu'auparavant, lorsqu'on à bien pris soin d'eux pendant leur maladie.

CHAPITRE II.

APRÈS cela, elle doit avoir présent à la mémoire que les choses qui auront été apportées à la maison doivent y être serrées dans des lieux convenables & salubres, pour y rester sans crainte d'aucune altération. En effet, il n'y a pas de soin plus important à prendre, que celui de préparer les endroits où l'on doit serrer chaque chose pour l'en tirer dans le besoin. Nous avons déja parlé des conditions requises pour ces sortes d'endroits, tant dans le premier Volume de cet ouvrage, lorsque nous nous occupions de la construction de la Métairie, que dans le onzieme, lorsque nous traitions des devoirs du Métayer; mais nous ne serons pas fâchés de les retracer ici en peu de mots. Les chambres les plus hautes seront donc destinées à la garde des ustensiles les plus précieux & à celle des habits; les greniers, pourvu qu'ils soient secs & aërés, semblent être convenables à la garde des bleds; les celliers frais sont excellens pour celle du vin; les endroits bien éclairés sont réservés aux meubles fragiles & aux opérations qui demandent beaucoup de jour. Ainsi, lorsque les lieux destinés à recevoir chaque chose seront préparés, on les enfermera toutes en commun dans l'endroit qui leur sera propre, & on en mettra même quelques-unes à part, afin de reprendre celles dont on pourra avoir besoin pour son usage habituel. Car, selon un vieux proverbe, il n'y a pas de pauvreté plus certaine que celle de ne pouvoir pas se servir des choses dont on a besoin, faute de sçavoir, quand on vient à les chercher, l'endroit où on les a jettées au hazard. Aussi la négligence est-elle plus laborieuse dans l'économie domestique que l'exactitude même. En effet, y a-t-il un homme qui ne soit pas convaincu qu'il n'y a rien de plus beau dans toute la conduite de la vie que l'ordre & l'arrangement, & n'est-ce pas même une remarque que l'on est à portée de faire souvent dans les spectacles des jeux publics ? en effet, lorsqu'un chœur de chanteurs ne s'accorde pas sur des modes certains, & qu'il ne suit pas la mesure du Maître qui le dirige, il semble aux Auditeurs que le chant a quelque chose de discordant & de tumultueux ; au lieu que, lorsque les chanteurs sont d'accord, & qu'ils forment, pour ainsi dire, tous ensemble une unité de chant, dont la mesure & la prosodie sont bien marquées, non-seulement cet accord de voix fait entendre quelque chose de mélodieux & de flatteur aux chan-

teurs eux-mêmes , mais il charme encore les
spectateurs & les Auditeurs par l'effet d'une
volupté délicieuse. C'est ainsi que dans une armée le Soldat ni le Général ne pourroient rien
démêler faute d'ordre & d'arrangement , parce
que , si tout y étoit pêle-mêle , les gens armés
seroient confondus avec ceux qui seroient sans
armes , les Cavaliers avec les Fantassins , & la
Cavalerie avec les chariots. On tire aussi un très-
grand avantage de l'ordre & des préparatifs dans
un vaisseau , parce que s'il est équippé convenablement , & qu'il survienne une tempête , les
subalternes tirent , sans causer aucune allarme ,
les agrès de l'endroit où ils sont rangés en ordre , au moment que celui qui gouverne le vaisseau les leur demande. Par conséquent si l'ordre
& l'arrangement font un si grand effet sur les
Théâtres , ou dans les armées , ou même sur les
vaisseaux , il n'y a point de doute qu'ils ne soient
également nécessaires dans les fonctions de la
Métayere , par rapport aux choses qu'elle doit
serrer , parce que , lorsqu'elles sont à leur place
marquée , elles frappent plus aisément la vue ,
& que , si l'une se trouve égarée , le lieu qu'elle
devoit occuper se trouvant vuide avertit lui-même dès-lors qu'il faut la chercher ; outre qu'on
remarque plus facilement ce qui peut avoir besoin d'être soigné ou rajusté , quand on fait la
revue générale des choses qui sont en leur pla-

ce. C'est pour cela que M. Cicéron (1), en se conformant à l'autorité de Xénophon (2) dans son ÉCONOMIQUE, met ce qui suit dans la bouche d'Ischomachus en réponse à des questions que Socrates (3) lui faisoit sur tous ces objets.

CHAPITRE III (1).

NOus avons commencé par distribuer les ustensiles & les meubles dans des lieux convenablement préparés à cet effet; & nous avons mis à part d'abord les choses que nous avons coutume d'employer aux sacrifices, ensuite les ajustemens qui servent aux femmes les jours de Fête, puis ce qui sert également à parer les hommes les jours solemnels, & enfin les chaussures de l'un & de l'autre sexe; après quoi on mettoit d'un côté les armes & les traits, & d'un autre côté les outils qui sont d'usage dans les ouvrages

(1) Voy. la Note 21 de la Pref. du LIV. I.

(2) Voy. la Note 24 du Chap. I. de l'Economie rurale de Varron, LIV. I.

(3) Voy. la Note 7 du Chap. I. LIV. I.

(1) Il n'y a gueres d'apparence que ce soit Columelle qui ait séparé le commencement de ce Chapitre de la fin du précédent, puisque c'est la suite de la phrase qui le termine.

de laine. On mettoit ensuite à sa place (suivant
la coutume) la batterie de cuisine, puis les vases des bains ainsi que ceux de la toilette, & la
vaisselle de table, tant celle à l'usage des jours ordinaires que celle à l'usage des grands repas. Quant
aux choses d'une consommation journaliere , nous
en avons fait deux parts, l'une qui comprend la
provision du mois, l'autre qui renferme celle de
l'année : moyennant quoi on est à l'abri de toute
erreur par rapport au temps où ces provisions
doivent finir. Après avoir ainsi séparé toutes ces
choses l'une d'avec l'autre, nous les avons encore
arrangées chacune à leur place, après quoi nous
avons donné les choses d'un usage habituel à
chacun des esclaves subalternes qu'elles concernent, telles que celles qui servent aux ouvrages
de laine, ou à la cuisson & à la préparation de
la nourriture , & nous lui avons enseigné l'endroit où il devoit les remettre , en lui prescri-
vant de veiller à leur sûreté. Mais pour celles
dont nous ne nous servons que les jours de Fêtes ou à l'arrivée des hôtes & dans quelques cas
rares , nous les avons mises entre les mains de
l'Econome en leur assignant à toutes leur place ;
& en donnant à chacun les effets qui le concer-
noient , nous comptions chaque piece , & nous
en tenions nous même registre. Nous avons aussi
prévenu l'Econome de l'endroit où il trouveroit
tout ce dont on pourroit avoir besoin, en l'a-
vertissant d'avoir des notes particulieres pour se

Z iv

rappeller les effets qu'il auroit donnés, le temps où il les auroit donnés, & la personne qui les auroit reçus, afin de les remettre chacun à sa place, lorsqu'on les auroit rendus. Ainsi les anciens nous ont donné dans la personne d'Ischomachus les mêmes préceptes d'attention & de vigilance, que nous donnons aujourd'hui à la Métayere. Cependant elle ne doit pas borner ses soins à garder sous la clef ce qu'on lui aura apporté à la maison, mais elle doit encore en faire la revue de temps en temps, & prendre garde que les meubles ou les habits ne dépérissent pour être ensevelis dans l'ordure, ou que les productions de la terre ainsi que les autres choses d'usage ne se perdent par sa négligence & par sa paresse. Il faut aussi qu'elle ait de la laine toute prête & cardée, tant afin de pouvoir tourner ses soins du côté des ouvrages de laine les jours de pluie, ou lorsque le froid ou la bruine empêcheront les femmes de vaquer en plein air aux travaux rustiques, qu'afin que ces ouvrages puissent être faits plus aisément quand elle y mettra la main, ou qu'elle donnera ses ordres. En effet, il ne sera pas mal que ses habits, ainsi que ceux des agens & des autres esclaves distingués, soient faits à la maison, afin que les comptes que l'on rendra au Chef de famille soient moins enflés. Voici encore une chose qu'elle ne manquera jamais d'observer : c'est de faire la visite dans la Métairie, dès que les gens

en seront sortis, pour voir s'il n'en est pas resté
de ceux qui devroient être dehors à travailler à la
campagne, & si quelqu'un d'eux n'a pas trompé (comme il arive quelquefois) la vigilance de
son mari en tergiversant dans la maison, de lui
demander la raison de sa négligence, & d'examiner si c'est sa mauvaise santé qui l'a forcé de
rester, ou si c'est par paresse qu'il s'est caché,
enfin de le conduire sans retard à l'Infirmerie,
quand même elle s'appercevroit qu'il s'excu-
seroit sur une maladie feinte, parce qu'il vaut
mieux laisser reposer un ou deux jours, en le
gardant à vue, un esclave fatigué par l'ouvrage, que de l'exposer à une maladie réelle, en
l'accablant par un travail excessif. Enfin elle restera le moins que faire se pourra dans la même
place ; car son office n'est point sédentaire,
& elle doit au contraire tantôt prendre un mé-
tier, pour montrer aux autres à faire de la toi-
le si elle est la plus habile, sinon pour apprendre
elle-même à en faire de ceux qui sont plus habiles qu'elle, tantôt visiter ceux qui préparent le
manger des gens, & avoir soin de faire nettoyer
la cuisine, les étables à bœufs & les crèches.
Elle doit aussi ouvrir de temps en temps les In-
firmeries, quand même il ne s'y trouveroit point
de malades, & en balayer les ordures, afin que,
quand le cas l'exigera, les malades les trouvent
bien arrangées, en bon état & saines. Il faut encore qu'elle soit présente toutes les fois que les

Économes & les dépensiers péseront & mesureront quelque chose, ou que les Pâtres tireront le lait dans les étables, ou qu'ils feront tetter les agneaux & les petits des autres bestiaux ; comme il faut qu'elle assiste à la tonte, qu'elle prenne soigneusement la laine qui en reviendra, & qu'elle compare le nombre des toisons à celui des bestiaux, enfin qu'elle force les esclaves chargés du soin des meubles de les tenir propres, de nettoyer & de polir les instrumens de fer, & de donner aux artisans ceux qui auront besoin de réparation, afin qu'ils les mettent en état. Quoique tout soit ainsi réglé, je crois néanmoins que cette distribution ne sera encore d'aucune utilité, à moins que, comme je l'ai déja dit (2), le Métayer n'y ait souvent l'œil, sans parler du maître & de la maîtresse qui doivent aussi y regarder de temps en temps, & à moins qu'il ne veille au maintien de cet arrangement quand il sera une fois établi. C'est aussi ce que l'on a toujours pratiqué dans les villes policées : en effet il n'a pas paru suffisant aux chefs & aux notables de ces villes de les pourvoir de bonnes loix, s'ils n'eussent en même temps commis la garde de ces loix à des Citoyens très-exacts, que les Grecs appellent νομοφύλακας (3), & dont la

---

(2) Dans le Chap. I.

(3) De νόμος, qui veut dire *loi*, & φύλαξ, qui veut dire *gardien*.

fonction consistoit à combler d'éloges & même
d'honneurs ceux qui obéissoient aux loix, comme à punir ceux qui s'en écartoient. C'est précisément ce que font encore aujourd'hui les Ma-
gistrats, qui maintiennent les loix en vigueur
par l'exercice assidu de leur Jurisdiction. Mais
il suffit de ces préceptes pour ce qui concerne
l'administration générale.

CHAPITRE IV.

NOUS allons à présent donner des préceptes
sur d'autres objets particuliers, dont nous n'a-
vons point parlé dans les Livres précédens, parce que nous nous réservions de le faire en traitant des fonctions de la Métayere : & pour garder un certain ordre, nous commencerons par
le Printemps, parce que les semailles, tant celles qui sont faites à temps que celles des trémois, se trouvant presque toutes finies dans cette saison, il reste des momens où l'on n'a rien
à faire & où l'on peut par conséquent s'occuper
des pratiques que nous allons enseigner. La tra-
dition nous apprend que les Auteurs, tant Carthaginois & Grecs que Romains, n'ont pas négligé le soin des petites choses : en effet Magon
le Carthaginois & Hamilcar, dont l'exemple pa-

roît avoir été suivi par Mnaſeas (1) & par Paxa-
mus, Auteurs Grecs aſſez célebres, n'ont pas dé-
daigné, quand les guerres leur en ont laiſſé le
loiſir, de payer une eſpece de tribut à la ſubſiſ-
tance des hommes. Ceux même de notre nation
l'on également fait, témoins M. Ambivius,
Mænas Licinius & C. Matius qui ſe ſont attachés à former, par les préceptes qu'ils leur ont
donnés, des Boulangers, des Cuiſiniers & des
Officiers chargés du ſoin des proviſions de bouche. Or tous ces Auteurs ont voulu que celui
qui ſe mêleroit de ces emplois fût chaſte & con-
tinent, parce qu'il eſt important que ce qui ſert
à la boiſſon ou à la nourriture, ne ſoit touché
que par des impuberes ou au moins par des perſonnes qui s'abſtiennent tout-à-fait de l'acte Vénérien; de ſorte que, ſi un homme ou une femme mariés ſont dans le cas de mettre la main
aux proviſions de bouche, ils prétendent qu'ils
doivent préalablement ſe baigner dans un fleuve
ou dans une eau courante : & que par conféquent
il faut néceſſairement avoir recours au miniſtere
d'un enfant ou à celui d'une petite fille, pour
tirer les choſes dont on aura beſoin de l'endroit
où elles ſeront ſerrées. A la ſuite de ce précepte, ils ordonnent de préparer un lieu & des va-

____

(1) Voy. la Note 35 du Chap. I. de l'Economie rurale
de Varron, Liv. I.

ſes convenables pour confire telle choſe que ce
ſoit au ſel & au vinaigre : ils veulent que ce
lieu ne ſoit pas expoſé au Soleil , & qu'il ſoit
très-frais & très-ſec , afin que les proviſions de
bouche ne contractent ni moiſiſſure ni odeur de
relent ; que les vaſes dont on ſe ſervira ſoient
de terre cuite ou de verre ; que l'on en ait une
grande quantité de petits , plutôt que d'en avoir
de grands en moindre quantité (2) , & que de
ces vaſes les uns ſoient enduits de poix comme
il faut , & les autres propres mais ſans apprêt
particulier , ſelon que la nature des choſes que
l'on doit confire l'exigera. Il faut faire exprès
ces vaſes, de façon qu'ils aient une grande ouverture & qu'ils ſoient d'une même largeur du
haut en bas, & que par conſéquent leur forme
ne reſſemble point à celle des futailles, afin que,
lorſqu'on en aura tiré des viandes confites pour
ſon uſage, tout ce qu'on y aura laiſſé ſoit également précipité au fond du vaſe, à l'aide d'un
poids dont on chargera la ſuperficie de ces viandes (3) , parce que le moyen de conſerver les

---

(2) C'eſt afin qu'on puiſſe les tenir plus longtemps bouchés, ce qui eſt plus commode pour les préſerver de la contagion de l'air, & faire les diſtributions de proviſions,
dont il a parlé dans le Chap. précédent.

(3) Il faut ſuppoſer pour cela que l'on adaptera à ce vaſe
cylindrique une planche ronde , percée par le milieu, &
dont la circonférence ſera pareille à celle de ſa capacité,

provisions de bouche sans qu'elles se gâtent, est
de faire en sorte qu'elles ne surnâgent point,
mais qu'elles soient toujours recouvertes du liquide dans lequel on les conserve; ce à quoi il
seroit difficile de parvenir, si elles étoient dans
une futaille, vû l'inégalité de la forme du ventre d'un pareil vaisseau. Les mêmes Auteurs
ajoutent que le vinaigre & la saumure la plus
forte sont d'un usage très-nécessaire pour ces opérations. Voici comme on fait l'une & l'autre.

CHAPITRE V.

POUR faire du vinaigre, mettez sur quarante-huit *sextarii* de vin poussé une livre de
levain, trois *unciæ* de figues seches & un *sexta-*
rius de sel broyés ensemble, de façon néanmoins qu'avant de jetter ces ingrédiens dans la
mesure de vin que nous disons, ils aient été
délayés dans un *quartarius* de miel excellent.
Quelques personnes jettent dans une pareille
mesure de vin quatre *sextarii* d'orge grillé, quarante noix allumées & une demi-livre de mente verte. D'autres font chauffer des barres de
fer, jusqu'à ce qu'elles soient rouges comme du

de façon que cette planche étant chargée d'un poids, laisse
monter la saumure à travers le trou dont elle sera percée.

feu, & les plongent dans une pareille mesure de vin, après quoi ils allument cinq ou six pignons sans amandes, & les y jettent tout enflammés. Il y en a qui font la même opération avec des pommes de sapin enflammées.

CHAPITRE VI.

MANIERE de faire de la saumure forte. On met dans la partie de la Métairie la plus exposée au Soleil une futaille dont l'ouverture soit très-grande, & on la remplit d'eau de pluie, qui est la meilleure pour cette opération, ou du moins, si l'on n'a pas d'eau de pluie, on la remplit d'eau de fontaine qui soit très-douce; après quoi on suspend dans cette futaille un panier de jonc ou de genet d'Espagne rempli de sel blanc, afin que la saumure soit plus blanche. Tant que l'on voit le sel se fondre pendant quelques jours, c'est une preuve que la saumure n'est pas encore assez faite. C'est pourquoi l'on continuera pendant quelque temps d'en mettre d'autre dans ce panier, jusqu'à ce qu'il y reste tel qu'on l'y aura mis & sans souffrir aucune diminution. Lorsqu'on s'appercevra qu'il ne fond plus, on jugera dès-lors que la saumure est à son point de perfection, & si l'on veut en faire d'autre dans le même vase, on versera la premiere dans des vaiſſeaux bien enduits de poix , & on la tiendra couverte au Soleil , parce que l'activité du Soleil en attirera toute la moiſiſſure & lui fera contracter une bonne odeur. Il y a une autre maniere de reconnoître ſi la ſaumure eſt à ſon point de perfection, qui conſiſte à plonger dedans du fromage mou : en effet , s'il tombe au fond, c'eſt une preuve qu'elle n'eſt pas encore faite (1) , au lieu que lorſqu'il ſurnâge , on eſt ſûr qu'elle eſt à ſon point de perfection.

CHAPITRE VII.

QUAND on aura préparé du vinaigre & de la ſaumure, il faudra cueillir pour ſon uſage vers l'Equinoxe du Printemps , & mettre à part les herbes ſuivantes : ſçavoir , des cimes & des tiges de chou , des capres , des tiges d'ache , de la rüe , des tiges de maceron cueillies avant que cette plante ſorte de ſa capſule , ainſi que des tiges de férules cueillies avant leur développement total, de la fleur nouvelle & des tiges de panais ſauvage ou cultivé , de la fleur de coulevrée cueillie avant ſon parfait développement ,

---

(1) C'eſt en effet un ſigne certain que l'eau n'eſt pas encore aſſez impregnée de ſel , puiſqu'elle eſt encore plus légere que le fromage.

de

de la fleur tant d'asperge que de petit houx, de racine vierge, de digitale, de pouliot, de cataire, de
lapsana, de la fleur & des tiges de cette perce-pierre que l'on appelle pied de Milan, & même de
jeunes tiges de fenouil. On confit aisément toutes ces herbes ensemble dans la même sausse,
c'est-à-dire, dans deux tiers de vinaigre & un tiers
de saumure forte. Mais on peut aussi mettre à
part, chacune dans leur bassin, la coulevrée, le
petit houx, la racine vierge, l'asperge, la lapsana,
le panis, la cataire, la perce-pierre. Après avoir
saupoudré ces herbes de sel, on les met deux jours
à l'ombre jusqu'à ce qu'elles rendent leur eau; ensuite si elles ont jetté assez d'eau pour pouvoir être
lavées dans leur propre jus, on les y lave, sinon
on les lave avec de la saumure forte que l'on verse
dessus, puis on les comprime en les chargeant
d'un poids; après quoi on les met chacune dans
un vase à part, puis on verse dessus une saumure, qui, comme je l'ai dit ci-dessus, sera composée de deux tiers de vinaigre & d'un tiers de
saumure proprement dite, & on les recouvre
d'une bonne poignée de fenouil sec cueilli l'année précédente pendant la vendange, pour les
comprimer au point que le liquide puisse remonter aux bords du flacon. Quand on aura cueilli
le maceron, la férule & le fenouil, on étendra
ces herbes à la maison, jusqu'à ce qu'elles soient
fannées, après quoi on en dépouillera les tiges
de leurs feuilles & de toute leur écorce. Si ces

tiges font plus groffes que le pouce, on aura foin
de les partager en deux morceaux en fe fervant
d'un rofeau pour les couper. Il faudra auffi épar-
piller les fleurs elles - mêmes & les fendre en
deux avant de les mettre confire dans les vafes,
pour éviter qu'elles ne foient trop groffes. Enfuite on verfera deffus la faumure que nous venons de prefcrire , en y ajoutant quelques petites racines de ce lafer , que les Grecs appellent
σίλφιον, & en recouvrant le tout d'une poignée de
fenouil fec , de façon que la faumure remonte
par-deffus. Il faut laiffer fécher à la maifon pendant plufieurs jours , jufqu'à ce qu'elles foient
fannées, les cimes & les tiges de chou , de caprier, de pied de milan, de pouliot , de digitale , & les confire enfuite de la maniere dont
on confit la férule, la rüe, la farriette & l'origan. Il y a des perfonnes qui fe contentent de
faire confire la rüe dans de la faumure forte ,
fans y ajouter de vinaigre, & qui enfuite, pour
s'en fervir, la trempent dans de l'eau ou même
dans du vin , & l'arrofent d'huile. On pourroit
aifément conferver de la même maniere la farriette verte, ainfi que l'origan verd.

CHAPITRE VIII.

MANIERE de faire de l'*Oxygala* (1). On prend un pot de terre propre, que l'on perce vers le fond avec une tarriere, ensuite on bouche avec un fosset le trou que l'on a fait, & l'on remplit ce vase de lait de brebis très-frais, puis on y ajoute de petites bottes d'assaisonnemens verds consistans en origan, mente, oignon & coriandre. On enfonce ces herbes dans le lait, de façon néanmoins que la ligature qui les retient y surnâge. Cinq jours après on retire le fosset qui servoit à boucher le trou, & l'on vuide le petit lait. Ensuite, lorsque le lait même commence à couler, on rebouche le trou avec le même fosset, & au bout de trois jours on vuide encore le petit lait de la même maniere que la premiere fois, & l'on jette à l'écart les bottes d'assaisonnemens. Après quoi on ratisse

---

(1) Ce mot vient d'ὀξὺς, qui veut dire *aigre*, & γάλα, qui veut dire *lait*. Cette espece de lait aigre est fort à la mode, à ce qu'on prétend, dans la Turquie, & on y en vend dans toutes les Auberges : les Turcs s'en servent pendant les grandes chaleurs en le délayant dans de l'eau froide, & émiettant du pain dedans. C'est une nourriture excellente au palais & à l'estomac, & admirable pour étancher la soif.

sur le lait un peu de thym & d'origan secs, puis on y jette telle quantité que l'on juge à propos de poireaux qui se coupent à différentes reprises, après les avoir hachés par morceaux, en mêlant bien le tout ensemble, & au bout de deux jours on vuide encore le petit lait & on bouche le trou. Enfin on y ajoute autant de sel égrugé qu'il est nécessaire, en mêlant encore bien le tout, puis on met un couvercle sur le vase & on le bouche pour ne l'ouvrir que lorsqu'on en aura besoin par la suite. Il y a des personnes qui, après avoir cueilli l'herbe du passerage soit cultivé soit même sauvage, la font d'abord sécher à l'ombre, après quoi, lorsqu'elles ont fait tremper un jour & une nuit dans la saumure les feuilles séparées des côtes & qu'elles les ont exprimées, elles les jettent dans le lait sans autre assaisonnement, en y ajoutant la quantité de sel qu'elles croient suffisante, & en observant pour le surplus ce que nous avons prescrit ci-dessus. D'autres mêlent dans un pot de terre des feuilles nouvelles de passerage avec du lait doux, & vuident le petit lait trois jours après, comme nous l'avons prescrit, après quoi ils y ajoutent de la sarriette verte hachée par morceaux, & même de la graine seche de coriandre, d'anet, de thym & d'ache, le tout bien broyé ensemble & mêlé avec du sel bien cuit & bien criblé; après quoi ils observent pour le surplus ce que nous avons dit ci-dessus.

CHAPITRE IX.

IL faut saler dans un baffin des tiges de laitue épluchées depuis le pied jusqu'à l'endroit où l'on s'apperçoit que les feuilles commencent à être tendres, & les y laiffer un jour & une nuit jufqu'à ce qu'elles dégorgent la faumure, enfuite on les lavera dans cette faumure, & on les expofera fur des claies, après en avoir exprimé l'eau, jufqu'à ce qu'elles foient féchées : cela fait, on mêlera enfemble de l'anet fec & du fenouil, avec un peu de rüe & de poireau haché par morceaux, & l'on en fera un lit fur lequel on étendra ces tiges lorfqu'elles feront feches, en les arrangeant de façon qu'elles foient féparées par des haricots verts entiers, que l'on aura fait préalablement tremper un jour & une nuit dans de la faumure forte. Lors donc que ces haricots font féchés de même, on les confit avec des bottes de laitue, en verfant deffus une faumure compofée de deux tiers de vinaigre & d'un tiers de faumure proprement dite, & en les chargeant enfuite d'une poignée de fenouil fec qui les retienne, de façon que la faumure remonte pardeffus. Pour la forcer de remonter & empêcher les herbes confites de fe deffécher, la perfonne qui fera à la tête de cette befogne aura foin d'en verfer souvent de nouvelle par-dessus la premiere. Il essuyera aussi l'extérieur des vases avec une éponge propre, & les raffraîchira avec de l'eau de fontaine nouvellement puisée. Il faut assaisonner la chicorée & les cimes de ronces, aussi bien que les tiges de thym, de sarriette, d'origan, & même celles de grands raiforts de la même maniere que la laitue. Au reste c'est au Printemps que l'on fait ces sortes d'opérations.

CHAPITRE X.

NOus allons au contraire donner à présent des préceptes qui concernent les choses qu'il faut cueillir vers la moisson ou même après, pour les garder pendant l'Eté. Choisissez de l'oignon de Pompéii ou d'Ascalon, ou même de l'oignon simple du pays des Marses, que les Paysans appellent *unio*, c'est-à-dire, de celui qui n'a pas monté en tiges & qui est sans cayeu. Faites-le d'abord sécher au Soleil, ensuite, après qu'il aura été raffraichi à l'ombre, arrangez-le dans un flacon sur un lit de thym ou d'origan, & après avoir versé dessus une saumure composée de trois quarts de vinaigre & d'un quart de saumure proprement dite, couvrez-le d'une botte d'origan, de façon que l'oignon soit bien enfoncé : lorsque l'oignon aura bû cette saumure, vous remplirez le vafe du même liquide. C'eſt dans le même temps que l'on confit les cormes, les prunes de couleur d'onyx & les prunelles, ainſi que les poires & les pommes de toute eſpece. Il faut cueillir les cormes dont on ſe ſert pour confire les olives, ainſi que les prunelles & les prunes d'onyx, pendant qu'elles ſont encore dures & avant leur maturité parfaite, pourvu néanmoins qu'elles ne ſoient pas trop vertes. Enſuite on les fait ſécher un jour à l'ombre, puis on mêle enſemble par parties égales du vinaigre & du vin cuit juſqu'à diminution des deux tiers ou de moitié, & on verſe ce mêlange deſſus. Il faudra auſſi y ajouter un peu de ſel, pour qu'il ne s'y engendre point de vermiſſeaux ni d'autres animaux. On les conſervera cependant plus commodément en mêlant deux tiers de vin cuit juſqu'à diminution des deux tiers avec un tiers de vinaigre. Lorſqu'on aura cueilli, avant leur maturité, ſans cependant qu'elles ſoient abſolument vertes, des poires de Dolabella & de Cruſtumium, des poires Royales (1), des poires de Venus (2), des poires *volema* (3), des poires de

---

(1) Voy. la Note 10 du Chap. II Liv. III.

(2) Pline 15, 15, prétend qu'on ne connoît pas avec certitude la raiſon qui leur a fait donner ce nom.

(3) Voy. la Note 4 du Chap. VII. de l'Economie rurale de Caton.

A a iv

Nævius & de Lateritius (4), des poires *decuma-na* (5), des poires *laurea* (6), des poires *myrap-pia* (7) & des prunes pourprées, on examinera avec attention si elles font faines, fans deffaut & fans vers; enfuite on les arrangera dans un flacon de terre cuite enduit de poix, que l'on remplira foit de vin fait avec des raifins féchés au Soleil, foit de vin cuit jufqu'à diminution de moitié, de façon que tout le fruit foit en-foncé dans la liqueur; après quoi on mettra def-fus un couvercle que l'on enduira de plâtre. Je crois devoir donner comme une maxime géné-rale, qu'il n'y a point de fruit que l'on ne puif-fe conferver dans du miel. C'eft pourquoi com-

---

(4) On lit dans Columelle *Lateritiana*, mais Pline 15, 15, les appelle *Lateriana*, & le P. Hardouin Note 13, croit qu'il faut lire *Laterana*, & qu'un certain Lateranus leur avoit donné fon nom.

(5) Ce nom leur viendroit-il de leur groffeur? (Feftus dit qu'on appelloit *decumana* les plus gros œufs & les flots les plus confidérables, parce que le dixieme œuf d'une ponte & le dixieme flot du flux font les plus diftingués.) Ou ne feroient-ce pas les mêmes poires que celles que Pline 15, 15, appelle *Decimiana*, d'un certain Decimus qui leur avoit don-né fon nom fuivant le P. Hardouin Note 6?

(6) Elles étoient ainfi nommées à caufe de l'odeur de laurier qu'elles avoient, Pline 15, 15.

(7) Elles tiroient leur nom de l'odeur de ce parfum liqui-de, que les Grecs nommoient μύρον. Nous avons auffi des poires *parfums*.

me les fruits, qui font confits dans le miel,
font quelquefois falutaires aux malades, je penfe
qu'il en faut conferver au moins quelques-uns
de cette maniere, pourvu cependant qu'on en
mette à part les différentes efpeces, parce que,
fi elles étoient mêlées toutes enfemble, l'une
gâteroit l'autre. Et, puifque ceci nous a donné
l'occafion de faire mention du miel, nous ajou-
terons que c'eft dans le même temps qu'il faut
châtrer les ruches & faire le miel & la cire : mais,
comme nous avons déja parlé de cette matiere
dans le neuvieme Livre, nous ne demanderons
à préfent rien autre chofe au Métayer, fi ce n'eft
qu'il ait foin d'affifter à la confection du miel
& de la cire, & de veiller à la confervation de
ces fruits.

CHAPITRE XI.

AU refte, comme c'eft dans le même temps
que l'on doit ferrer le miel ainfi que l'hydromel
dans la vue de les laiffer vieillir, on fe rappellera qu'il faut caffer la cire en petits morceaux
dès que le fecond miel aura été extrait des
rayons, & la faire tremper dans de l'eau de
fontaine ou de pluie ; enfuite, après en avoir
exprimé l'eau, il faudra la paffer, la faire bouillir dans un vafe de plomb & la purger de toutes

fes immondices en l'écumant. Lorfqu'elle aura acquis par la cuiſſon l'épaiſſeur du vin cuit juſqu'à diminution de moitié, on la laiſſera refroidir & on l'enfermera dans des flacons bien enduits de poix. On ſe ſert de l'eau dans laquelle les rayons ont trempé en guiſe d'hydromel : quelques perſonnes l'emploient auſſi au lieu de vin cuit juſqu'à diminution de moitié pour confire les olives, & je crois même qu'elle eſt plus propre que ce vin à cette deſtination, parce qu'elle a un goût plus nourriſſant. D'ailleurs on ne peut pas la donner en remede aux malades au lieu d'hydromel, parce qu'elle engenbre des vents dans l'eſtomac & dans les inteſtins de ceux qui en boivent.

CHAPITRE XII.

CEST pourquoi on mettra cette eau à part & on la réſervera pour s'en ſervir à confire les fruits, après quoi il faudra faire un hydromel particulier avec d'excellent miel. Mais il y a pluſieurs façons de le faire. En effet, quelques perſonnes renferment dans des vaſes, pluſieurs années d'avance, de l'eau de pluie qu'elles tiennent à l'air expoſée au Soleil : enſuite, après l'avoir ſouvent ſurvuidée dans d'autres vaſes pour l'éclaircir (parce que toutes les fois qu'on la tranſvase, le fît-on même à différentes reprises pendant un très long temps, on trouve toujours au fond du vase une matiere épaisse semblable à de la lie), elles en mêlent un *sextarius* avec une livre de miel. Il y a cependant des personnes, qui, pour donner à l'hydromel un goût plus austere, ne délaient dans un *sextarius* d'eau que neuf *unciæ* de miel : ces mêmes personnes, après avoir rempli un flacon de cet hydromel ainsi composé & l'avoir enduit de plâtre, le laissent quarante jours au Soleil pendant le lever de la Canicule, & ne le mettent qu'au bout de ce temps sur un plancher où la fumée puisse parvenir. D'autres, qui n'ont pas pris la précaution de faire vieillir de l'eau de pluie, en prennent de nouvelle qu'ils font bouillir jusqu'à diminution des trois quarts, ensuite, lorsqu'elle est refroidie, ils y mettent un *sextarius* de miel sur deux *sextarii* d'eau s'ils veulent faire de l'hydromel bien doux, ou neuf *unciæ* de miel sur un *sextarius* d'eau s'ils veulent le faire plus austere, & quand ils l'ont fait, en observant ces proportions dans les doses, ils le versent dans un flacon, & après l'avoir laissé au Soleil pendant quarante jours, comme je viens de dire, ils le mettent ensuite sur un plancher exposé à la fumée.

CHAPITRE XIII.

LE temps le plus propre à faire du fromage pour la consommation de la maison, est celui où le fromage rend le moins de petit lait, ainsi que le temps de l'arriere-saison où il n'y a plus gueres de lait, & où par conséquent on ne trouveroit pas son profit à perdre inutilement des journées pour porter ce genre de fruit au marché, puis qu'effectivement il arrive souvent qu'en y portant des fromages pendant la chaleur, ils s'aigrissent & se gâtent. Aussi est-ce le temps où il vaut mieux en faire pour son usage. Au reste le soin de bien faire le fromage concerne le Berger, auquel nous avons donné dans le septieme Livre (1) les préceptes qu'il doit suivre à cet effet. Il y a aussi des herbes que l'on peut confire à l'approche de la vendange, telles que le pourpier, & la plante potagere de l'arriere-saison, à laquelle quelques personnes donnent le nom de perce-pierre cultivée. On épluche donc avec soin ces herbes & on les étend à l'ombre; ensuite au bout de quatre jours on les arrange chacune séparément sur un lit de sel posé au fond des fla-

---

(1) Voy. le Chap. VIII. du Liv. VII.

tons, & après les avoir arrosées de vinaigre, on remet une couche de sel par-dessus, attendu que la saumure n'est pas bonne pour les herbes de cette espece.

CHAPITRE XIV.

C'EST dans le même temps, ou même au commencement du mois d'Août, que l'on cueille les pommes & les poires les plus agréables au goût dans le temps qu'elles ne sont encore que médiocrement mures, & qu'après les avoir coupées en deux ou trois morceaux avec un roseau ou avec un petit couteau d'os, on les met au Soleil jusqu'à ce qu'elles soient séchées. Si l'on en a une forte quantité, elles feront en grande partie la nourriture des Paysans pendant l'Hiver, en leur tenant lieu de bonne chere : il en est de même des figues, qui, étant serrées lorsqu'elles sont seches, aident à les nourrir dans le même temps.

CHAPITRE XV. (1)

IL faut pour cela choisir la figue dans le temps où elle n'est ni trop mure ni trop verte, & l'étendre dans un lieu où le Soleil donne toute la journée. On enfonce à cet effet des pieus en terre à la distance de quatre pieds les uns des autres, & on les assemble en forme de jougs avec des perches. On couvre ensuite ces jougs de roseaux travaillés exprès, que l'on éloigne de deux pieds de terre, afin que les figues ne puissent pas attirer l'humidité que la terre rend communément pendant la nuit, après quoi on arrange les figues sur ces roseaux, & l'on étend à terre, de droite & de gauche, des claies de berger tissues de chaume, de leche ou de fougere, que l'on puisse relever quand le Soleil se couchera, afin qu'étant rabbatues l'une sur l'autre en forme de voute comme les chaumieres, elles préservent les figues, pendant qu'elles sechent, de la rosée & quelquefois même de la pluie, qui gâtent l'une & l'autre cette espece de fruit. Lorsqu'ensuite ces figues seront seches, il faudra les renfermer à Midi, pendant qu'elles seront encore chau-

---

(1) Il ne paroit pas que ce Chapitre puisse être séparé du précédent.

des, dans des vaiſſeaux bien enduits de poix, & les y fouler avec ſoin, en prenant néanmoins la précaution d'étendre ſous elles un lit de fenouil ſec, & de les recouvrir d'un pareil lit lorſque les vaſes ſeront pleins. On couvrira ſur le champ ces vaſes & on les bouchera, puis on les mettra dans un grenier très-ſec, afin que les figues ſe conſervent mieux & plus longtemps. Il y a des perſonnes qui arrachent la queue des figues après les avoir cueillies, & qui les étendent au Soleil; enſuite, lorſqu'elles ſont tant ſoit peu ſéchées, elles les entaſſent dans des baſſins de terre cuite ou de pierre, avant qu'elles ſoient durcies; puis après s'être lavé les pieds, elles les foulent comme on foule la farine, en y mêlant du ſéſame grillé avec de l'anis d'Egypte, & de la graine tant de fenouil que de cumin. Quand elles ont bien foulé ces ingrédiens aux pieds, & qu'elles n'en ont fait qu'une maſſe avec les figues déja pulvériſées, elles en font des pâtes de moyenne groſſeur qu'elles enveloppent dans des feuilles de figuier, & après les avoir liées avec du jonc ou avec toute autre herbe, elles les mettent ſur des claies pour les faire ſécher. Enfin, lorſque ces figues ſont bien ſeches, elles les enferment dans des vaſes enduits de poix. D'autres renferment la pâte même de ces figues dans des vaiſſeaux ſans poix, & après les avoir bouchés, ils la font ſécher ſous une tourtiere ou dans un four, afin que toute

son humidité se ressuie plus promptement, &
lorsqu'elle est seche, ils la mettent sur un plancher. Mais quand ils veulent s'en servir ils sont
obligés de casser le vase de terre cuite, attendu que, lorsque la pâte des figues est une fois
durcie, ils ne pourroient pas l'en retirer autrement. D'autres choisissent les figues les plus
grasses dans le temps qu'elles sont vertes, &
les étendent au Soleil pour les faire sécher, après
les avoir ouvertes avec un roseau ou avec les
doigts. Lorsqu'elles sont bien seches, ils les ra-
massent pendant la chaleur du Midi, parce que
c'est le temps où l'ardeur du Soleil les ramollit,
& après les avoir arrangées les unes auprès des
autres, ils les pressent conformément à l'usage
des Afriquains & des Espagnols, pour leur faire prendre la forme d'une étoile ou celle d'une
petite fleur, ou la figure d'un pain, après quoi
ils les font de nouveau sécher au Soleil, & les
serrent ensuite dans des vases.

CHAPITRE XVI.

LE raisin demande les mêmes soins. Il en faut
cueillir de blanc, qui ait le goût très-agréable
& dont les grains soient très-gros & peu serrés,
quand la Lune sera dans son déclin, & par un
temps serein & sec, après la cinquieme heure

du

du jour (1); ensuite on l'étendra pendant quelque temps sur des tablettes, de façon que les grappes ne se froissent point les unes contre les autres en se comprimant par leur propre poids, après quoi il faudra faire chauffer dans une chaudiere ou dans une grande marmite neuve de terre cuite, une lessive préparée avec de la cendre de sarment; lorsqu'elle sera bouillante, on y versera un peu d'huile, de la meilleure qualité que faire se pourra, & on mêlera le tout ensemble; après cela on jettera dans la chaudiere bouillante des grappes de raisin liées ensemble au nombre de deux ou trois, selon qu'elles seront plus ou moins grosses, & on les y laissera quelque temps jusqu'à ce qu'elles aient changé de couleur, sans leur donner cependant le temps de cuire, mais en usant de quelque modération & en prenant un certain milieu. Quand on les aura retirées, on les arrangera sur une claie, en les éloignant assez l'une de l'autre pour qu'elles ne se touchent point mutuellement. Trois heures après on les retournera l'une après l'autre, en évitant de les remettre à la place qu'elles occupoient d'abord, de peur qu'elles ne se gâtent en séjournant dans l'eau qu'elles auront rendue. Il faut même les couvrir pendant la nuit comme les figues, afin qu'elles soient à l'abri de la rosée & de la pluie. Lorsqu'elles

---

(1) Voy. la Note 4 du Chap. II. Liv. II.

seront tant soit peu séchées, on les mettra dans
un lieu sec renfermées dans des vaisseaux neufs
& sans poix, avec un couvercle enduit de plâtre. Il y a des personnes qui enveloppent le raisin dans des feuilles de figuier pour le faire sécher ; quelques-uns couvrent les grappes , lorsqu'elles sont à demi flétries, de feuilles de vigne , & d'autres de feuilles de platane, avant
de les serrer dans des amphores. Il y en a qui
brûlent de la paille de fèves , & qui font une
lessive avec la cendre qui en résulte , après
quoi ils mettent sur dix *sextarii* de cette lessive trois *cyathi* de sel & un d'huile , puis ils
la font bouillir & achevent l'opération de la
maniere que nous avons dite. Si l'on s'apperçoit qu'il y ait trop peu d'huile dans la chaudiere, on en ajoute de temps en temps ce qu'il
en faut pour rendre le raisin plus gras & plus
luisant. Mettez dans le même temps des cormes
cueillies à la main & bien choisies dans de petites cruches enduites de poix avec des couvercles enduits de même , & bouchez les avec du
plâtre ; ensuite enfoncez-les dans des fosses de
deux pieds creusées à la maison dans un lieu
sec, de façon que l'ouverture de ces cruches, qui
seront par conséquent bien bouchées , soit renversée ; enfin chargez-les de terre que vous foulerez légérement aux pieds. Au reste il vaudra
mieux multiplier le nombre des fosses, que d'enterrer plusieurs vases à la fois dans la même , ce

qu'on ne fera pas fans les éloigner les uns des autres, parce que, s'il arrivoit que, pour en ôter un, on en remuât d'autres, les cormes ne tarderoient pas à se gâter. Quelques personnes confervent auffi très-bien ce fruit dans du vin cuit jufqu'à diminution de moitié, en y ajoutant une bonne poignée de fenouil fec pour l'enfoncer dans les vafes, de façon que le liquide ne ceffe pas de le couvrir, ce qui n'empêche pas qu'on n'en bouche foigneufement avec du plâtre les couvercles qui feront enduits de poix, afin que l'air ne puiffe pas y pénétrer.

CHAPITRE XVII.

IL y a tel pays où le vin manque, & ou par conféquent on ne peut pas faire de vinaigre. Il faut donc cueillir au même temps dans ces pays-là des figues vertes très-mûres, ou même ramaffer celles que les pluies auront fait tomber, au cas que les pluies foient déja venues, & après les avoir ramaffées, on les ferrera dans des futailles ou dans des amphores, où on les laiffera fermenter ; lorfqu'elles feront aigries & qu'elles auront rendu leur eau, on paffera avec foin tout ce qui s'y trouvera de vinaigre, & on le verfera dans des vafes qui fentent bien la poix dont ils auront été enduits. Cette liqueur

tient lieu d'un bon vinaigre de premiere qualité, qui ne contracte jamais de relent ni de moisissure, pourvu qu'on ne le serre pas dans un lieu
humide. Quelques personnes, qui visent plus à
la quantité qu'à la qualité du vinaigre, versent
de l'eau sur les figues, & en remettent de temps
en temps de nouvelles très-mûres, qu'ils laissent se consumer avec les autres dans le même
jus, jusqu'à ce que ce jus ait acquis le goût d'un
vinaigre assez mordant, après quoi ils le passent dans de petits paniers de jonc ou dans des
sacs de genêt d'Espagne, & le font bouillir ensuite, jusqu'à ce qu'il ne jette plus d'écume &
qu'il ne s'y trouve plus d'immondices; puis ils y
ajoutent un peu de sel grillé, pour l'empêcher
d'engendrer des vers ou d'autres animaux.

CHAPITRE XVIII.

Quoique nous ayons déja dit dans le Livre
précédent (1), intitulé LE MÉTAYER, ce qu'il
faut préparer pour la vendange, il n'est pas cependant hors de propos de donner aussi à la Métayere des préceptes sur la même matiere, afin
qu'elle n'ignore point que toutes les choses relatives à la vendange, qui doivent se faire à la mai-

____

(1) Voy. le Chap. II. du LIV. XI.

son, sont de son ressort. Si l'on possede une terre d'une grande étendue, & que l'on ait des vignobles ou des plans d'arbres mariés à des vignes considérables, il faut fabriquer continuellement, pendant tout le courant de l'année, des vaisseaux dont les uns contiennent dix *modii*, & les autres trois, faire de petits paniers & les poisser : il faut aussi préparer un très-grand nombre de faucilles & de serpettes, & les aiguiser, afin que les vendangeurs n'arrachent point les grappes avec la main, ce qui feroit tomber à terre une grande partie du fruit, attendu que les grains se détacheroient alors de la grappe : il faut encore attacher des cordes aux paniers, & des courroies aux vaisseaux qui contiennent trois *modii*. Ensuite on lavera les cuves dans lesquelles on foule le vin, les fosses où il doit couler à la sortie du pressoir, les aires des pressoirs (2) & tous les vases avec de l'eau de mer, si la mer n'est pas éloignée, sinon, avec de l'eau douce, puis on les essuira & on les fera bien sécher jusqu'à ce qu'il n'y reste plus d'humidité. Il faut encore bien balayer toutes les ordures dans la cave au vin, & la parfumer de bonnes odeurs, afin d'en écarter toutes les mauvaises, & de l'empêcher de sentir l'aigre. On fera aussi très-pieusement & très-chastement des sacrifices en l'honneur de Liber (3), de

---

(2) Voy. la lettre *P.* dans la Planche premiere de Caton.
(3) Surnom de Bacchus (Voy. la Note 3 du Liv. X.), que

Libera & des inſtrumens du preſſoir. On ne s'é-
cartera pas, dans le temps de la vendange, du
preſſoir ni de la cave au vin, tant afin que ceux
qui font le mout le faſſent purement & proprement, qu'afin que les voleurs ne trouvent pas
l'occaſion de dérober le fruit dans l'un ou l'autre
de ces endroits. Il faut auſſi poiſſer les futailles
ainſi que les vaiſſeaux & tous les autres vaſes,
quarante jours avant la vendange. Au reſte, ceux
qui font enfoncés en terre à demeure ſe poiſſent
autrement que ceux qui font à rez-terre (4). En
effet, on échauffe les vaſes qui font enfoncés en
terre avec des lampes de fer allumées, & quand
on a fait couler à l'aide d'une de ces lampes de
la poix au fond du vaſe, on retire la lampe, après

---

les Payens regardoient comme le Dieu de la liberté, ſoit
parce qu'il avoit rendu la liberté à ſa patrie, ſoit parce
que le vin délivre de tout ſouci.

(4) Pline dit 14, 21, que les Anciens enfonçoient en terre les vaſes ou leurs vins étoient renfermés, ſoit en
entier, ſoit en partie, ſuivant que le climat étoit plus
doux ou plus froid : c'eſt-à-dire, qu'ils les enfonçoient plus
profondément quand le climat étoit plus chaud, & moins
profondément quand il étoit plus froid, quoique le P. Hardouin prétende dans la Note 2 *ibid.* que ce ſoit tout le contraire : mais ſon ſyſtéme répugne à la raiſon & au ſentiment
même de Pline, qui dit que c'eſt dans les climats chauds
qu'on les enfonce en terre. Les Juriſconſultes diſtinguent
auſſi les vaſes à vin enfoncés en terre ou ceux que leur
volume empéchoit de remuer, d'avec les autres. Voy. la
Loi 3 au Digeſte, *De tritico, vino, vel oleo legato.*

quoi on promene dans toute la capacité du vase
la poix qu'on y a fait distiller, en détachant celle
qui tient à ses parois avec un rable de bois &
une ratissoire de fer courbée; ensuite on nettoie
le vase avec un torchon, & on y verse de nouveau de la poix bien bouillante, pour l'en enduire avec un autre rable & un balai (5). Quant
aux vases qui sont à rez-terre, on les expose au
Soleil plusieurs jours avant de les poisser, &
quand ils ont été suffisamment essorés, on les
retourne pour les placer sur leur ouverture, de
façon néanmoins qu'ils soient suspendus en l'air
à l'aide de trois petites pierres sur lesquelles ils
seront posés; ensuite on allume du feu par-dessous, & on le laisse brûler le temps nécessaire,
pour que la chaleur pénetre au fond du vase,
au point de ne pouvoir pas être supportée si l'on
y mettoit la main. Enfin, on renverse la futaille
à terre en la couchant sur le côté, puis on y verse de la poix très-bouillante, & on finit par la
rouler, afin qu'elle en soit enduite dans toutes ses
parties. Mais il faut faire cette opération un jour
où il ne fasse pas de vent, de peur que les vases ne viennent à se casser, au cas que le vent
donne dessus lorsque le feu sera allumé. Au reste,
il suffit de vingt-cinq livres de poix dure pour
enduire des futailles de la contenance d'un *cul-*

---

(5) Le rable sert à remuer les grumeaux de poix, & le balai
à la distribuer également.

leus & demi ; & il est constant qu'en ajoutant au total de la poix qu'on fera cuire un cinquieme de poix tirée du pays des *Brutii*, il en résultera un très-grand avantage pour toute la vendange qu'on mettra par la suite dans ces futailles.

CHAPITRE XIX.

IL faut aussi se donner des soins pour que le mout qu'aura rendu le raisin soit de longue garde, ou du moins pour qu'il se conserve jusqu'à la vente. Nous allons exposer tout de suite la maniere dont il faut s'y prendre pour y parvenir, & nous montrerons les assaisonnemens auxquels il faut avoir recours à cet effet. Quelques personnes réduisent le mout, en le faisant cuire dans des vases de plomb, les uns aux trois quarts, les autres aux deux tiers (1) : mais il est constant qu'en le réduisant à moitié on aura de meilleur vin cuit, & que ce vin sera par conséquent plus utile pour les usages auxquels il est destiné : cela est même si constant que, pour frelater le mout, on peut se servir de ce vin cuit jusqu'à diminution de moitié, au lieu de vin cuit jusqu'à diminution des deux tiers, pourvu qu'il provien-

______

(1) Voy. la Note 8 du Chap. VII. de l'Économie rurale de Caton.

ne de vignes anciennes. Nous regardons comme le vin de la premiere qualité celui qui n'a pas besoin d'être frelaté pour durer longtemps , & nous croyons qu'il ne faut absolument y mettre aucune mixtion qui puisse en altérer le goût naturel , parce que ce qui peut plaire sans artifice est supérieur à tout. Mais quand le mout aura quelque mauvaise qualité , soit que cette qualité provienne du vice du terroir , soit qu'elle provienne de la jeunesse des vignes , il faudra choisir , pour en faire du vin cuit, un canton de vignes Amminées , si l'on est à portée d'en avoir , sinon , de vignes extrémement vieilles qui donnent de très-joli vin , & qui ne soient point plantées dans un terroir humide. Ensuite on observera le temps du déclin où la Lune sera sous terre , & on cueillera alors par un jour sec & serein les grappes les plus mûres de ces vignes , & après les avoir foulées , on puisera dans la cuve le vin de mere-goutte , pour en remplir les vases qui servent à faire le vin cuit ; ensuite on allumera le feu au fourneau , mais en observant de ne le faire d'abord & de ne l'entretenir qu'avec ces menus bois , que les Paysans appellent *cremia* (2) , afin que le mout bouille à loisir. Celui qui présidera à cette cuisson aura sous sa main des couloires de jonc ou de genêt d'Espa-

---

(2) De *cremare*, qui veut dire *brûler*, parce qu'ils brûlent facilement.

gne crud, c'est-à-dire, qui n'ait pas été battu, ainsi que des bâtons garnis par le bout de poignées de fenouil, avec lesquels il puisse parvenir jusqu'au fond des vases, à l'effet de remuer toute la lie qui s'y déposera, de la faire remonter à la superficie des vases, & d'ôter ensuite avec les couloires toutes les immondices qui s'y présenteront sur leurs bords ; opération qu'il ne cessera pas de faire jusqu'à ce qu'il s'apperçoive que le mout à force de s'éclaircir est absolument sans lie. Alors il y mettra des coings, qu'il en retirera lorsqu'ils seront bien cuits, ou des odeurs convenables qu'il choisira à son gré, sans cesser de remuer le vin de temps en temps avec les bâtons garnis de fenouil, de peur que quelque chose ne s'attache au fond du vase de plomb, ce qui pourroit le faire crever (3). Lorsqu'ensuite le vase pourra supporter un feu plus ardent, c'est-à-dire, lorsque le mout sera déja cuit en partie & qu'il bouillira intérieurement, il mettra par-dessous des buches & de plus gros bois qu'auparavant, de façon néanmoins que ce bois ne touche point le cul du vase, parce qu'autrement il arriveroit que le vase lui-même créveroit (3), ce qui n'est pas sans exemple, ou

---

(3) En effet, pour peu que quelque chose de lourd ou de dur vienne à s'attacher au plomb, le feu agit plus vivement à l'endroit où se trouve ce corps étranger, par cela même qu'il y trouve une plus grande résistance.

qu'au moins le mout brûleroit indubitablement,
& contracteroit dès-lors une amertume qui l'empêcheroit d'être d'aucune utilité pour les choses
auxquelles il doit servir. Au surplus, avant de
verser le mout dans les vases de plomb dont on
se sert pour faire cuire le vin, il faudra les imbiber eux-mêmes intérieurement de bonne huile, & les en bien frotter. Cette précaution empêchera le vin cuit de brûler.

CHAPITRE XX.

NÉANMOINS, telle précaution que l'on ait
prise en faisant le vin cuit, il arrive souvent
qu'il s'aigrit comme le vin. Souvenons-nous en
pareil cas de le frelater avec du vin cuit depuis un an, & dont la bonté ait déja été éprou-
vée, parce qu'un mauvais correctif ne pourroit
que gâter le fruit de la récolte. Quant aux vases dans lesquels on fait cuire le vin jusqu'à diminution des deux tiers ou de moitié, ils doivent plutôt être de plomb que de cuivre, parce que le verd-de-gris se détache de ces derniers dans la cuisson, & qu'ils corrompent eux-
mêmes le goût des drogues qui entrent dans
cette composition. Au surplus les parfums que
l'on fait cuire le plus communément avec le
vin, sont l'iris, le fenu-Grec & la racine de

jonc. Il faut jetter une livre de chacune de ces plantes dans un vase dans lequel on aura fait cuire quatre-vingt-dix amphores de moût, après que ce moût aura cessé de bouillir & qu'il sera purifié. Ensuite, si le moût est d'une nature légere, il faudra, lorsqu'il sera cuit jusqu'à diminution des deux tiers, retirer le feu du fourneau & le raffraîchir aussitôt en jettant de l'eau dessus. Il est vrai qu'en suivant cette pratique, lorsque le vin cuit sera reposé, il se trouvera au-dessous du tiers même du vase, mais malgré ce décher on y gagnera, en ce que plus il sera cuit (pourvu toutefois qu'il ne soit pas brûlé) plus il sera bon & épais. En effet, il suffira, pour frelater du vin, de mettre sur chaque amphore un *sextarius* d'un vin cuit de la sorte. Au reste, si l'on fait cuire dans un vase la valeur de quatre-vingt-dix amphores de moût, on n'y mettra les drogues qu'au moment où il sera presque cuit jusqu'à diminution des deux tiers. Or ces drogues seront ou liquides ou résineuses, c'est-à-dire, qu'elles consisteront en dix *sextarii* de poix liquide, tirée du pays des *Nemeturici*, que l'on aura délayée auparavant avec soin dans de l'eau de mer cuite, ou en une livre & demie de térébenthine. En mettant ces drogues on agitera beaucoup le vase de plomb, de peur qu'elles ne brûlent. Lorsqu'ensuite le vin sera réduit au tiers par la cuisson, on retirera le feu de dessous, & on remuera de temps en temps le vase de plomb , afin que les drogues s'incorporent avec le vin cuit; après quoi, lorfque le vin paroîtra un peu tiedi, on le faupoudrera peu-à-peu avec d'autres aromates broyés & criblés , & on le fera remuer avec un rable de bois, jufqu'à ce qu'il foit refroidi. Si l'on ne brouilloit pas les aromates de la maniere que nous venons de prefcrire , ils refteroient au fond du vafe & brûleroient. Voici quels feront les parfums qu'il faudra employer pour la quantité de mout que nous avons dite : une feuille de nard; une demie livre tant d'iris d'Illyrie, que de nard des Gaules, de coftus, de palmier, de fouchet & de racine de jonc , ou cinq *unciæ* de myrrhe ; une livre de canne; une demi livre de canelle; trois *unciæ* d'amome ; cinq de fafran ; une livre de cette *cripa* qui reffemble aux pampres de la vigne. Il faut, comme je l'ai dit , prendre ces drogues feches, les broyer & les piler avant de les employer, puis y ajouter du *rafis*, c'eft-à-dire, d'une efpece de poix crue qui paffe pour être d'autant meilleure qu'elle eft plus vieille , parce que le temps l'ayant endurcie , il eft plus facile de la réduire en poudre en la broyant, de forte qu'elle s'amalgame mieux avec les autres drogues. Au refte, il fuffira d'en mettre fix livres fur la quantité de drogues que nous venons d'indiquer. On ne peut pas déterminer quelle fera la quantité de vin cuit compofé de cette maniere qu'il faudra mettre dans quarante-huit *sextarii* de mout pour le frelater, parce que c'est une chose qu'on ne peut estimer que d'après la qualité du vin, & qu'il faut prendre garde que le goût du vin n'annonce qu'il est frelaté, inconvénient qui éloigneroit les acheteurs. Je suis cependant dans l'habitude d'en mettre sur deux amphores de mout, (c'est-à-dire, sur quatre urnes, l'urne étant de vingt-quatre *sextarii*) un *triens* lorsque la vendange a été humide, & un *quadrans* lorsqu'elle a été seche. Je n'ignore pas que quelques Agriculteurs en ont mis jusqu'à un *quadrans* par amphore : mais je scais aussi qu'ils ne l'ont fait que lorsqu'ils y ont été contraints par la trop grande foiblesse de leur vin, qui se seroit à peine conservé pendant trente jours sans se gâter. Au reste, si l'on ne manque pas de bois, il sera encore mieux de faire bouillir le vin que l'on aura ainsi frelaté, & de le purger de sa lie en l'écumant, parce que, quoiqu'il se trouve, en suivant cette méthode, un dixieme de déchet sur le total, au moins ce qui en reste se conserve ensuite éternellement. Mais, si l'on n'a pas du bois en abondance, on se contentera de mettre sur chaque amphore de vin une *uncia* de cette matiere connue sous le nom de fleur de marbre ou de plâtre, ou deux *sextarii* de vin cuit jusqu'à diminution des deux tiers, & quoique cette derniere méthode ne donne pas au vin la propriété de se garder éternellement, elle lui fait au moins conserver son goût jusqu'à la vendange suivante.

CHAPITRE XXI.

ON fait cuire jusqu'à diminution des deux tiers un mout dont le goût soit très-agréable, & on lui donne le nom de *defrutum*, lorsqu'il a passé par cette cuisson de la maniere que j'ai détaillée ci-dessus (1) : lorsqu'il est refroidi, on le transvase & on le serre pour s'en servir au bout d'un an. On peut néanmoins en mêler dans le vin, pour le frelater, dès le neuvieme jour qui suivra sa cuisson, mais il vaut mieux le laisser reposer un an. On en met un *sextarius* sur deux urnes de mout provenu de vignes plantées sur des coteaux, au lieu qu'on en met trois *hemine*, si le mout provient de vignes plantées en plat pays. Lorsque le mout est retiré de la cuve, on le laisse bouillir & se purger pendant deux jours, & l'on n'y met le vin cuit que le troisieme. Ensuite, au bout de deux autres jours, lorsqu'il a cessé de bouillir avec ce vin cuit & qu'il s'est purgé, on y ajoute encore sur deux urnes de vin la

(1) Dans le Chap. XIX.

quantité de sel grillé & broyé que peut contenir une *ligula*, ou une mesure de demi *uncia* bien
pleine. On jette à cet effet du sel très-blanc dans
un pot de terre cuite non poissé, que l'on mas-
tique ensuite soigneusement dans toute sa surface avec du mortier dans lequel il entre de la
paille, & on le met en cet état auprès du feu
pour l'y laisser griller tant qu'il pétillera, & dès
qu'il commence à ne plus faire de bruit, il est
censé cuit. Outre cela, on fait tremper du fenu-
Grec dans du vin vieux pendant trois jours ;
quand on l'a retiré, on le fait sécher au Soleil ; lorsqu'il est sec, on le broie & on en met
plein un *cochlear* ou plein un vase à boire de
mesure pareille, c'est-à-dire, qui contienne le
quart d'un *cyathus*, sur deux urnes de mout
salé. Ensuite, lorsque le mout a cessé absolument de bouillir & qu'il est tranquille, on y
met autant de fleur de plâtre qu'on y avoit mis
de sel, après quoi on nettoie la futaille le lendemain, puis on couvre le vin après l'avoir
ainsi nourri & on le bouche. Telle étoit la méthode que suivoit ordinairement Columelle, mon
oncle paternel, qui étoit un célèbre Agriculteur, pour frelater son vin dans les fonds de
terre où il n'avoit que des vignes marécageuses,
mais lorsqu'il frelatoit du vin de côteaux, il y
mettoit au lieu de sel de l'eau salée cuite jusqu'à diminution des deux tiers. Il est certain
que cette eau fait foisonner le vin, & qu'elle
lui

lui fait acquérir une meilleure odeur ; mais d'un autre côté il y a du danger qu'elle ne le gâte, si elle est mal cuite. D'ailleurs, on la prend, comme je l'ai déja dit, le plus loin du rivage qu'il est possible, parce que, plus elle est puiseé en haute mer, plus elle est claire & pure. Si on la garde très-longtemps (comme faisoit Columelle) en la transvasant d'abord au bout de trois ans après l'avoir éclaircie, & en ne la faisant cuire jusqu'à diminution des deux tiers que trois autres années après , elle sera bien meilleure pour frelater le vin, & il n'y aura plus de risque qu'elle le gâte. Au surplus, il suffit de mettre un *sextarius* d'eau salée sur deux urnes de mout, quoique bien des gens y en mettent deux , & d'autres jusqu'à trois ; & je ne serois pas éloigné moi-même de m'en tenir à cette quantité, si le vin se trouvoit d'assez bonne qualité , pour ne pas dévoiler par son goût cette mixtion d'eau salée. C'est pourquoi , un Chef de famille prudent, qui aura fait une nouvelle acquisition en fonds de terre, essayera , aussitôt après sa premiere vendange, trois ou quatre méthodes de frelater le vin sur trois ou quatre amphotes de mout , afin de s'assurer combien le vin de son cru pourra supporter d'eau salée au plus, sans offenser le goût.

CHAPITRE XXII.

METTEZ une *metreta* de poix liquide tirée du pays des *Nemeturici* dans un bassin ou dans un vaisseau quelconque, & versez dessus deux *congii* de lessive de cendre, ensuite remuez le tout avec une espatule de bois. Lorsque cette mixtion sera reposée, vuidez l'eau de lessive, ensuite remettez-en autant que la premiere fois, puis remuez de même le tout & passez-le, enfin répétez la même opération une troisieme fois. La cendre fait passer l'odeur de la poix, & la purge de ses immondices. Ensuite, prenez cinq livres de poix tirée du pays des *Brutii*, sinon, de telle autre poix que ce soit, pourvu qu'elle soit très-nette. Pilez-la bien menue & mêlez-la avec la poix tirée du pays des *Nemeturici*, puis versez dessus deux *congii* d'eau de mer qui soit ou très-vieille, si vous en avez de telle, ou nouvelle, mais cuite jusqu'à diminution des deux tiers. Laissez le bassin découvert au Soleil pendant le lever de la Canicule, & remuez très-souvent ce qu'il contient avec une espatule de bois, jusqu'à ce que la poix que vous aurez ajoutée la seconde fois soit fondue dans la premiere, & qu'elles soient amalgamées ensemble. Il faudra cependant couvrir le bassin pendant la nuit, de peur qu'il ne tombe de la rofée dedans. Enfuite, lorfque l'eau de mer que vous y aurez mife paroîtra évaporée au Soleil, vous ferez porter le vafe à la maifon fans le vuider. Il y a quelques perfonnes qui font dans l'ufage de mettre fur quarante-huit *fextarii* de vin le poids de trois *unciæ* de cette compofition, & qui fe contentent de cette quantité pour le frelater. D'autres en mettent trois *cyathi* fur la quantité de *fextarii* que nous venons de dire.

CHAPITRE XXIII.

ON donne le nom de *corticata* (1) à la poix dont les Allobroges fe fervent pour frelater le vin. On la fait très-dure, & plus elle eft anciennement faite, meilleure elle eft pour cet ufage, parce qu'elle perd tout fon gluant, & qu'il eft dès-lors plus aifé de la réduire en poudre & de la cribler. Il faut donc la broyer & la cribler avant tout ; enfuite, lorfque le mont

(1) On donnoit apparemment ce nom à cette poix, parce que, quoique ce fût une matiere glutineufe, elle étoit néanmoins friable jufqu'à un certain point, & comme revêtue d'une écaille en forme d'*écorce*. Au refte on ne trouve point ce mot appliqué à la poix par d'autre Auteur que par Columelle.

aura bouilli par deux fois, ce qui se fait communément en quatre jours à compter du moment où on l'a tiré de la cuve, on la nettoye avec soin entre ses mains, & on en met un *sextans* & une *semuncia* sur quarante-huit *sextarii* de vin, puis on l'y mêle avec un rable de bois, après quoi on ne touche plus au vin tant qu'il bout, ce qu'il ne faut pas néanmoins lui laisser faire plus de quatorze jours par-delà celui auquel il a été frelaté. Il faut au contraire le purifier au bout de quatorze jours, & s'il est resté de la lie aux bords ou aux parois des vases, les ratisser & les frotter pour les couvrir & les boucher aussitôt après. Mais si l'on veut se servir de cette poix pour frelater le vin de toute une vendange, de façon qu'on ne puisse pas reconnoître à son goût s'il est poissé, il suffira d'en mettre six *scripula* sur quarante-huit *sextarii* de vin, ce qu'on ne fera qu'après que le mout aura cessé de bouillir & qu'il aura jetté sa lie. Il faudra néanmoins mettre en outre une *semuncia* de sel cuit & broyé sur la même quantité de mout. Au reste, ce n'est pas seulement dans le vin poissé qu'il faudra mettre du sel, mais on en mettra la même quantité, si faire se peut, sur telle espece de vendange, & en tel pays que ce soit, parce que cette précaution empêchera le vin de conserver aucune moisissure.

CHAPITRE XXIV.

LA poix du pays des *Nemeturici* se fait dans la Ligurie. Pour la rendre propre à frelater le vin après qu'elle est faite, il faut prendre en pleine mer & très-loin du rivage de l'eau que l'on réduira à moitié par la cuisson : lorsque cette eau sera refroidie au point de ne plus brûler la main lorsqu'on l'y plongera, on en versera ce qu'on jugera suffisant sur cette poix, & on la remuera soigneusement avec une espatule de bois ou avec la main, afin de la délivrer de toutes les impuretés qui pourroient y être restées. Ensuite on laissera la poix tomber au fond, & lorsqu'elle y sera, on vuidera l'eau, après quoi on la lavera deux ou trois fois avec ce qui étoit resté d'eau cuite, & on la paîtrira jusqu'à ce qu'elle devienne brillante : enfin, après l'avoir passée, on la laissera quatorze jours au Soleil, afin que toute l'humidité qu'elle aura pû contracter dans l'eau se tarisse. Mais il faudra couvrir pendant la nuit le vase dans lequel on l'aura mise, de peur que la rosée ne tombe dedans. Lorsqu'on l'aura préparée de cette maniere, & qu'on voudra frelater son vin, on mettra deux *cyathi* de cette poix sur quarante-huit *sextarii* de mout, après qu'il aura bouilli deux fois. Il faudra séparer à cet effet deux *sextarii* de mout sur le total de ce que l'on voudra frelater, pour les verser peu-à-peu sur un *sextans* de poix, & la pairir ensuite à la main, comme on le pratique à l'égard du vin mêlé de miel, afin qu'elle s'amalgame plus aisément avec le mout. Mais, quand ces deux *sextarii* seront entiérement amalgamés avec la poix, & qu'ils ne feront plus, pour ainsi dire, qu'une seule substance avec elle, il faudra pour lors les reverser dans le vase dont on les avoit tirés d'abord, & en remuer le mout avec un rable de bois, afin qu'il se mêle bien avec cette composition.

CHAPITRE XXV.

Comme quelques Grecs, pour ne pas dire tous, frelatent le mout avec de l'eau salée ou avec de la saumure, je n'ai pas cru devoir passer sous silence ce genre d'Economie. Voici comme il faudra s'y prendre dans les pays qui sont situés au milieu des terres, & où l'on ne peut pas se procurer aisément de l'eau de mer, pour faire une saumure propre à ces sortes de mixtions. C'est l'eau de pluie qui est la plus convenable pour cette opération, & à son défaut celle qui coule d'une source très-limpide.

On aura donc soin de mettre au Soleil cinq ans
d'avance une très-grande quantité de l'une ou
l'autre de ces eaux, en la renfermant dans d'excellens vases : ensuite, lorsqu'elle sera pourrie,
on la laissera reprendre d'elle - même son premier état. Quand elle l'aura repris , on aura
d'autres vases dans lesquels on la passera doucement jusqu'à ce qu'on soit arrivé à la lie :
car on trouve toujours un sédiment épais au
fond d'une eau qui a été en repos. Après ces
premiers soins , il faudra la faire bouillir jusqu'à diminution des deux tiers, comme du vin
cuit : ensuite on mettra sur cinquante *sextarii*
de cette eau douce un *sextarius* de sel avec autant d'excellent miel. Il faudra cuire tout ce
mêlange ensemble , & le purger de toutes ses
immondices. Ensuite, lorsqu'il sera refroidi , on
mettra ce qui en restera dans une amphore de
mout. Si l'on a sa terre près de la mer, il faudra, pendant qu'il ne sera point de vent & que
la mer sera bien calme, puiser de l'eau en pleine mer, & la faire bouillir jusqu'à diminution
des deux tiers, en y ajoutant, si on le juge à
propos, quelques aromates pris dans le nombre
de ceux que j'ai détaillés ci-dessus (1) , afin que,
lorsqu'on l'employera dans le vin, elle lui donne plus d'odeur. Mais avant de tirer le mout
de la cuve , on parfumera les vases dans les-

_____

(1) Dans le Chap. XX.

quels on doit le mettre, soit avec du romarin, soit avec du laurier ou du myrthe, & on les remplira jusqu'aux bords, afin que le vin se purge bien en bouillant ; ensuite on frottera le bord des vases avec des pommes de pin. Il faudra frelater le vin le lendemain du jour qu'on l'aura tiré de la cuve, si on veut le rendre plus doux, & cinq jours après, si on veut l'avoir plus dur ; on bouchera aussi les vases après les avoir remplis à mesure qu'ils auront souffert du déchet. Il se trouve des personnes qui, après avoir parfumé les cruches, commencent par y mettre les compositions dont ils se servent pour frelater le mout, avant de l'y verser lui-même.

CHAPITRE XXVI.

DANS les terroirs où le vin a coutume de s'aigrir, il faut, dès qu'on aura cueilli & foulé le raisin, & avant d'en porter le marc au pressoir, avoir soin de verser le mout dans un panier (1), & d'y ajouter un dixieme d'eau douce tirée d'un puits creusé dans le terroir même, enfin de le cuire jusqu'à ce qu'il soit diminué

---

(1) Voy. la Note 3 du Chap. II. de l'Economie rurale de Caton.

d'une quantité pareille à celle de l'eau qu'on y
aura ajoutée. Ensuite, lorsqu'il sera refroidi, on
le versera dans des vases que l'on couvrira &
que l'on bouchera, moyennant quoi il se conservera plus longtemps sans s'altérer en aucune
façon. Il sera mieux d'y mettre de vieille eau
que l'on aura gardée pendant plusieurs années,
quoique le meilleur encore sera de n'en point
mettre du tout, mais de le cuire jusqu'à diminution d'un dixieme, & de le transvaser lorsqu'il
sera froid, comme aussi d'y ajouter une *hemina*
de gyp sur sept *sextarii* de mout, lorsqu'il sera
refroidi après la cuisson. Quant au reste du mout
qu'aura rendu le marc pressuré, il faudra le
consommer au premier moment, ou le vendre.

CHAPITRE XXVII.

MANIERE de faire du vin très-doux. Eten-
dez au Soleil pendant trois jours les grappes de
raisin que vous aurez cueillies, le quatrieme
jour foulez-les à midi pendant qu'elles seront
chaudes, & prenez-en le vin de mere-goutte,
c'est-à-dire, celui qui aura coulé dans la cuve
avant que le raisin ait été pressuré : lorsqu'il
aura cessé de bouillir, mettez-y une *uncia* d'iris
bien broyée, mais pas davantage, sur cinquante
sextarii de vin, & versez-le dans des vases après

l'avoir purgé de sa lie en le passant. Ce vin ne sera pas moins agréable, que durable & salutaire au corps.

CHAPITRE XXVIII.

MANIERE de composer d'autres sortes de mixtions excellentes pour frelater le vin, & le rendre durable. Broyez de l'iris très-blanche, faites infuser du fenu-Grec dans de vieux vin, puis exposez-le au Soleil ou mettrez-le au four afin qu'il se seche, après quoi vous le moudrez très-fin : ensuite mêlez ensemble des parfums broyés, consistans en un *quincunx* & un *triens* à peu près d'iris criblée, autant de fenu-Grec, & un *quincunx* de racine de jonc, puis vous mettrez dans le vin une *uncia* & huit *scripula* de cette mixtion par cruches de la contenance de sept amphores, avec trois *heminæ* de gyp, si le mout provient de terroirs marécageux, un *sextarius*, s'il est fait avec du raisin de jeunes vignes, & une *hemina*, s'il est fait avec du raisin d'anciennes vignes plantées dans des terroirs secs. Il faut mettre ces ingrédiens trois jours après que le raisin aura été foulé ; mais avant de faire cette opération, on survuidera un peu de mout d'une cruche dans une autre, de peur qu'en bouillant avec la mixtion, lorsqu'il sera

frelaté, il ne s'enfuie. On mêlera dans un petit baffin ce qu'il faudra de gyp & d'autres efpeces d'ingrédiens pour chaque cruche, & après
les y avoir délayés avec du mout , on les verfera dans les cruches où on les mêlera bien:
dès que le vin aura ceffé de bouillir , on remplira les cruches & on les bouchera. Toutes les
fois que vous aurez frelaté du vin, gardez-vous
de le verfer auffitôt dans des vafes, mais laif-
fez-le repofer dans les futailles, &, lorfque vous
voudrez le tranfvafer des futailles ou des cruches dans d'autres vafes, ayez foin que ceux-ci
foient bien poiffés & bien propres , & ne faites cette opération qu'au Printemps, quand les
rofes feront en fleurs & que le vin fera purifié & parfaitement clair. Si vous voulez le garder longtemps , mettez fur un baril de la contenance de deux urnes un *fextarius* d'excellent
vin, ou trois *fextarii* de lie de bon vin qui foit
nouvelle , où, fi vous avez des vafes dont vous
ayez tiré récemment le vin , furvuidez-le dans
ces vafes. En fuivant l'une ou l'autre de ces
méthodes, le vin fera bien meilleur & bien
plus durable : & pour peu que vous y ajoutiez
en outre de bonnes odeurs , vous en écarterez
toutes les mauvaifes, ainfi que toutes les fortes
de mauvais goût , parce qu'il n'y a rien qui attire plutôt à foi les odeurs étrangeres que le vin.

CHAPITRE XXIX.

Maniere dont il faut s'y prendre pour faire que le mout soit toujours auſſi doux que dans ſa nouveauté. Avant de porter le marc au preſſoir, mettez dans une amphore neuve du mout très-nouveau au moment que vous l'aurez tiré de la cuve, bouchez cette amphore, & enduiſez-là bien exactement de poix, afin que l'eau ne puiſſe pas y pénétrer, enſuite plongez-la, de façon qu'elle ſoit entiérement ſubmergée, dans un réſervoir dont l'eau ſoit fraîche & douce, & retirez-l'en quarante jours après; vous aurez par ce moyen du vin qui ſe conſervera doux pendant une année entiere.

CHAPITRE XXX.

Du moment où l'on aura couvert les futailles juſqu'à l'Equinoxe du Printemps, il ſuffira de ſoigner le vin une fois tous les trente-ſix jours, au lieu que, paſſé l'Equinoxe, il faudra le faire deux fois ou plus ſouvent, ſi les fleurs commencent à s'y mettre, de peur qu'elles ne tombent au fond des futailles & qu'elles n'al-

terent le goût du vin. Plus la chaleur fera grande, plus il faudra foigner le vin fouvent,
le raffraîchir & lui donner de l'air, parce qu'il
fe confervera toujours en bon état tant qu'on le
tiendra bien frais. Toutes les fois que l'on foi-
gnera le vin, on frottera les bords ou les ouvertures des futailles avec des pommes de pin.
Si vous avez des vins trop durs ou qui ne foient
pas bons, foit par le vice du terroir, foit à
caufe des mauvais temps qui feront furvenus,
prenez de la lie de bon vin, & faites-en des
pâtes que vous fécherez d'abord au Soleil & que
vous cuirez enfuite au feu, après quoi vous les
broyerez & vous en mettrez un *quadrans* dans
chaque amphore que vous boucherez, & le vin
fe bonifiera.

CHAPITRE XXXI.

SI quelque animal tel qu'un ferpent, un rat
ou une fouris, vient à tomber dans le mout &
qu'il y perde la vie, pour éviter qu'il ne faffe
contracter au vin une mauvaife odeur, brûlez
fon corps tel que vous l'aurez trouvé, & jet-
tez-en la cendre, quand elle fera refroidie, dans
le vafe où il fera tombé, puis mêlez-la avec
un rable de bois : ce fera le vrai remede.

CHAPITRE XXXII.

BIEN des personnes croient que le vin de marrube est bon pour toutes les maladies internes, & sur-tout pour la toux. Lorsque vous ferez la vendange , cueillez de jeunes tiges de marrube principalement dans les terreins incultes & maigres , & faites-les sécher au Soleil, après quoi vous les lierez en petites bottes avec une ficelle de palmier ou de jonc, & vous les mettrez dans une cruche de vin, de façon que la ligature ne soit pas plongée dans le vin. On met sur deux cent *sextarii* de vin doux , huit livres de marrube qu'on laisse bouillir avec le mout, après quoi on les retire & l'on bouche exactement ce vin médicamenté.

CHAPITRE XXXIII.

MANIERE de préparer le vin de scille qui est bon pour aider la digestion , pour refaire le corps, ainsi que pour les toux anciennes & pour l'estomac. On cueille la scille quarante jours avant la vendange , & on la coupe comme des racines de raifort en très-petits morceaux que l'on suspend à l'ombre afin qu'ils se sechent : lorsqu'ils sont séchés, on en met une livre sur quarante-huit *sextarii* de mout Amminé, & on l'y laisse trente jours, après quoi on l'en retire & on verse ce vin, après l'avoir éclairci, dans de bonnes amphores. D'autres Auteurs veulent qu'on mette sur quarante-huit *sextarii* de mout une livre & un *quadrans* de scille séche, ce que je ne désapprouve pas moi-même.

CHAPITRE XXXIV.

CEux qui veulent faire du vinaigre de scille, mettent la même quantité de scille, que nous venons de dire, sur deux urnes de vinaigre, & l'y laissent pendant quarante jours. Pour faire un *embamma* (1), on met sur trois amphores de mout un *congius* de vinaigre mordant, ou deux fois autant s'il n'est pas mordant, & on fait cuire ce mélange dans une marmite jusqu'à ce qu'il soit diminué d'un *palmus*, (c'est-à-dire, d'un quart, en supposant cette marmite de la contenance de trois amphores) ou d'un tiers, si c'est du mout qui ne soit pas doux. On a aussi soin de l'écumer; mais il faut que ce soit du mout de premiere serre, & qui soit clair.

____

(1) C'étoit le nom de toutes les espèces de sausses dans lesquelles on trempoit le pain ou les viandes, avant de les manger.

CHAPITRE XXXV.

MANIERE de faire des vins d'abfynthe, d'hyffope, d'aurone, de thym, de fenouil & de pouliot. Faites cuire une livre d'abfynthe du Pont dans quatre *fextarii* de mout, jufqu'à ce que ce mout foit diminué d'un quart, & mettez-en le refte, quand il fera refroidi, dans une urne de mout Amminé. Obfervez la même méthode par rapport aux autres plantes que nous venons de nommer. On peut auffi faire cuire trois livres de pouliot fec dans un *congius* de mout, jufqu'à ce qu'il foit diminué d'un tiers, & lorfque cette décoction eft refroidie, on en retire le pouliot & on la verfe dans une urne de mout. Rien n'empêche d'en donner auffitôt à ceux qui font enrhumés pendant l'Hiver, & cette efpece de vin s'appelle *glechonites* (1).

CHAPITRE XXXVI.

LE vin de taille eft celui que l'on exprime après la premiere ferre, quand on a coupé à

---

(1) Du mot γλήχων, qui veut dire *pouliot*.

l'entour

l'entour le tas du marc. On verse cette espece de mout dans une amphore neuve, en la remplissant jusqu'aux bords; ensuite on y met de petites branches de romarin sec liées en bottes avec du lin, & on les laisse bouillir avec le vin pendant sept jours, après quoi on les en retire, & on enduit de plâtre les vases dans lesquels on enferme ce vin après l'avoir bien purifié. Au reste, il suffit de mettre une livre & demie de romarin sur deux urnes de mout. On pourra employer ce vin comme remede au bout de deux mois.

CHAPITRE XXXVII.

MANIERE de faire du vin semblable au vin Grec. Cueillez des grappes de raisin hâtif qui soient très mures, & faites-les sécher au Soleil pendant trois jours : foulez les le quatrieme jour, puis versez dans une cruche le mout qu'elles auront rendu, sans qu'il s'y trouve une seule goutte de vin de taille mêlée, & ayez bien soin de le purger de sa lie ; lorsqu'il aura cessé de bouillir, mettez-y cinq jours après qu'il sera purifié deux *sextarii*, ou au moins un, de sel grillé & criblé sur quarante-huit *sextarii* de mout. Il y a des personnes qui y mettent aussi un *sextarius* de vin cuit, & d'autres qui en mettent jusqu'à deux, quand ils croient que le vin est d'une qualité peu durable.

CHAPITRE XXXVIII.

Maniere de faire du vin de myrthe qui sera bon pour la dysenterie, pour le flux de ventre & pour la foiblesse de l'estomac. Il y a de deux sortes de myrthe, le noir & le blanc. On cueille les baies du myrthe noir lorsqu'elles sont mures ; après en avoir ôté la graine, on les fait sécher au Soleil, & on les serre en un lieu sec dans un flacon de terre cuite. Ensuite on cueille au temps de la vendange, pendant que le Soleil est ardent, soit dans un vieux plant de vignes mariées à des arbres, soit dans de très-anciens vignobles à défaut d'un plant de cette nature, du raisin Amminé bien mur, dont on met le mout dans une cruche, & dès le jour même on broie avec soin, avant qu'il bouille, les baies de myrthe que l'on avoit serrées, après quoi on en pese une quantité de livres égale à la quantité d'amphores que l'on doit mixtionner ; ensuite on tire un peu de mout de la cruche que l'on veut médicamenter, & on le saupoudre avec toute la poudre que ces baies ont donnée, comme avec de la farine. Après quoi on fait de cette pâte plusieurs petites boulettes

que l'on glisse dans le mout par les côtés de la
cruche, de façon qu'elles ne puissent pas s'em-
piler les unes sur les autres. Lorsqu'ensuite le
mout a bouilli deux fois, & qu'il a été soigné
autant de fois, on broie encore de la même
maniere qu'auparavant une quantité de baies pareille à celle que nous venons de marquer, mais
on n'en fait plus de même des boulettes, &
l'on se contente de verser dans un petit bassin
du mout tiré de la même cruche, & de le mêler avec la même quantité de poudre de myrthe, de façon qu'il en résulte une espece de
bouillon épais, que l'on reverse dans la cruche
après l'avoir bien mêlé, & que l'on y remue
encore avec un rable de bois. Neuf jours après
cette opération, on purifie le vin & on frotte la
cruche avec des balais de myrthe sec, puis on
la couvre afin qu'il ne tombe rien dedans; après
quoi on purifie encore le vin au bout de sept
jours, & on le verse dans des amphores bien
poissées & de bonne odeur, en prenant la plus
grande précaution pour le verser clair & sans
lie. Autre façon de faire du vin de myrthe : on
fait bouillir trois fois du miel Attique, & on
l'écume autant de fois, ou, si l'on n'en a point,
on choisit le meilleur miel possible, que l'on
écume quatre ou cinq fois, parce que moins le
miel est bon, plus il est chargé d'impuretés.
Lorsqu'ensuite le miel est refroidi, on cueille
des baies de myrthe blanc qui soient très-mures,

& on les écrafe en ménageant cependant la graine qu'elles contiennent. Après quoi on les met dans un petit panier de bois pour en extraire le jus, dont on mêle fix *fextarii* avec un *fextarius* de miel bouilli, & après avoir verfé ce jus dans une petite bouteille, on la bouche. Mais il faut faire cette opération au mois de Décembre, temps où la graine de myrthe eft communément mure : on prendra garde auffi qu'il ait fait beau temps, ou du moins qu'il n'ait pas plu pendant les fept jours qui auront précédé la cueillette des baies de myrthe, fi faire fe peut, finon, pendant les trois jours précédens au moins, comme on évitera de les cueillir quand elles feront couvertes de rofée. Bien des perfonnes cueillent les baies de myrthe, foit noir, foit blanc, dès qu'elles font mures, & quand elles les ont un peu fait fécher en les laiffant à l'ombre pendant l'efpace de deux heures, elles les broient en ménageant, autant que faire fe peut, la graine qu'elles renferment ; enfuite elles expriment la quantité qu'elles en ont broyée à travers un tamis de lin, & renferment le jus qui en découle dans de petites bouteilles bien poiffées, après l'avoir paffé à travers une couloire de jonc, fans y mêler ni miel ni rien autre chofe. Cette liqueur ne dure pas à la vérité auffi longtemps que l'autre compofition de myrthe, mais d'un autre côté, tant qu'elle fe conferve fans s'altérer, elle eft plus utile pour la fanté. D'autres font cuire juf-

qu'à diminution des deux tiers le jus même
qu'ils en ont exprimé, lorsqu'ils en ont une
grande quantité, & après l'avoir laissé refroidir, ils l'enferment dans de petites bouteilles
poissées. Ce dernier se conserve plus longtemps
que celui qui n'a pas été cuit, quoique celui-ci
même puisse aller jusqu'à deux ans sans se gâter, pourvu qu'il ait été fait proprement & avec
soin.

CHAPITRE XXXIX.

VOICI la méthode que Magon prescrit pour
faire d'excellent vin avec du raisin séché au Soleil : méthode que j'ai suivie moi-même. Il faut
cueillir des grappes de raisin hâtif très-mures
& en séparer les grains desséchés ou endommagés, puis enfoncer en terre, à la distance de
quatre pieds en tout sens, des fourches ou des
pieux, & les assembler avec des perches à l'effet qu'ils puissent soutenir des roseaux. Ces roseaux posés dessus, on y étendra les grappes de
raisin au Soleil & on les couvrira pendant la
nuit, de peur que la rosée ne tombe sur elles.
Lorsqu'elles seront séchées on les égrappera, &
on en jettera les grains dans une futaille ou
dans une cruche, dans laquelle on versera d'excellent mout, de façon que les grains de raisin

en soient entiérement recouverts ; au sixieme
jour, lorsque ces grains seront bien imbibés de
ce mout jusqu'à en être gonflés , on les mettra
dans un petit cabas & on les fera pressurer sous
l'arbre du pressoir : quand on aura pris le vin
qu'ils auront rendu , on versera sur le marc
qui restera du mout très-nouvellement fait
avec d'autre raisin, qui aura été exposé au Soleil pendant trois jours, & on foulera ce marc :
lorsqu'il aura été bien mêlé dans ce mout, on
le remettra sous l'arbre du pressoir , & on renfermera aussitôt le second vin qui résultera de
ces raisins secs dans des vases bien bouchés, de
peur qu'il ne devienne trop dur : enfin au bout
de vingt ou trente jours , lorsqu'il aura cessé
de bouillir , on le survuidera dans d'autres vases , dont on enduira aussitôt les couvercles de
plâtre , & que l'on recouvrira d'une peau. Si l'on
veut faire du vin avec du raisin muscat séché
au Soleil , on cueillera des grappes de ce raisin
qui ne soient point endommagées , & on les
nettoyera en jettant de côté les grains qui seront pourris, après quoi on les suspendra à l'air
sur des perches. Il faudra avoir soin que ces perches soient toujours au Soleil. Quand ces grappes seront suffisamment flétries, on les égrappera, & on jettera dans une futaille les grains seuls
& séparés de la raffle , puis on les foulera bien
aux pieds. Lorsqu'on en aura fait un lit en les
foulant, on arrosera ce lit de vieux vin , après

quoi on les foulera de nouveau, & on les arrofera encore de vin. On les foulera de même une
troifieme fois, & on verfera du vin par-deffus
jufqu'à ce qu'ils furnâgent, après quoi on les
laiffera dans ce vin pendant cinq jours, enfuite
on les foulera aux pieds & on les preffurera
dans un cabas neuf. Quelques perfonnes préparent, pour faire ce vin, de vieille eau de pluie
en la faifant bouillir jufqu'à diminution des
deux tiers. Enfuite, lorfqu'elles ont fait fécher
le raifin au Soleil de la maniere que nous venons de dire, elles l'arrofent avec cette eau au
lieu de l'arrofer avec du vin, & font le refte
de l'opération comme nous avons dit. Cette méthode ne jette que dans une dépenfe très-légere
lorfqu'on a du bois en abondance, & même ce
dernier vin eft plus doux à boire que celui qui
feroit fait avec du raifin féché au Soleil fuivant les méthodes précédentes.

CHAPITRE XL.

Maniere de faire de très-bon vin de dé-
penfe. Comptez le nombre de *metreta* que pourra remplir la dixieme partie du vin que vous
aurez fait en une journée, & mettez le même
nombre de *metreta* d'eau douce fur le marc dont
vous aurez exprimé le vin pendant la journée:

ajoutez y de l'écume de vin cuit jusqu'à diminution de moitié ou des deux tiers avec de la lie prise au fond de la cuve, & mêlez le tout ensemble : vous laisserez tremper cette bouillie pendant la nuit, & le lendemain vous la foulerez aux pieds, & quand elle sera bien mêlée par cette opération, vous la mettrez sous l'arbre du pressoir, après quoi vous verserez dans des futailles ou dans des amphores le vin qu'elle aura rendu, & vous boucherez ces vases quand il aura bouilli : il est néanmoins plus commode de le garder dans des amphores. M. Columelle faisoit ce vin de dépense avec de vieille eau, & il parvenoit à le conserver quelquefois pendant plus de deux ans sans qu'il se gâtât.

CHAPITRE XLI.

MANIERE de faire d'excellent vin mêlé de miel. Prenez dans la cuve, aussitôt qu'il sera fait, le vin de mere-goutte qui aura coulé sans que le raisin ait encore été trop foulé ; mais ayez soin que ce vin soit fait avec du raisin de vignes mariées à des arbres, qui ait été cueilli par un temps sec. Vous jetterez dix livres d'excellent miel dans une urne de ce mout, & après l'avoir mêlé avec soin, vous le verserez dans un flacon, que vous enduirez auſſitôt de plâtre, & vous le ferez ſerrer ſur un plancher : ſi vous en voulez faire une plus grande quantité, vous proportionnerez la quantité de miel qu'il y faudra mettre à celle que nous venons de fixer. Il faudra ouvrir le flacon au bout de trente & un jours, & ſurvuider le mout, après l'avoir paſſé dans un autre vaſe qu'on bouchera & qu'on mettra ſur le four. Maniere de confire les coings. On fait cuire dans une marmite neuve de terre, ou dans une marmite d'étain ; une urne de mout de raiſin Amminé cueilli ſur des vignes mariées à des arbres, avec vingt gros coings épluchés & la valeur de trois *ſextarii* tant de ces grenades douces, connues ſous le nom de grenades Carthaginoiſes, que de cormes qui ne ſoient pas très-mures : on laiſſera les grenades entieres, mais on coupera les cormes en deux, & on en ôtera les ſemences. On cuit ces fruits juſqu'à ce qu'ils ſoient entiérement fondus dans le mout, & il faut qu'il y ait un valet qui les remue avec une eſpatule de bois ou avec un roſeau, pour les empêcher de brûler. Lorſqu'ils ſont cuits au point que le ſyrop eſt preſque entiérement tari, on les laiſſe refroidir & on les paſſe ; enſuite on broie avec ſoin juſqu'à le réduire en poudre ce qui eſt reſté dans la paſſoire, & on le fait cuire de nouveau dans ſon propre jus ſur de la braiſe & à petit feu, de peur qu'il ne brûle, juſqu'à ce qu'il s'épaiſſiſſe en forme de lie. Mais avant de retirer cette marmelade du feu , il faut ajouter à tous les ingrédiens dont elle est composée trois *heminæ* de sumac de Syrie broyé & tamisé , que l'on mêlera avec une espatule , afin que le tout s'amalgame bien. Ensuite , lorsque cette marmelade est refroidie , on la met dans un vase de terre neuf poissé , que l'on enduit de plâtre , après quoi on le suspend fort haut de peur qu'elle ne moisisse.

CHAPITRE XLII.

MANIERE de confire le fromage. Coupez en gros morceaux du fromage de brebis sec & fait de l'année précédente : arrangez ces morceaux dans un vase propre , que vous remplirez ensuite d'un mout de très - bonne qualité , de façon qu'ils en soient recouverts , & qu'il y ait un peu plus de jus que de fromage , parce que le fromage le boira , & qu'il finiroit par se corrompre s'il n'en étoit pas continuellement recouvert. Au reste , dès que vous aurez rempli le vase , vous l'enduirez de plâtre , & vous pourrez l'ouvrir au bout de vingt jours , pour vous en servir dans tel ragoût que vous voudrez. Il ne sera pas même désagréable lorsqu'on le mangera seul.

CHAPITRE XLIII.

Aussitôt que l'on aura coupé sur le sep des grappes soit de raisin à gros grain, soit de maroquin ou de raisin pourpré, on enduira leur queue de poix dure; ensuite on remplira un bassin de terre cuite neuf de paille très - seche & scionée de façon qu'il n'y reste point de poussiere, & on étendra ces grappes sur cette paille, après quoi on couvrira ce bassin d'un second bassin, en enduisant les faux - joints d'un mortier dans lequel il entrera de la paille ; enfin, lorsque ces bassins seront ainsi arrangés, on les enveloppera de paille seche & on les serrera sur un plancher très-sec. Au reste, il n'y a pas de raisin qu'on ne puisse conserver sans craindre qu'il se gâte, pourvu qu'on le cueille quand la Lune sera dans son déclin, par un temps serein, & après la quatrieme heure du jour (1), lorsqu'il sera déja essoré & qu'il ne sera plus couvert de rosée. Mais il faudra faire du feu dans le sentier le plus voisin de la vigne, pour faire bouillir la poix dans laquelle on trempera la queue des grappes aussitôt qu'elles seront cueillies. Jettez une amphore de vin cuit jusqu'à diminution de

____

(1) Voy. la Note 4 du Chap. II. Liv. II.

moitié dans une futaille bien poissée, ensuite arrangez en traverse dans cette futaille des bâtons serrés les uns auprès des autres, sans qu'ils touchent au vin cuit, après quoi vous mettrez sur ces bâtons des plats de terre neufs, & vous arrangerez le raisin sur ces plats, de façon que les grappes ne se touchent point mutuellement, enfin vous les couvrirez & les enduirez. Sur ce premier lit vous en formerez un second pareil, puis un troisieme & ainsi de suite, tant que la capacité de la futaille en comportera, & vous y arrangerez le raisin de la même maniere. Ensuite vous imbiberez bien de vin cuit jusqu'à diminution de moitié le couvercle de la futaille, &, quand elle sera couverte, vous la boucherez avec de la cendre. Quelques personnes se contentent, après avoir mis le vin cuit dans la futaille, de serrer les perches transversales les unes auprès des autres, d'y suspendre les grappes de façon qu'elles n'atteignent pas le vin cuit, & d'enduire ensuite le couvercle posé sur la futaille. D'autres, après avoir cueilli les grappes comme je viens de le dire, font sécher au Soleil de petites futailles neuves non-poissées, & après les avoir fait refroidir à l'ombre, ils y mettent du son d'orge sur lequel ils posent les grappes, de maniere qu'elles ne se compriment pas mutuellement; ensuite ils les recouvrent de ce même son, & forment de la même façon un second lit de grappes, en répétant la même opération jufqu'à ce qu'ils aient rempli les futailles alternativement de fon & de raifin, après quoi ils enduifent leurs couvercles, & ferrent ce raifin fur un plancher qui foit très-fec & très-frais. D'autres confervent de la même façon du raifin verd dans de la fciure de bois de peuplier ou de fapin. Quelques-uns enfeveliffent dans de la fleur de gyp feche des grappes, qu'ils ont eu foin de cueillir avant qu'elles fuffent trop mûres. D'autres, après avoir cueilli le raifin, coupent avec des cifeaux les grains gâtés qui peuvent s'y rencontrer, & le fufpendent ainfi dans le grenier au-deffus du bled : mais cette méthode fait rider les grains, & rend le raifin prefque auffi doux que s'il étoit féché au Soleil. Marcus Columelle, mon oncle paternel, faifoit faire avec l'efpece d'argile dont on fait les amphores, de larges vafes en forme de plats, qu'il revêtiffoit d'une bonne épaiffeur de poix tant en-dedans qu'en-dehors, &, lorfqu'ils étoient ainfi préparés, il faifoit cueillir le raifin pourpré, le raifin à gros grain, celui de Numidie & le maroquin, & faifoit plonger auffitôt la queue des grappes dans de la poix bouillante ; enfuite il faifoit mettre chacune de ces efpeces de raifin dans des plats à part, de façon que les grappes ne fe touchaffent pas entr'elles, après quoi il faifoit couvrir ces plats, & les faifoit enduire d'une bonne épaiffeur de gyp, & poiffer avec de la poix dure fondue au feu, de maniere qu'aucune humidité n'y pût pénétrer : enfin il submergeoit ces vases dans de l'eau de fontaine ou de citerne, en les chargeant d'un poids qui les empêchoit de sortir de l'eau par aucun côté. Il est vrai que cette méthode est excellente pour conserver le raisin, mais, quand on vient à le retirer de l'eau, il est sujet à s'aigrir, à moins qu'on ne le consomme le jour même qu'on l'en aura retiré. Il n'y a cependant pas de méthode plus sûre pour conserver le raisin, que celle qui consiste à fabriquer des vases de terre cuite, dont chacun puisse contenir une grappe à l'aise. Ces vases doivent avoir quatre anses par lesquelles on puisse les attacher à l'effet de les suspendre aux seps de vignes : leurs couvercles doivent aussi être tels qu'ils puissent se séparer par le milieu, afin que, lorsqu'on aura suspendu ces vases, & qu'on aura introduit dans chacun d'eux une grappe de raisin, les deux moitiés de leur couvercle puissent se rejoindre de l'un & de l'autre côté des grappes pour les couvrir. Il faut poisser avec soin ces vases ainsi que leurs couvercles, tant à l'intérieur qu'à l'extérieur ; &, lorsque les grappes y seront renfermées, on les recouvrira d'une grande quantité de mortier dans lequel il entrera de la paille : au reste, en y renfermant les grappes adhérentes aux seps, il faudra prendre garde qu'elles ne touchent aux parois des vases par aucun côté. Au surplus, pour renfermer les grappes de raisin dans ces vases, il faut communé-

ment choisir le temps où leurs grains sont gros
& où ils commencent à tourner : il faut aussi prendre un temps de sécheresse & serein.
Nous prescrivons sur-tout comme une regle
générale, celle de ne point serrer de fruits pêle-
mêle avec du raisin dans un même endroit, ni
même dans deux endroits voisins, de l'un desquels l'odeur des fruits pourroit se communiquer au raisin, parce que cette odeur ne tarderoit pas à le gâter. Les différentes façons de
conserver ce fruit que nous avons données, ne
conviennent pas néanmoins également toutes à
tous les pays tels qu'ils soient, mais les unes
conviennent à un pays, les autres à un autre,
suivant la nature des lieux & la qualité du raisin. Les Anciens conservoient communément
dans des vases le raisin *scircitula*, le *venucula* (2),
le grand Amminé, celui des Gaules & celui
dont le grain est gros, dur & clair-semé : mais
aujourd'hui c'est celui de Numidie qui passe
pour le plus propre à être conservé de cette façon, sur-tout dans le voisinage de la ville. On le
cueille avec le plus grand choix lorsqu'il est médiocrement mûr, par un temps serein & quand
il n'y a plus de rosée sur terre, à la quatrieme
ou à la cinquieme heure du jour (1) (pourvu
que la Lune soit dans son déclin & sous l'hé-
misphere); ensuite on le met sur des claies, de

---

(2) Voy. la Note 3 du Chap. VI. Liv. II.

façon que les grappes ne se froissent pas mutuellement. Ce n'est qu'après ces premiers soins qu'on
le porte à la maison , & qu'on en coupe avec
des ciseaux les grains secs ou gâtés; après quoi ,
lorsque les grappes ont été un peu rafraîchies à
l'ombre , on les met dans des pots de terre au
nombre de trois ou de quatre , suivant la capacité
de ces vases , dont on a soin de boucher bien exactement les couvercles avec de la poix , pour empêcher que l'humidité n'y pénètre. Ensuite on renverse un tas de marc de raisin qui ait été bien dessé-
ché sous l'arbre du pressoir , & après avoir un
peu éparpillé les raffles & dégagé les peaux de ce
raisin , on l'étend au fond d'une futaille , dans
laquelle on arrange ces pots en les renversant par
en bas , & en les éloignant les uns des autres
de façon que l'on puisse entasser du marc dans
les intervalles qui les séparent. Lorsqu'on a formé un premier lit de ce marc en le foulant
bien , on arrange d'autres pots sur ce lit de la
même façon que sur le premier, & on parvient
par-là à completter une seconde couche de pots.
Ensuite on remplit la futaille de la même maniere de plusieurs couches de pots , en foulant bien le marc dans les intervalles; après
quoi on entasse du marc jusqu'à ses bords ,
puis on la couvre aussitôt & on l'enduit de cendre préparée comme du plâtre. Il faut cependant
prévenir celui qui sera chargé de faire l'emplette des vases, qu'il doit prendre garde à ne pas en

achetet

acheter qui boivent l'eau ou qui soient mal cuits , parce que l'un & l'autre de ces défauts contribue également à gâter le raisin, en livrant un passage à l'humidité. Bien plus, il faudra, lorsqu'on tirera les pots pour son usage, en enlever une couche entiere, parce que, dès qu'on vient à ébranler le marc qui est foulé entre eux, il s'aigrit promptement & gâte le raisin.

CHAPITRE XLIV.

Après la vendange , viennent les confitures des fruits d'Automne, qui doivent aussi partager l'attention de la Métayere. Je n'ignore pas que j'ai passé sous silence dans cet ouvrage bien des choses que C. Matius a traitées avec un très-grand soin. En effet, cet Auteur, qui se proposoit pour objet de son travail le service des tables de la ville , & les apprêts des festins les plus splendides, a donné trois Livres qu'il a intitulés LE CUISINIER, LE DÉPENSIER & LE CONFISEUR, au lieu qu'il nous suffit de parler des choses que la simplicité rustique peut se procurer aisément & sans grands frais, telles que sont entre autres les fruits de toutes les especes. Pour commencer par les grenades , il y a des personnes qui tordent la queue de ces fruits sur l'arbre même sans les déplacer , pour empêcher que la pluie ne les fasse crever, & qu'étant une fois entr'ouverts, ils ne viennent à se perdre : elles les attachent ensuite à des branches plus fortes que celles qui les portent, afin qu'ils ne puissent pas branler, après quoi elles enveloppent l'arbre entier de filets de genêt d'Espagne, de peur que les corbeaux, les corneilles ou d'autres oiseaux ne becquetent ses fruits. Quelques-uns ajustent aux fruits, qui pendent à l'arbre, de petits vases de terre cuite, qu'ils laissent sur l'arbre après les avoir enduits d'un mortier dans lequel il entre de la paille : d'autres enveloppent chaque fruit à part de foin ou de chaume, qu'ils recouvrent d'une bonne épaisseur de mortier dans lequel il entre de la paille, & les attachent ainsi à de plus grosses branches que celles qui les portent, afin, comme je l'ai dit, que le vent ne les balotte point. Mais il faut faire cette opération, ainsi que je l'ai dit (1), lorsque le temps est serein & qu'il n'y a pas de rosée ; quoiqu'il vaille encore mieux s'abstenir de la faire, parce que les arbrisseaux en souffrent, ou du moins ne la pas faire habituellement plusieurs années de suite, d'autant que l'on peut conserver ces fruits sans qu'ils se gâtent même après les avoir cueillis. En effet on peut encore faire à la maison, dans un endroit très-sec, de petites fosses de trois pieds, & après y avoir mis tant soit peu de ter-

---

(1) Dans le Chap. précédent.

re menue, on enfoncera dans cette terre de petites branches de fureau ; enfuite on cueillera
par un temps ferein les grenades avec leurs
queues, & on les fichera dans le fureau (car la
moëlle du fureau eft fi abondante & fi molle
qu'on peut aifément y introduire la queue de
ces fruits) : mais il faudra avoir l'attention qu'elles ne foient pas à une diftance de la terre
moindre de quatre doigts, & qu'elles ne fe
touchent point entr'elles. On couvrira enfuite
la foffe & on enduira les faux-joints de la couverture qu'on y aura mife avec un mortier dans
lequel il entrera de la paille, puis on entaffera
par-deffus la terre qui en avoit été tirée en la
fouillant. On peut faire la même chofe dans
une futaille, en la rempliffant jufqu'à la moitié
de fa capacité ou de terre pulvérifée à fon
choix, ou de fable de riviere que quelques
perfonnes préferent en cette occafion, & en con-
tinuant de la même maniere le refte de l'opération. Magon le Carthaginois prefcrit de faire
bien chauffer de l'eau de mer, & d'y plonger
un inftant les grenades en les attachant avec
du lin ou du genêt d'Efpagne, jufqu'à ce qu'elles aient perdu leur couleur, &, après les avoir
retirées, de les faire fécher au Soleil pendant
trois jours : enfuite de les fufpendre dans un lieu
frais, & enfin, lorfqu'on en aura befoin, de les
faire tremper dans de l'eau douce froide pendant une nuit, & jufqu'au moment du lende-

main où l'on voudra s'en servir. Mais le même Auteur conseille aussi d'enduire les fruits nouveaux d'une bonne épaisseur de terre à Potier bien paitrie, &, quand cette terre est séchée, de les suspendre dans un lieu frais; ensuite de les tremper dans l'eau, lorsqu'on en aura besoin, & de casser l'argille dont ils sont couverts. Cette méthode conserve les fruits tels qu'ils sont dans la premiere nouveauté. Le même Magon ordonne d'étendre au fond d'un pot de terre neuf de la sciure de bois de peuplier ou d'yeuse, & d'arranger les fruits de façon que l'on puisse fouler la sciure dans les intervalles qui les séparent; ensuite, après avoir fait une premiere couche de fruits, d'étendre de nouveau de la sciure par-dessus, & de les arranger de même jusqu'à ce que le pot en soit rempli; enfin, lorsqu'il sera plein, d'y mettre un couvercle & de l'enduire exactement de mortier à une bonne épaisseur. Au reste, il faut toujours cueillir avec leurs queues les fruits que l'on veut conserver longtemps; il faut même, quand on le peut faire sans nuire à l'arbre, les cueillir avec de petites branches, ce qui contribue beaucoup à leur durée. Il y a bien des personnes qui arrachent les fruits de l'arbre avec leurs petites branches, & qui les font sécher au Soleil, après les avoir exactement couverts de terre à Potier, &, si cette terre vient à se crevasser par la suite en quelque endroit, elles les enduisent de mortier

& les suspendent dans un lieu frais quand ce
mortier est séché.

CHAPITRE XLV.

BIEN des personnes conservent les coings dans
des fosses ou dans des futailles de la même maniere que les grenades. D'autres enveloppent ces
fruits de feuilles de figuier, après quoi ils pai-
trissent de la terre à Potier avec de la lie d'huile pour les en enduire, &, lorsque cet enduit
est sec, ils les serrent sur un plancher en lieu
frais & sec. D'autres les mettent sur des plats
neufs qu'ils ensevelissent dans du gyp sec, de
façon qu'ils ne se touchent pas mutuellement.
Mais nous n'avons pas trouvé, toute expérience
faite, de méthode plus sûre ni plus avantageuse
pour conserver ces fruits, que celle qui consiste à
les cueillir en bon état & non tachés, quand le
Ciel est serein & que la Lune est dans son déclin, & à les arranger légérement & de façon
qu'ils soient à l'aise, afin qu'ils ne puissent pas
se meurtrir, dans un flacon neuf dont l'ouverture
soit très-large, après avoir essuyé le duvet dont ils
sont couverts; ensuite, lorsqu'ils sont arrangés
jusqu'au col du vase, à les y contenir avec des
baguettes d'osier mises en traverse, de façon qu'ils
soient légérement comprimés, & qu'ils n'aient

pas la liberté de se soulever lorsqu'on y aura versé la liqueur ; enfin à remplir le vase jusqu'aux bords d'excellent miel qui soit très-liquide, de façon que tout le fruit en soit recouvert. Non-seulement cette méthode est bonne pour conserver les fruits, mais elle procure en même-temps une liqueur appellée *melomeli* (1), qui a le goût du miel, & que l'on peut faire prendre de temps en temps sans danger aux personnes qui ont la fievre. Mais il faut se garder de prendre des fruits qui ne soient pas murs pour les conserver dans du miel, parce que, lorsqu'ils ont été cueillis verts, ils s'y durcissent au point de n'être plus mangeables. Au reste, il est inutile de les ouvrir avec un couteau d'os pour en ôter les pepins, comme font bien des gens qui s'imaginent que ces pepins gâtent le fruit ; & la méthode que je viens de donner est si sûre, que, quand même il se trouveroit un ver dans ces fruits, ils seroient à l'abri de se gâter, dès qu'on les auroit mis dans la liqueur que nous avons prescrite. En effet, telle est la nature du miel qu'il arrête les progrès de la corruption, raison pour laquelle il rend même un cadavre incorruptible pendant plusieurs années. On peut donc conserver dans cette liqueur toutes les autres especes de pommes, telles que la

---

(1) De μῆλον, qui veut dire *fruit*, & μέλι, qui veut dire *miel*, comme qui diroit *miel de fruit*.

pomme ronde (2), celle de Seſtius, la pomme de miel (3) & celle de Marius (4). Mais, comme les fruits, que l'on conſerve ainſi dans le miel, ſemblent acquérir un nouveau degré de douceur & perdre le goût qui leur eſt propre, il vaut mieux, pour les conſerver, préparer de petites caiſſes de bois de hêtre ou de tilleul, ſemblables à celles dans leſquelles on enferme les habits dont on ſe pare pour ſortir, & même un peu plus grandes, & mettre ces caiſſes ſur un plancher très-frais & en un lieu très-ſec, où il ne puiſſe parvenir ni fumée ni mauvaiſe odeur de telle nature qu'elle ſoit : après quoi on étendra ces fruits au fond de ces caiſſes, en les arrangeant de façon que leur nombril ſoit tourné par en-haut & leur queue par en-bas conformément à la poſition dans laquelle ils étoient ſur l'arbre, & en les éloignant aſſez les uns des autres, pour qu'ils ne ſe touchent pas mutuellement. Il faudra avoir ſoin, en ſuivant cette méthode, de mettre chaque eſpece de fruit ſéparément dans de petites caiſſes particulieres, parce que, s'il s'en trouvoit de différentes eſpeces renfermées enſemble dans la même caiſſe, ils ne s'accommoderoient pas de cette union & ne tarderoient

---

(2) Voy. la Note 16 du Chap. X. Liv. V.

(3) Voy. la Note 3 du Chap. LIX. de l'Economie rurale de Varron, Liv. I.

(4) Voy. la Note 13 du Chap. X. Liv. V.

E e iv

pas à se gâter : & c'est précisément la raison pour laquelle le vin fait avec du raisin de différens plans n'est pas si durable que le vin Amminé pur conservé à part, ou le vin muscat, ou le vin des vignes *Faciniæ* (5). Au surplus, lorsque ces fruits auront été arrangés avec attention de la maniere que je viens de prescrire, on fermera ces petites caisses, & on les enduira d'un mortier dans lequel il entrera de la paille, afin que l'air ne puisse pas y pénétrer. Quelques personnes, pour conserver ces fruits, pratiquent aussi la méthode que nous avons déja donnée par rapport à d'autres especes de fruits (6), c'est-à-dire, qu'elles mettent entre chaque fruit de la sciure de bois de peuplier : d'autres y mettent aussi de la sciure de bois de sapin. Il ne faut cependant pas cueillir ces fruits dans leur maturité, mais lorsqu'ils sont encore très-verts.

CHAPITRE XLVI.

MANIERE de confire l'aunée. Lorsqu'on aura arraché de terre des racines d'aunée au mois d'Octobre (temps auquel elles sont très-mures), on essuyera avec un linge rude ou même avec

(5) Voy. la Note 7 du Chap. II. Liv. III.
(6) Dans le Chap. XLIII.

un tiſſu de poil tout le gravier dont elles feront
couvertes, enſuite on les ratiſſera groſſiérement
avec un couteau très-tranchant, & l'on coupera
les plus fortes en deux ou trois tronçons de la
longueur du doigt, ſelon qu'elles feront plus ou
moins groſſes, après quoi on les fera cuire légérement avec du vinaigre dans un chaudron de
cuivre, en prenant garde qu'elles ne brûlent. Cette premiere opération faite, on les fera ſécher
pendant trois jours à l'ombre, & on les mettra
enſuite dans un flacon poiſſé, dans lequel on
verſera la quantité néceſſaire de vin fait avec
du raiſin ſéché au Soleil ou de vin cuit juſqu'à
diminution de moitié, pour qu'elles en ſoient entiérement recouvertes : enfin, après les avoir couvertes d'une bonne poignée d'origan, on bouchera le vaſe & on l'enveloppera d'une peau.
Autre façon de confire l'aunée. Après avoir ra-
tiſſé les racines de cette plante, on les partagera comme ci-deſſus en petits tronçons, que
l'on fera ſécher à l'ombre pendant trois ou même quatre jours ; enſuite, lorſqu'ils ſeront ſecs,
on les mettra dans des vaſes non poiſſés avec
de l'origan entre chaque tronçon. Quand l'origan y ſera, on mêlera enſemble ſix parties de
vinaigre contre une de vin cuit juſqu'à diminution des deux tiers, avec une *hemina* de ſel
grillé, pour en faire un jus dans lequel on fera
tremper les tronçons de ces racines, juſqu'à ce
qu'elles ſe ſoient entiérement défaites de leur

amertume : enfuite on les retirera pour les faire
fécher de nouveau à l'ombre pendant cinq jours,
puis on mêlera enfemble dans une marmite trois
parties de lie tant de vin épais que de vin
mielté, fi on en a, avec une partie de bon vin
cuit jufqu'à diminution de moitié, &, lorfque la
marmite bouillira, on y jettera les tronçons d'aunée, puis on retirera auffitôt la marmite du feu,
& on les remuera avec une efpatule de bois,
jufqu'à ce qu'ils foient abfolument refroidis.
Quand ils le feront, on les mettra dans un flacon poiffé que l'on couvrira & que l'on enveloppera d'une peau. Troifieme façon. Quand on
aura ratiffé avec foin les racines de l'aunée, on
les fera tremper, après les avoir coupées en petits tronçons, dans de la faumure forte, jufqu'à
ce qu'elles fe foient défaites de toute leur amertume. Enfuite on jettera la faumure, puis on
pilera des cormes qui foient très-bonnes & très-
mures, dont on aura préalablement retiré les pepins, & on les mêlera avec l'aunée ; après quoi
on y ajoutera du vin fait avec du raifin féché
au Soleil, ou d'excellent vin cuit jufqu'à diminution de moitié, & on bouchera le vafe dans lequel
on l'aura mife. Quelques perfonnes, après avoir
fait confire l'aunée dans de la faumure, la font
fécher & mêlent avec elle des coings pilés, préalablement bouillis dans du vin cuit jufqu'à diminution de moitié ou dans du miel ; enfuite
elles verfent par-deffus du vin fait avec du raifin

féché au Soleil ou du vin cuit jufqu'à diminution de moitié, & après avoir couvert le vafe qui la renferme, elles l'enveloppent d'une peau.

CHAPITRE XLVII.

MANIERE de confire les olives. Battez l'olive *Paufia* (1) au mois de Septembre ou d'Octobre, quand elle eft encore acerbe & avant que la vendange foit finie; puis, après l'avoir fait un peu tremper dans de l'eau chaude, preffez-la, & mettez-la dans un flacon, en y ajoutant de la graine de fenouil & de lentifque avec un peu de fel grillé, après quoi vous verferez dans ce flacon du mout très-nouveau, & vous y enfoncerez une petite botte de fenouil verd, qui comprimera les olives de façon que le jus les recouvre. On peut dès le troifieme jour faire ufage des olives confites de cette maniere. Quand vous aurez battu l'olive *Paufia* (1) blanche, l'*orchis* (2), la petite olive longue ou la *Regia* (3), vous commencerez par les plonger les unes ou les autres dans de la faumure froide,

---

(1) Voy. la Note 2 du Chap. VI. de l'Economie rurale de Caton.

(2) Voy. la Note 1 *ibid.*

(3) Voy. la Note 10 du Chap. II. Liv. III.

afin qu'elles ne perdent pas leur couleur, & après
que vous aurez donné ce premier apprêt à la
quantité d'olives qui sera nécessaire pour remplir une amphore, vous étendrez au fond de
cette amphore une petite botte de fenouil sec :
vous aurez soin d'avoir dans une petite cruche
de la graine de fenouil & de lentisque mondée,
afin d'en jetter dans le vase où vous mettrez
l'olive, après l'avoir tirée de la saumure & l'a-
voir pressée. Lorsque vous aurez mis des olives
jusqu'au col du vase, vous les couvrirez de petites bottes de fenouil sec, après quoi vous verserez dans le vase deux parties de mout nouveau & une de saumure forte mêlées ensemble.
Vous pourrez aisément faire usage pendant toute l'année des olives confites de cette maniere.
Il y a des personnes qui ne battent point l'olive, mais qui la coupent par tronçons avec un
roseau tranchant; cette pratique cause à la vérité plus d'embarras que l'autre, mais elle est préférable, en ce que l'olive est alors plus blanche, que lorsqu'elle a souffert des meurtrissures
qui l'ont couverte de taches livides. D'autres
mêlent avec les olives, soit qu'ils les aient battues, soit qu'ils les aient coupées par tronçons,
un peu de sel grillé mêlé avec les graines que
nous venons de nommer; après quoi ils versent
dessus du vin cuit jusqu'à diminution des deux
tiers, ou du vin fait avec du raisin seché au Soleil,
ou même, s'ils sont à portée de le faire, ils y ver-

fent de l'eau dans laquelle ont trempé des rayons
de miel. Nous avons déja donné dans ce Livre-
ci même (4) la façon de compofer cette eau.
D'ailleurs il n'y a point de différence quant au
furplus de l'opération. Choififfez les olives *Pau-
fiæ* (1) ou les *Regiæ* (3) les plus blanches & les
moins tachées, que vous cueillerez à la main &
que vous jetterez enfuite dans une amphore,
après y avoir étendu au fond du fenouil fec mêlé par-ci par-là de quelques graines tant de
lentifque que de fenouil : lorfque le vafe fera
rempli jufqu'au col, vous y verferez de la faumure forte & vous comprimerez les olives avec
une bonne poignée de feuilles de rofeaux, de
façon qu'elles foient abfolument plongées dans
le jus, puis vous verferez encore deffus ce qu'il
faudra de faumure forte, pour qu'il y en ait
jufqu'aux bords de l'amphore. Il eft vrai que
l'olive ainfi préparée eft peu agréable fi on la
mange feule, mais auffi elle eft très-propre à
entrer dans les ragoûts des tables les plus ma-
gnifiques, puifque, lorfqu'on en veut faire ufage, on peut la tirer de l'amphore & l'employer,
après l'avoir battue, à telle fauce que l'on jugera à propos. Néanmoins le plus grand nombre aime mieux hacher en petits morceaux des
poireaux que l'on coupe à différentes reprifes
& de la rüe avec de l'ache tendre & de la men-

---

(4) Dans le Chap. XI.

te , & mêler cette fourniture avec les olives après les avoir battues, puis verser deſſus un peu de vinaigre épicé & tant ſoit peu plus de miel ou de vin mêlé de miel, enfin les arroſer d'huile verte & les couvrir d'une petite botte d'ache verte. Quelques-uns, après avoir cueilli de même l'olive , mettent trois *heminæ* de ſel ſur un *modius* de ce fruit, & après avoir jetté au fond d'une amphore de la graine de lentiſque & du fenouil, ils la rempliſſent d'olives juſqu'au col; après quoi ils y verſent du vinaigre qui ne ſoit pas trop mordant, & lorſque l'amphore eſt preſque remplie, ils y enfoncent l'olive à l'aide d'une bonne poignée de fenouil, & remettent du vinaigre juſqu'aux bords du vaſe : enfin, au bout de quarante jours, ils vuident tout ce jus, & mêlent enſemble trois parties de vin cuit juſqu'à diminution des deux tiers ou de moitié & une partie de vinaigre, pour faire un jus dont ils rempliſſent l'amphore. On approuve auſſi cette façon-ci de les confire : elle conſiſte à vuider toute la ſaumure forte, dans laquelle on a fait macérer de l'olive *Pauſea* (1) blanche, & à remplir l'amphore d'un mêlange de deux parties de vin cuit juſqu'à diminution de moitié & d'une partie de vinaigre. On pourroit auſſi confire de même l'olive *Regia* (3) ou l'*Orchis* (2). Quelques perſonnes mêlent enſemble une partie de ſaumure & deux parties de vinaigre, & font nager dans ce jus des olives *Poſea* (1). Si l'on veut alors les

confommer telles qu'elles font, fans aucun autre affaifonnement, on les trouvera affez agréables, quoiqu'elles puiffent auffi, en fortant de la
faumure, recevoir tel affaifonnement que l'on
voudra. On cueille avec leurs queues les olives
Pofea (1) lorfqu'elles commencent à changer de
couleur & avant quelles foient mures, pour les
conferver dans d'excellente huile. C'eft même la
meilleure méthode pour faire conferver aux olives leur goût de verdeur jufqu'à la fin de l'année. Auffi fe trouve-t-il des perfonnes qui les
fervent comme fraîches au fortir de l'huile, après
les avoir faupoudrées de fel égrugé. Voici encore une façon de les confire appellée *Epity-
rum* (5), qui eft communément en ufage dans
les villes Greques: on cueille à la main par un
temps ferein l'olive *Pofea* (1) ou l'*Orchis* (2),
lorfqu'elles commencent à perdre leur blancheur
& à jaunir, & on les étend à l'ombre fur des
vans pendant une journée, après quoi on en arrache les queues, ainfi que les feuilles ou les
petites branches qui peuvent y être adhérentes.
Le lendemain on les crible, & après les avoir
enfermées dans un cabas neuf on les met fous
l'arbre du preffoir, où on les preffe fortement
pour leur faire rendre fi peu qu'elles peuvent con-

____

(5) Voy. la Note 1 du Chap. CXIX. de l'Economie rurale de Caton, mais obfervez que la préparation de ce ragoût eft différente dans cet Auteur.

tenir d'huile. Quelquefois on les laiſſe, pour ainſi dire, ſuppurer ſous le poids de l'arbre pendant toute une nuit & le lendemain, après quoi on releve l'arbre du preſſoir, & l'on répand deſſus un *ſextarius* de ſel grillé & égrugé par *modius* de fruit. On y ajoute auſſi de la graine de lentiſque avec des feuilles de rüe & de fenouil ſéchées à l'ombre & coupées auſſi menues que l'on juge à propos, puis on les laiſſe dans le ſel pendant trois heures, juſqu'à ce qu'elles s'en ſoient impregnées à un certain point. Alors on verſe deſſus autant de bonne huile qu'il eſt néceſſaire pour qu'elles ſoient noyées dedans, & on enfonce dans le vaſe une petite botte de fenouil ſec, afin que le jus les recouvre. On prépare pour les confire ainſi des vaſes de terre cuite neufs & qui ne ſoient pas poiſſés; &, pour les empêcher de boire l'huile, on les imbibe d'une liqueur ſemblable à celle dont on imbibe les *metretæ* qui ſervent à meſurer l'huile, après quoi on les fait ſécher.

CHAPITRE XLVIII.

VIENNENT enſuite les froids de l'Hiver, pendant leſquels la cueillette des olives n'exige pas moins de ſoins de la part de la Métayere, que la vendange. Nous commencerons donc par donner des préceptes ſur la façon de confire les

olives

olives (puisque nous avons entamé cet objet),
après quoi nous passerons à la maniere de faire
l'huile. Ce sont les olives *Pausia* (1) ou les *Orchites*
(2), & dans quelques pays même celles de Nævius
que l'on apprête pour être servies dans les repas.
Il faut donc cueillir à cet effet ces sortes d'olives à
la main, par un temps serein, lorsqu'elles commencent à noircir & qu'elles ne sont pas encore
tout-à-fait mures, & les cribler ensuite, puis
mettre de côté celles qui paroîtront ou tachées,
ou gâtées, ou trop petites : ensuite on mettra sur
un *modius* de fruit trois *heminæ* de sel qui n'ait
reçu aucun apprêt, &, après avoir brouillé les
olives avec ce sel dans des paniers d'osier, on
répandra par-dessus une assez grande quantité de
sel pour qu'elles en soient recouvertes, & on les
laissera ainsi suer pendant trente jours, & jetter
toute la lie d'huile qu'elles contiendront. Au
bout de ce temps on les versera dans un bassin,
& on essuyera le sel avec une éponge propre
de façon qu'il n'y en reste plus. Enfin on les
serrera dans une amphore que l'on remplira de
vin cuit jusqu'à diminution des deux tiers ou
de moitié, & l'on y enfoncera par-dessus une
poignée de fenouil sec pour les comprimer. Cependant il se trouve des personnes qui ajoutent

---

(1) Voy. la Note 2 du Chap. VI. de l'Economie rurale de
Caton.

(2) Voy. la Note 1 *ibid.*

une partie de vinaigre , quelquefois fur deux
parties , mais plus communément fur trois partie foit de vin cuit jufqu'à diminution de moitié foit de miel , & qui les font ainfi confire
dans ce jus. Quelques-uns , après avoir cueilli
l'olive noire & y avoir mis du fel dans la proportion que nous venons de prefcrire , la mettent
dans des paniers en y entremêlant de la graine
de lentifque , & en formant alternativement
des couches d'olives & de fel jufqu'au haut des
paniers. Quarante jours après , lorfque l'olive a
jetté tout ce qu'elle pouvoit contenir de lie
d'huile , ils la verfent dans un baffin en la cri-
blant pour en féparer la graine de lentifque , &
l'effuient avec une éponge , afin qu'il n'y refte
point de fel , après quoi ils la jettent dans une
amphore qu'ils rempliffent ou de vin cuit jufqu'à
diminution foit de moitié foit des deux tiers , ou
même de miel s'ils en font fournis abondamment,
& font pour le furplus ce que nous avons prefcrit
ci-deffus. Il faut mettre fur un *modius* d'olives un
fextarius de graine d'anis & de lentifque mure
avec trois *cyathi* de graine de fenouil, ou bien ,
à défaut de graine , la quantité de fenouil hâché
qu'on eftimera fuffifante , enfuite ajouter par
chaque *modius* trois *heminæ* de fel grillé & non
égrugé , après quoi on ferrera ces olives dans
des amphores que l'on bouchera avec de petites
poignées de fenouil , & que l'on roulera tous
les jours par terre; enfin on jettera tous les trois

ou quatre jours toute la lie d'huile qui pourra
s'y trouver. Quarante jours après on versera les
olives dans un baflin en se contentant de les
séparer du sel, sans les essuyer avec une éponge, puis on les serrera dans une amphore telles
qu'on les aura retirées du baflin & sans les purger des particules de sel dont elles seront enve-
loppées, & après les avoir couvertes de bonnes
poignées d'herbes qui les contiendront, on les mettra à la cave pour s'en servir au besoin. Retirez
de la saumure des olives que vous y aurez fait
nâger après les avoir cueillies mures, & essuyez-
les avec une éponge, ensuite coupez-les avec un
roseau verd en deux ou trois morceaux, & faites-les tremper pendant trois jours dans du vinaigre; le quatrieme jour essuyez-les avec une
éponge, & jettez-les dans une cruche ou dans
un pot neuf, au fond desquels vous aurez mis
auparavant de l'ache avec un peu de rüe. Lorsque le vase sera plein d'olives ainsi coupées par
morceaux, vous y verserez ensuite jusqu'aux bords
du vin cuit jusqu'à diminution de moitié : enfin vous couvrirez les olives de tendrons de laurier à l'effet de les enfoncer dans le vase, &
vous en ferez usage au bout de vingt jours.

CHAPITRE XLIX. (1)

ON cueille les olives noires, lorsqu'elles sont très-mures, par un temps serein, & on les étend à l'ombre pendant une journée sur des roseaux, puis on met de côté toutes celles qui sont gâtées. On arrache aussi toutes les queues adhérentes au fruit, ainsi que les feuilles & les petites branches qui peuvent s'y trouver entremêlées. Le lendemain on les crible avec soin, afin d'en séparer toutes les ordures, après quoi on les enferme dans un cabas neuf, & on les place sous l'arbre du pressoir pour être pressurées pendant toute la nuit. Le lendemain on les met sous des meules très-propres, & qui sont suspendues afin qu'elles ne brisent pas le noyau, &, lorsqu'elles sont réduites en marc, on mêle ensemble entre les mains du sel grillé & égrugé avec d'autres assaisonnemens secs, tels que du fenu-Grec, du cumin, de la graine de fenouil & de l'anis d'Egypte. Au reste, il suffira de mettre une *hemina* de sel par

---

(1) Il y a lieu de croire que Columelle avoit mis ici un sommaire pour annoncer ce dont il va parler, comme il l'a pratiqué à l'égard des Chapitres précédents, & que ce sommaire aura été mal à propos supprimé par les Editeurs. Au surplus, il s'agit dans ce Chapitre d'un ragoût particulier,

modius d'olives, & on versera de l'huile dessus, de peur qu'elles ne se dessechent, attention qu'il faudra même avoir toutes les fois qu'elles paroîtront commencer à se sécher. Il n'y a point de doute que ce ne soient les olives *Pausiæ* (2) qui auront le meilleur goût lorsqu'elles seront confites de cette façon, quoique leur goût ne se conservera pas plus de deux mois sans s'altérer. Il y a néanmoins d'autres especes d'olives qui paroissent plus propres à être confites ainsi, telles que celle de Licinius (3) & la *Culminia* (4) : quoiqu'en général celle qui passe pour y être la plus propre de toutes soit celle que donne l'arbre de Calabre, que quelques personnes appellent petit olivier sauvage, à cause de sa ressemblance avec ce dernier arbre.

CHAPITRE L.

C'Est au commencement du mois de Décembre que l'on fait communément la cueillette des olives, & c'est le temps où elle n'est ni prématurée ni tardive. En effet, c'est dans ce temps que l'on

---

(2) Voy. la Note 2 du Chap. VI. de l'Economie rurale de Caton.
(3) Voy. la Note 7 *ibid.*
(4) Voy. la Note 5 *ibid.*

fait l'huile verte, au lieu que l'huile acerbe, appellée huile d'Eté, se fait plutôt, comme l'huile mure se fait plus tard. Mais l'huile acerbe rendant peu, il n'est pas de l'intérêt d'un Chef de famille d'en faire, à moins que les olives n'aient été abbatues par les mauvais temps, & qu'on ne soit dans la nécessité de les ramasser, pour empêcher qu'elles ne soient mangées par les bêtes soit domestiques soit fauves. Il est au contraire très-important d'en faire de verte, tant parce que celle-ci rend abondamment, que parce qu'elle double presque le revenu du Propriétaire, vû la cherté dont elle est. Mais, si l'on est en possession de plans d'oliviers qui soient d'une étendue immense, on est forcé d'en réserver quelque partie pour faire de l'huile mure. Quoique nous ayons déja décrit dans le premier volume (1) le lieu dans lequel on doit faire l'huile, nous allons cependant rappeller quelques articles relatifs à cette matiere que nous avions d'abord omis. Il faut avoir un plancher destiné à recevoir les olives. Il est vrai que nous avons un précepte qui ordonne de les mettre jour par jour sous les meules & sous l'arbre du pressoir, à mesure qu'elles sont récoltées. Mais néanmoins, comme il arrive quelquefois que le travail des presseurs ne peut pas suffire à la quantité prodigieuse d'olives que l'on aura ré-

____

(1) Dans le Chap. VI. du Liv. I.

coltées, il faut avoir un grenier plafonné dans lequel on les mettra, & dont le plancher sera semblable à ceux sur lesquels on pose les grains: il doit aussi être distribué en tel nombre de cases que l'exigera la quantité d'olives que l'on aura, afin de mettre à part dans des cases particulieres la cueillette de chaque jour. Il faut que le sol de ces cases soit pavé de terre ou de tuile, & qu'il aille en pente, afin que toute l'humidité s'en écoule promptement à travers des canaux & des conduits qui y seront pratiqués, parce que la lie d'huile est très-contraire à cette liqueur, & que pour peu que l'olive séjourne dedans, elle gâte le goût de l'huile. C'est pourquoi, lorsqu'on aura construit ces cases de la maniere que nous venons de prescrire, on posera sur leur superficie de petits soliveaux éloignés d'un demi-pied l'un de l'autre, sur lesquels on étendra des clisses de roseaux qui seront d'un tissu serré & travaillées avec soin, afin que les olives ne puissent pas passer à travers ces clisses, & que celles-ci puissent en soutenir le poids. Il faudra aussi qu'il y ait vis-à-vis ces cases, du côté par lequel s'écoulera la lie d'huile, & sous les conduits même à travers lesquels elle passera, un pavé concave ou une pierre creusée en forme de petite fosse, dans laquelle s'arrêtera toute la liqueur qui s'écoulera, de façon qu'on puisse l'y puiser. Il faudra outre cela avoir des cuves & des futailles toutes prêtes à la maison,

F f iv

pour y déposer la lie d'huile de chaque espece d'olive, soit que cette lie ait coulé naturellement & sans mélange, soit qu'elle n'ait coulé qu'après que l'olive aura été salée. En effet l'une & l'autre de ces lies sont bonnes à différens usages. Au surplus, les meules valent mieux pour faire l'huile que le *trapete* (2), comme le *trapete* (2) vaut mieux que le *canalis* (3) & la *solea* (3). En effet, il est très-aisé de gouverner les meules, parce qu'on peut les baisser ou les remonter suivant la quantité d'olives qu'on aura à mettre dessous, pour éviter d'en briser les noyaux qui altéreroient le goût de l'huile. D'un autre côté, le *trapete* (2) fait plus d'ouvrage, & le fait avec plus de facilité que la *solea* (3) & le *canalis* (3). Il y a encore une machine, nommée *tudicula* (4), semblable à un traîneau relevé sur le côté, qui fait assez bien la besogne, si ce n'est qu'elle est sujette à se déranger souvent, & que, si l'on y met un peu plus d'olives qu'il n'en faudroit, son mouvement s'arrête. Il n'y a cependant aucu-

---

(2) Voy. la description de cette machine dans l'Economie rurale de Caton.

(3) Pour bien connoître ces machines, il faudroit que quelque Auteur nous en eût laissé la description, comme Caton nous a laissé celle du *Trapete*.

(4) Cette machine pouvoit bien avoir quelque rapport à nos moulins à casse : on peut effectivement supposer que c'étoit un cône tronqué, ou une pyramide cannelée en helice & insérée sur un arbre cylindrique cannelé de même par des

ne de ces machines dont on ne puisse se servir suivant la nature & l'usage des pays, quoique la meilleure de toutes soit la meule ou même le *trapete* (2). Il nous a fallu donner ce détail préliminaire avant de parler de la façon de
faire l'huile. Maintenant nous y allons passer,
quoique nous ayons omis de faire mention de
bien des choses qu'il faut préparer avant la récolte des olives, comme on le pratique avant la
vendange, telles que le bois qu'il faut tenir prêt
longtemps d'avance, pour que les ouvriers ne
soient pas détournés lorsqu'ils en auront besoin,
telles que les échelles, les paniers, les mesures
de dix *modii* & celles de trois dans lesquelles
on reçoit l'olive à mesure qu'elle est cueillie,
les cabas, les cordes de chanvre & de genêt
d'Espagne, les coquilles de fer avec lesquelles
on puise l'huile, les couvercles des vases dans
lesquels on la met, les grandes & les petites
éponges, les cruches dans lesquelles on porte
l'huile au-dehors, les clisses de canne sur lesquelles on met l'olive & tous les autres ustensiles qui ne me reviennent pas à la mémoire dans

---

rainures qui descendoient perpendiculairement, de façon que
les olives étant jettées dans cette machine par le côté le plus
étroit du cône, étoient entraînées par en bas, lorsqu'on venoit à la tourner, & se trouvoient brisées entre les canne-
lures, pour être chassées ensuite vers un passage étroit qui
se trouvoit au pied de la pyramide.

ce moment. Il faut donc être muni de tous ces
uftenfiles & même en avoir beaucoup au-delà du
néceffaire, parce qu'il en périt toujours une certaine quantité, & que le nombre en diminue à mefure qu'on s'en fert, d'autant que, fi un feul vient
à manquer au moment où l'on en aura befoin, l'ouvrage fe trouvera interrompu. Mais je vais pour-
fuivre l'objet que j'ai promis de traiter. Dès que
les olives auront commencé à tourner, & qu'il
s'en trouvera déja quelques-unes de noires parmi
le plus grand nombre de blanches, il faudra les
cueillir à la main par un temps ferein, après
avoir étendu fous les arbres des cliffes ou des
rofeaux, puis les cribler & les nettoyer. Quand
elles auront été nettoyées avec foin, on les portera auffi-tôt au preffoir & on les enfermera,
avant qu'elles rendent leur huile, dans des cabas
neufs que l'on mettra fous l'arbre du preffoir,
de façon qu'elles n'y foient preffurées que le
moins que faire fe pourra. Enfuite, quand on
aura relevé l'arbre du preffoir, il faudra les ra-
mollir en répandant deffus deux *fextarii* de fel
qui n'ait reçu aucun apprêt par *modius* de fruit,
& en exprimer le marc à l'aide de reglets (5),
fi c'eft la coutume du pays, ou du moins à l'aide de
cabas neufs dans lefquels on les renfermera ; enfuite

---

(5) C'étoient de petites regles de bois quarrées, dont on
fe fervoit pour contenir le tas d'olives, & pour l'empêcher
de céder au poids de l'arbre du preffoir.

celui dont la fonction est de survuider l'huile puisera aussitôt celle qui aura coulé la premiere dans
le bassin (lequel bassin doit être rond, parce qu'é-
tant de cette forme il est préférable à un vase de
plomb quarré ou à un bassin de briques à plusieurs
fonds), & il la versera dans des bassins de terre
cuite préparés pour la recevoir. Au reste, il faudra avoir dans le cellier à huile trois ordres de
bassins, dont le premier servira à recevoir l'huile de la premiere qualité, c'est-à-dire, celle du
premier pressurage, l'autre servira à recevoir celle du second pressurage, & le dernier celle du
troisieme, parce qu'il est très-intéressant de ne
pas confondre le second pressurage & encore
moins le troisieme avec le premier, attendu que
l'huile qui coule comme une lessive, & sans
un grand travail de l'arbre du pressoir, est
d'un bien meilleur goût que toutes les autres.
Lorsqu'ensuite l'huile se sera reposée quelque
temps dans les premiers bassins, il faudra que
celui qui est chargé de la survuider l'éclaircisse
en la survuidant d'abord dans les seconds bassins, & ensuite dans les suivans jusqu'aux derniers. Car plus on lui donnera d'air en la transvasant à différentes fois, &, pour ainsi dire, en
la tourmentant, plus elle deviendra liquide &
moins elle sera chargée de lie. Il suffira néanmoins que chacun des trois ordres soit composé de
trente bassins, à moins que les plans d'oliviers que
l'on aura ne soient si considérables, qu'ils en de-

mandent une plus grande quantité. Si le froid vient à congeler l'huile avec sa lie, il faudra sans contredit employer un peu plus de sel grillé que nous n'en avons exigé, parce que c'est le moyen de diffoudre l'huile & d'en féparer tout ce qui l'altere; d'autant qu'il n'y a pas lieu de craindre qu'elle devienne falée, puifque, telle quantité de fel qu'on y mette, elle n'en contracte jamais le goût. Il arrive quelquefois, lorfqu'il furvient de très-grands froids, que cette pratique même ne fuffit pas pour la diffoudre : c'est pourquoi on grille alors du nitre, &, après l'avoir broyé, on en faupoudre les olives & on les en nourrit bien, afin qu'il parvienne à liquéfier la lie. Il y a des perfonnes, qui néanmoins paffent pour faire l'huile avec foin, qui ne mettent jamais l'olive fous l'arbre du preffoir avant qu'elle ait rendu un peu d'huile d'elle-même, parce qu'elles s'imaginent qu'il s'en perd toujours alors quelque peu, attendu que, lorfque l'arbre du preffoir vient à pefer deffus, la lie d'huile n'est pas la feule liqueur qui s'en écoule, puifqu'elle entraîne infailliblement avec elle un peu de liqueur graffe. Mais voici un précepte général que j'ai à donner; c'est de ne point laiffer pénétrer de fumée dans le preffoir tant que l'on y fera de l'huile verte, comme de n'y point fouffrir de fuie non plus que dans le cellier à huile, parce que ce font deux chofes très-contraires à ce genre de travail : auffi les plus habiles huiliers ne permet-

tent-ils qu'avec peine de faire l'huile à la lumiere
d'une lampe. C'est pourquoi il faut que le pressoir
& le cellier à huile soient placés du côté du Ciel
qui sera le moins exposé aux vents, parce que la
vapeur du feu qu'on seroit alors obligé d'y faire
seroit très-nuisible. Il ne faut pas se contenter de
s'occuper du soin des futailles & des cruches dans
lesquelles on doit mettre l'huile au temps seulement où l'on y est forcé par la récolte, mais la
Métayere doit, dès que les vases ont été vuidés
par le Marchand, s'appliquer à en enlever aussitôt les immondices ou la lie d'huile qui peuvent y être restées au fond. Elle ne doit pas
cependant employer à cet effet une lessive très-
chaude, de peur que la cire ne se détache des
vases, mais elle doit les essuyer à différentes
reprises, puis les frotter légérement avec la
main à l'eau tiede, & les essuyer souvent avec
une éponge pour en sécher toute l'humidité.
Quelques personnes délaient dans de l'eau de la
terre à potier, pour en faire une espece de lie
liquide, & après avoir lavé les vases, elles les
enduisent à l'intérieur de cette espece de liqueur
& les laissent sécher, puis elles les lavent
avec de l'eau pure lorsqu'elles en ont besoin;
d'autres les lavent d'abord avec de la lie d'huile
& ensuite avec de l'eau, & les font sécher, après
quoi elles examinent si ces vases n'ont pas besoin d'être enduits de cire nouvelle. Car les Anciens prétendoient qu'il falloit enduire les vases

de cire au bout de six récoltes d'olives à peu
près , quoique je ne conçoive pas comment cela
pourroit se faire ; en effet, si des vases neufs reçoi-
vent aisément la cire liquide lorsqu'on les a fait
chauffer , je pense que d'anciens vases n'admet-
tent pas une seconde fois le cirage , à cause du
suc huileux dont ils sont impregnés. Au reste
les Agriculteurs de nos jours ont rejetté le premier cirage lui-même , & ils ont pensé qu'il
étoit plus à propos de laver les vases neufs avec
de la gomme liquide , & de les parfumer de
cire blanche lorsqu'ils seroient secs , pour les
empêcher de contracter de la moisissure : ils esti-
ment aussi qu'il ne faut pas moins répéter cette
fumigation à l'égard des vieux vases qu'à l'é-
gard des neufs , toutes les fois qu'on les soigne
dans la vue d'y mette de l'huile nouvelle. Il se
trouve bien des personnes qui , après avoir enduit une premiere fois d'une gomme épaisse les
futailles ou les cruches neuves , se contentent
pour toujours de cet unique enduit, parce qu'effectivement un vase de terre cuite , qui a été une
fois imbibé d'huile , n'admet pas un second enduit de gomme, attendu que la graisse de l'huile ne
s'accommode pas d'une matiere d'une nature telle
que celle de la gomme. Après le mois de Décembre il faudra cueillir l'olive vers les Calendes (6)

---

(6) Voy. la Note 1 du Chap. XXVIII. de l'Économie rurale de Varron. Liv. I.

de Janvier de la maniere que nous avons détaillée ci-deſſus, & en extraire auſſitôt l'huile, parce que, ſi on la laiſſoit ſur le plancher, elle ne tarderoit pas à s'échauffer, d'autant que pendant les pluies d'Hiver elle engendre plus de lie qu'en aucun autre temps, & que cette lie eſt très-contraire à ce genre d'opération. Il faut donc prendre garde de ſe réduire à la néceſſité d'en faire de l'huile à manger qui ne ſeroit bonne que pour les gens; & il n'y a qu'une façon d'éviter cet inconvénient, qui conſiſte à la faire écacher & preſſurer dès qu'elle eſt arrivée des champs, après l'avoir gouvernée de la maniere que nous avons preſcrite ci-deſſus. La plus grande partie des Agriculteurs s'étoit imaginée qu'en dépoſant l'olive à la maiſon, l'huile augmentoit ſur le plancher, mais ce ſyſtême eſt auſſi faux qu'il eſt faux que le bled croiſſe dans l'aire, & voici comme Porcius Caton l'Ancien réfute cette imagination (7). Il aſſure que l'olive ſe flétrit ſur un plancher, & qu'elle s'y rappétiſſe, mais que, lorſqu'un Payſan a porté à la maiſon la meſure d'une preſ

---

(7) Caton dit bien, dans le Chap. LXIV. de ſon Economie rurale, *que l'huile ne peut pas augmenter en quantité quand on laiſſe longtemps l'olive ſur un plancher*, mais on ne trouve nulle part dans ſon ouvrage la raiſon qu'en donne ici Columelle, comme étant tirée de cet Auteur. Les manuſcrits de Caton, qui étoient entre les mains de Columelle, étoient peut-être plus entiers que ceux qui nous ſont parvenus.

furée, & qu'il veut la mettre fous les meules
plufieurs jours après, comme il a oublié la quantité qu'il en avoit apportée d'abord, il fupplée ce
qui manque à la preffurée en puifant dans les
autres tas particuliers qu'il avoit faits de même,
d'où il arrive que l'olive qu'il avoit laiffée fur
le plancher lui femble rendre plus d'huile que
l'olive nouvelle, quoique dans la réalité il en ait
employé beaucoup plus de *modii* qu'il ne fe l'étoit
imaginé. Au refte, quand ce fyftême feroit très-
fondé, il y auroit toujours plus de profit à faire fur
le prix de l'huile verte, qui fe vend toujours
très-cher, que fur l'augmentation du fruit. Auffi
Caton a-t-il dit (7) que tel furcroit de poids ou
de mefure que l'on fuppofe du côté de l'huile,
on trouvera toujours une perte réelle plutôt qu'un
profit véritable, fi l'on veut fupputer la quantité d'olives qu'on a été obligé d'ajouter pour
compléter la preffurée. Ainfi nous ne devons
pas balancer à écacher l'olive & à la mettre fous
l'arbre du preffoir au premier moment qu'elle
aura été cueillie. Je conviens néanmoins qu'il
faut auffi faire de l'huile à manger pour les gens,
mais les olives qui font tombées parce qu'elles
étoient mangées des vers, ou celles que les mauvais temps ou les pluies ont jettées dans la
boue fervent de reffource en cette occafion. A
cet effet on fait chauffer de l'eau dans un chaudron pour laver ces olives qui font malpropres ;
il ne faut pas cependant employer dans ce cas de
l'eau

l'eau très-bouillante, & il suffit qu'elle soit modérément chaude, si l'on veut que l'huile ait un
goût plus supportable, parce que, si on laissoit
cuire l'olive, l'huile contracteroit dès-lors le
goût des vers & des autres impuretés qu'elle
renfermeroit en elle-même. Au reste, lorsque les
olives auront été lavées, il faudra, pour le surplus, se comporter de la maniere que nous avons
prescrite ci-dessus. Mais il ne faudra pas se servir des mêmes cabas pour le pressurage de la
bonne huile & de celle que doivent manger les
gens, & l'on se servira des vieux pour l'olive
qui sera tombée d'elle-même, au lieu qu'on ré-
servera les neufs pour l'huile ordinaire. Il faut
aussi, dès qu'une pressurée est achevée, ne pas
manquer de laver sur le champ les cabas deux
ou trois fois dans de l'eau très-bouillante, & de
les plonger ensuite dans de l'eau courante, si
l'on en a, en les couvrant de pierres qui les re-
tiennent au fond de l'eau par leur poids, ou,
si l'on n'a pas de riviere à sa portée, on les
fera tremper dans une matte ou dans un réservoir d'eau très-pure, ensuite on les battra
de verges, afin d'en expulser les immondices &
la lie, après quoi on les lavera encore une seconde fois, puis on les fera sécher.

CHAPITRE LI.

QUOIQUE ce ne soit pas dans ce temps-ci que l'on fait l'huile *gleucina* (1), j'ai cependant remis à en parler dans cette partie-ci de ce Volume, pour ne pas interrompre mal-à-propos l'exposition des recettes pour frelater les vins, en y insérant la façon de faire cette huile. La voici donc. Il faut préparer un très-grand vase à mettre l'huile qui n'ait pas encore servi, ou du moins qui soit très-solide, dans lequel on versera ensuite, pendant la vendange, soixante *sextarii* de mout excellent & très-nouveau avec quatre-vingt livres d'huile; après quoi on enfermera, dans un petit filet de jonc ou de lin, des aromates qui ne soient ni criblés ni même broyés bien menus, mais simplement concassés légérement, & on les enfoncera à l'aide d'un caillou peu pesant dans ce mêlange d'huile & de mout. Voici quels seront les aromates qu'on employera en cette occasion, & les proportions qu'on suivra en les employant. On prendra du calamus, du jonc odorant, du cardamome, du baume de Judée, de l'écorce de palmier, du

---

(1) Cette huile étoit ainsi nommée de γλυκὺς, qui veut dire *doux*, ou de γλεῦκος, qui veut dire *mout*.

fenu-Grec qui aura été macéré dans de vieux vin, puis séché & même grillé, de la racine de jonc, ainsi que de l'iris Grecque, de l'anis d'E- gypte, le tout par parties égales consistantes en une livre & un *quadrans* de chacun, & on plongera ces aromates dans une *metreta* après les avoir renfermés, comme nous l'avons dit, dans un petit filet, puis on la bouchera. Au bout de sept ou de neuf jours, on ôtera avec la main la lie ou les impuretés qui pourront s'être attachées d'elles-mêmes au col de la *metreta*, & on l'es- suyera. Ensuite on passera l'huile, & on la sur- vuidera dans de nouveaux vases, après quoi on retirera le petit filet & on broyera très propre- ment les aromates dans un mortier : lorsqu'ils seront broyés, on les remettra dans la même *metreta*, & on y versera autant d'huile que la premiere fois, puis on la bouchera & on l'ex- posera au Soleil. Sept jours après on vuidera l'huile, & on transvasera le mout dans un ba- ril poissé. Ce qui en restera pourra servir de re- mede aux bœufs qui seront malades ainsi qu'aux autres bestiaux, si on le leur fait boire. Pour l'huile qu'on aura mise en second lieu dans la *metreta*, & qui sera d'une odeur agréable, ceux qui seront tourmentés par des maladies de nerfs pourront s'en frotter tous les jours.

CHAPITRE LII.

Maniere de faire l'huile dont on se sert pour les parfums. Avant que l'olive noircisse, & dès qu'elle aura commencé à perdre sa couleur, sans cependant qu'elle soit encore tournée tout-à-fait, cueillez-la à la main en choisissant de préférence celle de Licinius, si vous en avez, ou, à son défaut, la *Regia* (1), & dans le cas où vous n'auriez pas même de cette derniere, la *Culminia* (2), & après l'avoir nettoyée, mettez-la sur le champ telle qu'elle est sous l'arbre du pressoir, & exprimez-en la lie : ensuite broyez-la avec une meule suspendue, & renfermez-la soit entre des réglets (3), soit dans un cabas neuf, pour la remettre sous l'arbre du pressoir, où vous la pressurerez tant soit peu sans cependant faire agir les leviers, mais en vous en tenant pour cela au seul poids de l'arbre. Lorsqu'il aura coulé de l'huile de cette maniere, celui dont la fonction est de la survuider la séparera aussitôt de la lie, & la transvasera avec

---

(1) Voy. la Note 10 du Chap. VI. Liv. III.
(2) Voy. la Note 3 du Chap. VI. de l'Economie rurale de Caton.
(3) Voy. la Note 5 du Chap. L.

attention dans différens bassins, jusqu'à ce qu'elle soit éclaircie. Le surplus de l'huile que l'on exprimera ensuite des olives pourra servir de nourriture, soit qu'on veuille la manger seule, soit qu'on veuille la mêler avec des huiles d'une autre qualité.

CHAPITRE LIII.

Nous avons assez parlé jusqu'ici de l'huile : passons à de moindres objets. Tel animal qu'on veuille tuer, il faut l'empêcher de boire la veille, & surtout le porc, afin que sa chair soit plus seche, parce que, si on le laissoit boire, le salé qu'on en feroit seroit plus humide. On le tuera donc dans un moment où il soit altéré, après quoi on le désossera bien, parce que c'est le moyen que le salé soit mieux fait & de plus longue garde. Lorsqu'il sera désossé, on le salera soigneusement avec du sel grillé qui ne soit pas cependant trop menu ; il suffira même qu'il soit broyé avec une meule suspendue : on en saupoudrera sur-tout copieusement les parties du corps qu'on n'aura point désossées, & après avoir arrangé sur un plancher les quartiers ou les petites pieces de chair, on les chargera de poids considérables pour leur faire jetter leur humidité superflue. Le troisieme jour on retirera les poids, & on frottera exactement le falé entre les mains, & lorfqu'on voudra le remettre fur le plancher, on le faupoudrera auparavant de fel égrugé bien menu : on ne laiffera pas paffer un feul jour fans le frotter entre les mains, jufqu'à ce qu'il foit à fon point. Si le temps a été beau pendant les jours qu'on l'aura frotté, on ne le laiffera dans le fel que l'efpace de neuf jours, au lieu que, fi le temps a été nébuleux ou qu'il ait plu, il ne faudra le porter que l'onzieme ou le douzieme jour au réfervoir, où on le lavera foigneufement avec de l'eau douce, après avoir fecoué le fel de façon qu'il n'en refte aucune trace, & on le fera fécher pour le fufpendre enfuite au garde-manger, dans un endroit où il parvienne un peu de fumée, afin que le peu d'humidité qui pourra s'y trouver encore acheve de fe fécher. Le temps le plus commode pour faire le falé, c'eft pendant le Solftice d'Hiver ou même au mois de Février, avant les Ides (1), quand la Lune fera dans fon déclin. Voici une autre façon de faler la viande que l'on peut mettre en ufage, même dans les lieux chauds, en tel temps de l'année que ce foit. Après qu'on aura empêché les porcs de boire pendant une journée, on les tuera le lendemain, & on les pelera foit avec de l'eau

---

(1) Voy. la Note 1 du Chap. XXVIII. de l'Economie rurale de Varron, Liv. I.

bouillante, soit à une flamme de menu bois (car on peut le faire de l'une ou l'autre maniere), & l'on coupera leur chair en plusieurs morceaux d'une livre chacun, après quoi on mettra dans une cruche une couche de sel grillé, mais qui ne soit que légérement égrugé (comme nous l'avons dit ci-dessus), ensuite on y arrangera tous les morceaux en les serrant les uns auprès des autres, & on fera alternativement plusieurs couches de sel & de morceaux de viande. Lorsqu'on sera parvenu au col de la cruche, on achevera de la remplir de sel, & on y enfoncera la viande avec des poids dont on la chargera, & cette viande se conservera toujours tant qu'on la laissera dans sa saumure, comme du poisson salé.

CHAPITRE LIV.

CHOISISSEZ les raves qui seront les plus rondes, essuyez-les si elles sont bourbeuses, & pelez-les avec un conteau; ensuite fendez-les en sautoir (suivant l'usage des Confiseurs) avec un instrument de fer fait en forme de croissant, en évitant néanmoins de conduire ces fentes jusqu'en bas. Inserez ensuite entre ces fentes du sel qui ne soit pas trop menu, & arrangez les raves dans un bassin ou dans une cruche, puis, après les avoir saupoudrées d'une quantité de sel un peu plus forte, laissez-les rendre leur eau pendant trois jours. Au bout du troisieme jour, goûtez le milieu de leur filament pour voir si elles ont bien pris le sel. Lorsque vous jugerez qu'elles l'auront suffisamment pris, vous les retirerez toutes de la cruche & vous les laverez dans leur propre eau, où si elles n'en ont pas rendu beaucoup, vous y ajouterez de la saumure forte dans laquelle vous les laverez : ensuite vous les arrangerez dans un mannequin d'osier quatré, dont le tissu ne soit pas trop serré, mais qui soit cependant fait solidement & avec de gros brins d'osier, après quoi vous mettrez par-dessus une planche qui y sera adaptée de façon que les raves puissent être enfoncées à l'aide de cette planche jusqu'au fond du mannequin, si le cas l'exige. Lorsque cette planche sera ainsi adaptée au mannequin, vous la chargerez de poids considérables, & vous laisserez sécher les raves pendant un jour & une nuit. Après quoi, vous les arrangerez dans une futaille soit de terre cuite poissée soit de verre, & vous verserez dessus de la moutarde & du vinaigre, de façon qu'elles en soient recouvertes. On pourra aussi confire des navets comme des raves & dans le même jus, avec cette différence qu'on ne les coupera qu'au cas qu'ils soient trop gros. Au reste, il faut avoir soin de confire ces deux sortes de racines avant qu'elles montent en tiges ou en graine, & dans le temps où elles feront encore

tendres. Jettez dans un vase de petits navets
entiers, ou de grands coupés en trois ou quatre
tronçons, & versez du vinaigre par-dessus, en y
ajoutant un *sextarius* de sel grillé par *congius* de
vinaigre, & vous pourrez en faire usage au bout
de trente jours.

CHAPITRE LV.

Nettoyez avec soin de la graine de moutarde & criblez-la : ensuite lavez-la dans de l'eau
froide, &, après qu'elle aura été bien lavée, lais-
sez-la dans l'eau pendant deux heures. Ensuite
vuidez l'eau, & après avoir exprimé cette graine entre vos mains, jettez-la dans un mortier
neuf ou qui soit bien nettoyé, & broyez-la avec
des pilons. Lorsqu'elle sera broyée, ramassez
toute la bouillie qui en résultera au milieu du
mortier, & applatissez-la avec la paume de la
main. Quand elle sera applatie, faites-y plusieurs trous (1), & semez dessus quelques char-
bons ardens sur lesquels vous verserez de l'eau
nitrée, afin que cette bouillie jette toute son
amertume & sa moisissure, après quoi vous sou-

____

(1) L'objet de ces trous paroît-être de faciliter l'introduc-
tion de l'eau nitrée dans la moutarde, & en conséquence
l'évaporation de toute l'humidité.

leverez (1) auſſitôt le mortier, afin que toute l'humidité s'en écoule. Quand cela ſera fait, vous verſerez ſur cette moutarde du vinaigre bien mordant, & vous la remuerez avec le pilon, puis vous la paſſerez. Cette moutarde ſera très-bonne pour confire les raves. Au réſte, ſi vous la voulez préparer à l'uſage de la table, lorſque vous lui aurez fait jetter ſon amertume, vous y mettrez des pignons très-nouveaux & des amandes que vous broyerez avec ſoin, en y verſant du vinaigre par-deſſus. Pour le ſurplus, vous ſuivrez la méthode que je viens de preſcrire. Non-ſeulement cette moutarde ſera d'un bon uſage pour les ſauſſes, mais elle ſera encore belle à l'œil, puiſqu'elle ſera d'une blancheur ſinguliere, quand elle aura été faite avec attention.

CHAPITRE LVI.

AVANT que le maceron monte en tige, arrachez-en la racine au mois de Janvier, ou même au mois de Février, & frottez-la bien afin qu'il

---

(1) Ce mortier n'étoit rien autre choſe qu'une pierre plate, puiſque l'humidité s'en écouloit en le redreſſant & non pas en l'inclinant, comme il auroit fallu faire s'il eût été creux.

n'y reste point de terre , puis faites-la confire
dans du vinaigre & du sel ; ensuite vous la retirerez de ce jus au bout de trente jours, vous
la pelerez & vous en jetterez l'écorce. Quant
à la moëlle qui restera , vous la couperez par
tronçons que vous mettrez dans un flacon de
verre ou dans un flacon neuf de terre cuite , en
y ajoutant un jus composé de la maniere qui
suit : prenez de la mente, du raisin séché au Soleil , & un peu d'oignon sec ; broyez le tout
avec du bled grillé & un peu de miel , après
quoi vous y mêlerez deux parties de vin cuit
jusqu'à diminution des deux tiers ou de moitié,
& une partie de vinaigre, & vous verserez cette
composition dans le même flacon que vous boucherez & que vous envelopperez d'une peau.
Lorsqu'ensuite vous voudrez en faire usage , vous
tirerez des tronçons de ces petites racines avec
leur jus, & vous y ajouterez de l'huile. Vous
pourrez confire dans le même temps la racine
de chervi de la maniere que nous venons de
prescrire : mais , lorsque vous en voudrez faire
usage, vous la retirerez du flacon, & vous verserez dessus de l'oxymel avec un peu d'huile.

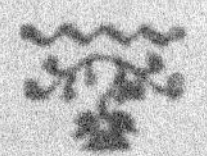

CHAPITRE LVII.

METTEZ dans un mortier de la sarriette, de la mente, de la rüe, de la coriandre, de l'ache, du poireau qu'on coupe à différentes reprises, ou, à son deffaut, de l'oignon verd, des feuilles de laitue & de roquette, du thym verd ou de la cataire, avec du pouliot verd, du fromage nouvellement fait & du fromage salé : broyez tous ces ingrédiens ensemble en y mêlant un peu de vinaigre épicé, & mettez-les dans un petit plat, puis vous y verserez de l'huile par-dessus. Quand vous aurez broyé les plantes vertes que nous venons d'indiquer, vous écraserez ce que vous jugerez suffisant de noix épluchées, en y mêlant un peu de vinaigre épicé, & vous verserez de l'huile par-dessus. Vous broyerez du sésame légérement grillé avec les mêmes plantes vertes. Vous y mettrez aussi un peu de vinaigre épicé, sur lequel vous verserez de l'huile. Vous pilerez du fromage de Gaule ou de telle autre espece de fromage que vous voudrez, après l'avoir coupé en petits morceaux, & vous mêlerez avec ces ingrédiens des pignons, si vous en avez abondamment, sinon des avelines grillées qui auront été préalablement pelées, ou des amandes, & vous ajouterez un peu de vinaigre épicé, puis vous brouillerez tout ce mêlange, & vous verserez de l'huile dessus. Si vous n'avez pas d'assaisonnemens verts, vous broyerez avec le fromage soit du pouliot sec, soit du thym, de l'origan ou de la sarriette seche, & vous y ajouterez du vinaigre épicé & de l'huile. On peut cependant se contenter de mêler avec le fromage une seule de ces plantes seches, au cas que l'on n'en ait point d'autres. On mêlera avec du miel trois *unciæ* de poivre blanc, si l'on en a, sinon, de noir, deux *unciæ* de graine d'ache, une *sescuncia* de cette racine de laser, que les Grecs appellent σίλφιον, & un *sextans* de fromage, puis, après avoir broyé & sassé ces ingrédiens avec du miel, on les conservera dans un pot de terre neuf, & lorsqu'on voudra en faire usage, on délayera le peu qu'on en voudra prendre dans du vinaigre & du *garum* (1). Vous pouvez prendre une *uncia* de sermontaine, un *sextans* de raisin séché au Soleil sans pepins, & un *quadrans* de poivre blanc ou noir, & mêler le tout avec du miel pour le conserver, si vous voulez ménager la dépense. Mais si votre projet est de faire un *oxyporum* (2) à plus grands frais, vous mêlerez ces mêmes ingrédiens avec la composi-

---

(1) Voy. la Note 2 du Chap. IX. Liv. VI.

(2) On donnoit ce nom aux médicamens qui s'insinuoient facilement dans toutes les parties du corps, d'ὀξύς, qui veut dire *prompt*, & πόρος, qui veut dire *passage*.

tion dont nous avons parlé plus haut , & vous serrerez ensuite ce mélange pour votre usage. Si vous n'avez point de laser , vous pourrez aussi y substituer une *semuncia* de miel.

Pour conclusion de mon Ouvrage , P. Silvinus , je crois qu'il n'est pas hors de propos de déclarer à ceux qui le liront (si toutefois il se trouve quelques personnes qui daignent prendre connoissance des matieres qu'il renferme) que je ne doute point qu'il n'y ait presque une infinité de choses qui auroient pû entrer dans mon plan , mais que j'ai crû ne devoir laisser à la postérité que celles qui m'ont paru les plus nécessaires. D'ailleurs la Nature n'a concédé à qui que ce soit , pas même aux personnes qui ont vieilli dans l'étude, la connoissance de toutes choses, puisqu'on dit même que , si ceux qui ont passé pour être les plus sages entre les mortels en sçavoient beaucoup , ils ne les sçavoient cependant pas toutes.

Fin du Tome quatrieme.

TABLE

ALPHABÉTIQUE

Des poids , mesures & monnoies , avec leurs valeurs actuelles.

ACNUA, Liv. 5, Chap. 1. C'est, selon Columelle, le nom que les Paysans de la Bétique donnoient à *l'Actus quadratus*. (Voy. la Note 1 du Chap. 10 de l'Economie rurale de Varron, Liv. 1.). Ce mot paroît corrompu de celui *d'agna* analogue à celui de *porca*. Voy. ce dernier mot.

ACTUS MINIMUS & QUADRATUS, Liv. 5, Chap. 1. (Voy. ces mots *ad Var.*).

AMPHORA, Liv. 3, Chap. 3, 9 : Liv. 12, Chap. 17, 20, 21, 25, 28, 29, 30, 34, 36, 38, 40, 43, 47, 48. (Voy. ce mot *ad Cat.*) où nous avons déja observé que ces vases se faisoient de toutes sortes de matieres, ce que Columelle confirme en disant qu'ils pouvoient se rouler à terre, 12, 48, quoique le plus communément ils fussent faits d'une argille particuliere, Chap. 43, que l'on enduisoit de poix, Chap. 38.

AREPENNIS, Liv. 5, Chap. 1. C'est le nom que les habitans des Gaules donnoient à une mesure équivalente à la moitié du *jugerum* : cette mesure n'étoit par conséquent que le quart à peu près de celle que nous appellons *arpent*, quoique ce dernier mot dérive de celui d'*ARE-PENNIS*. (Voy. le mot *JUGERUM ad Cat.*).

As. C'étoit, à proprement parler, le *NUM-MUS* (Voy. ce mot *ad Cat.*). Mais comme les Romains adaptoient leur division solemnelle de la livre en douze *unciæ* à tout ce qui étoit susceptible de partage, (Voy. le mot *PONDO ad Cat.*) & que les douze onces de la livre s'appelloient *As*, ce mot se prend non-seulement pour un *jugerum* entier, Liv. 5, Chap. 1, mais encore pour une unité numéraire, Chap. 3, ainsi que pour le total d'une somme quelconque, Liv. 2, Chap. 13 : Liv. 3, Chap. 3.

BES. C'étoient les $\frac{2}{3}$ de la livre, ou 8 onces, mais il se prend, Liv. 5, Chap. 1, pour les $\frac{2}{3}$ du *Jugerum*, auquel s'appliquoient les divisions solemnelles de la livre. (*V. LIBRA* & *PONDO ad Cat.*).

BIPEDALIS, Liv. 8, Chap. 3. ou *BIPEDA-NEUS*, Liv. 2, Chap. 2 : Liv. 4, Chap. 1, 30 : Liv. 3, Chap. 5 : Liv. 11, Chap. 2, 3 : Liv. 12, Chap. 16. (*V. BIPEDALIS ad Cat.*).

CADETUM, Liv. 5, Chap. 1. C'est le nom que les laboureurs donnoient à une espace de cent cinquante pieds.

CADUS. Baril d'une contenance arbitraire : Columelle en cite un de deux urnes, Liv. 12, Chap. 28.

CANDETUM, Liv. 5, Chap. 1. C'est le nom que les Gaulois donnoient à un espace de cent pieds dans les surfaces de ville, & à un de cent cinquante à la campagne.

CENTURIA, Liv. 5, Chap. 1. (Voy. ce mot *ad Var.*). Columelle est d'accord avec Varron, tant sur la valeur de cette mesure, puisqu'il lui fait

comprendre

comprendre également deux cent *Jugera*, (*V. JU-GERUM ad Cat.*) que sur l'étymologie de ce mot qu'il fait dériver de même du mot *centum*, cent ; mais il prétend que cette mesure se nommoit ainsi, parce qu'elle ne comprenoit dans l'origine que cent *Jugera*, & qu'elle a retenu improprement ce nom quoiqu'elle ait été doublée par la suite, au lieu que Varron prétend qu'elle se nommoit ainsi, parce qu'elle comprenoit cent *Hæredia* (*V. HÆREDIUM ad Var.*). & que *l'Hæredium* étoit de deux *Jugera*. Cette derniere opinion paroît la plus vraisemblable.

CLIMA, Liv. 5, Chap. 1. C'est une mesure de soixante pieds en tout sens, c'est-à-dire, de trois mil six cent pieds quarrés (*V. PES ad Cat.*). Il ne faut pas confondre cette mesure Géométrique avec le *climat* Géographique, qui se calcule sur la longueur des plus grands jours d'Eté, ni avec le *climat* vulgaire, dont la mesure dépend de la température de l'air.

COCHLEAR. Les Auteurs ne sont pas plus d'accord sur cette mesure que sur les autres petites mesures. (Voy. le mot *CONCHA ad Cat.*) Il paroît cependant que Columelle, Liv. 12, Chap. 21, lui donne la valeur d'un *Cyathus*. (*V. CYATHUS ad Cat.*)

CONGIUS, Liv. 5, Chap. 9 : Liv. 6, Chap. 6, 34 : Liv. 11, Chap. 2 : Liv. 12, Chap. 22, 34, 35, 54. (Voy. ce mot *ad Cat.*)

CORBIS PABULATORIA. C'étoit le panier dans lequel on mesuroit le fourage des bœufs. Columelle le suppose de la contenance de vingt *modii*, Liv. 6, Chap. 3 : Liv. 11, Chap. 2. (Voy. le mot *MODIUS ad Cat.*)

CULLEUS, Liv. 3, Ch. 3. (V. ce mot *ad Cat.*)

Tome IV.   H h

CYATHUS, Liv. 2, Chap. 11 : Liv. 6, Ch. 30, 31, 34 : Liv. 7, Chap. 19 : Liv. 8, Chap. 4, 5, 11 : Liv. 11, Chap. 2 : Liv. 12, Chap. 16, 21, 22, 24, 48. (Voy. ce mot *ad Cat.*)

DECEMMODIÆ, Liv. 11, Chap. 50, ou *DE-CIMODIÆ*, Chap. 18. Mot composé de *decem*, dix, & *modius*, pour désigner la contenance des corbeilles auxquelles il s'applique. (Voy. le mot *MODIUS ad Cat.*)

DEFRUTARIUM (*VAS*), Liv. 12, Chap. 20. C'est un vase de plomb de la contenance de quatre-vingt-dix amphores. (*V. AMPHORA ad Cat.*) On pouvoit aussi à la rigueur le faire de cuivre, & lui donner plus ou moins de capacité.

DENARIUS, Liv. 8, Chap. 10. (*V. NUMMUS ad Cat.*) Ce mot est pris dans le Liv. 7, Ch. 8, pour le poids du *denarius* d'argent.

DEUNX. C'étoient les $\frac{11}{12}$ de la livre ou onze *unciæ*, mais il se prend, Liv. 5, Chap. 1, pour les $\frac{11}{12}$ du *Jugerum*, auquel s'appliquoient les divisions solemnelles de la livre. (*V. LIBRA & PON-DO ad Cat.*)

DEXTANS. C'étoient les $\frac{5}{8}$ de la livre ou dix *unciæ*, mais il se prend, Liv. 5, Chap. 1, pour les $\frac{5}{8}$ du *Jugerum*, auquel s'appliquoient les divisions solemnelles de la livre. (*V. LIBRA & PON-DO ad Cat.*)

DIGITUS, Liv. 2, Chap. 11, 12 : Liv. 4, Chap. 8, 29 : Liv. 5, Chap. 1, 6, 9, 11 : Liv. 7, Chap. 10 : Liv. 11, Chap. 2, 3 : Liv. 12, Chap. 34, 46 : & *DIGITUS MINIMUS*, Liv. 5, Chap. 11. (Voy. ces mots *ad Cat.*)

DIPONDIARIUS (*ORBICULUS*), L. 4, Ch. 30. Le mot *PONDUS* s'entendoit spécialement de la livre, qui étoit le principal poids Romain, (*V.*

LIBRA & *PONDO ad Cat.*) ainſi *Dipondiarius orbiculus* étoit un poids rond conforme à un étalon de deux livres, *à duobus ponderibus.*

DIPONDIUM, Liv. 11, Chap. 2, ou *DUPONDIUM*, Liv. 3, Chap. 15, 15 : Liv. 4, Chap. 1, 32, 33 : Liv. 5, Chap. 6 : Liv. 6, Chap. 19. C'eſt dans le ſens propre le poids de deux livres, (*V.* *DIPONDIARIUS*) mais comme le mot de *PONDUS*, ainſi que toutes les diviſions de la livre, s'appliquoient à tout ce qui étoit ſuſceptible de meſure ou de partage, (Voy. le mot *PONDO ad Cat.*) Columelle, dans tous les endroits cités ici, prend le mot de *Dupondium* pour la valeur de deux pieds.

DODRANS, Liv. 6, Chap. 6 : Liv. 12, Chap. 12. Ce ſont les $\frac{3}{4}$ de la livre ou neuf *unciæ*, mais, ſuivant l'uſage des Romains d'appliquer les diviſions de la livre à tout ce qui étoit ſuſceptible de meſure ou de partage, Columelle l'entend, Liv. 2, Chap. 4, des $\frac{3}{4}$ d'une journée ; Liv. 3, Chap. 15, 19 : Liv. 4, Chap. 1, 33 : Liv. 5, Chap. 6, des $\frac{3}{4}$ du pied ou de neuf pouces ; & Liv. 5, Chap. 1, des $\frac{3}{4}$ du *Juge-rum.*

DODRANTALIS. C'eſt proprement ce qui peſe les $\frac{3}{4}$ de la livre ou neuf *unciæ*, mais ce mot s'entend, Liv. 5, Ch. 6 : Liv. 11, Ch. 4, de tout ce qui eſt de la longueur de neuf pouces, ſuivant l'uſage d'appliquer les diviſions de la livre à tout ce qui étoit ſuſceptible de meſure ou de partage. (*V.* *DODRANS.*)

FACTUM, Liv. 12, Chap. 50. C'étoit la meſure d'une preſſurée d'olives, ou une charge d'olives. Nous nous ſommes trompés en prenant ce mot dans l'Economie rurale de Varron, Liv. 1,

Chap. 24, pour la preſſurée même. Voici donc comme on doit lire cet endroit de Varron à la pag. 89, depuis la ligne 9 juſqu'à la ligne 19. „ On appelle *hoſtus* la quantité d'huile que pro- „ duit un *Factum* d'olives, & on appelle *Factum* „ la quantité d'olives que l'on peut preſſurer „ d'un ſeul trait. Il y en a qui prétendent qu'un „ *Factum* eſt de cent ſoixante *modii* d'olives; d'au- „ tres en rabaiſſent la portée juſqu'à cent vingt „ *modii*, & par conſéquent l'on peut dire en gé- „ néral que la portée du *Factum* dépend du nom- „ bre & de la grandeur des inſtrumens du pres- „ ſoir à huile „. Il eſt à remarquer que du temps de Pline 15, 6, le *Factum* n'étoit plus que de cent *modii* d'olives, ce qui ſembleroit prouver que les machines de ſon temps, loin d'avoir acquis un degré de perfection, étoient inférieures à celles des temps antérieurs.

HEMINA, Liv. 5, Chap. 12 : Liv. 6, Ch. 4, 6, 14, 30, 31, 34, 38 : Liv. 7, Chap. 5 : Liv. 11, Chap. 3 : Liv. 12, Chap. 21, 26, 28, 41, 45, 47, 48, 49. (Voy. ce mot *ad Cat.*)

JUGERATIM, Liv. 3, Chap. 3. Adverbe com- poſé de *Jugerum*, pour ſignifier, par *JUGERUM*. Voy. le mot ſuivant.

JUGERUM, Liv. 1, Pr. & Chap. 3 : Liv. 2, Chap. 4, 5, 9, 10, 11, 13, 16 : Liv. 3, Chap. 3, 5, 9 : Liv. 4, Chap. 18, 30, 33 : Liv. 5, Chap. 1, 2, 3 : Liv. 11, Chap. 2, 3. (Voy. ce mot *ad Cat.*)

JUGUM, Liv. 2, Ch. 11. (V. ce mot *ad Var.*)

LAGŒNA, Liv. 10 : Liv. 12, Chap. 11, 12, 41, 45. (Voy. ce mot *ad Cat.*)

LAGUNCULA, Liv. 12, Chap. 38. Diminutif du mot précédent.

LIBRA, Liv. 2, Chap. 11 : Liv. 5 , Chap. 9 : Liv. 6, Chap. 6, 7, 10, 17, 30, 38 : Liv. 11, Chap. 2 : Liv. 12, Chap. 5, 12, 20, 22, 32, 33, 35, 38, 51. (Voy. ce mot *ad Cat.*)

LIBRALIS, Liv. 6, Chap. 2, ou *LIBRARIUS*, Liv. 12, Ch. 53. (Voy. ce dernier mot *ad Cat.*)

LIGULA, Liv. 12, Chap. 21. C'est la même mesure que le *COCHLEAR.* Voy. ce mot.

METRETA, Liv. 12, Chap. 22, 40, 47, 51. (Voy. ce mot *ad Cat.*)

MILLIARIUM, Liv. 5, Chap. 8. (Voy. *ad Var.* le mot *LAPIS*, qui signifie la même chose.)

MODIUS, Liv. 2, Chap. 5, 9, 10, 11, 12, 13 : Liv. 5, Chap. 9 : Liv. 6, Chap. 3 : Liv. 11, Chap. 2 : Liv. 12, Chap. 47, 48, 49, 50. (Voy. ce mot *ad Cat.*)

NUMMUS, Liv. 3, Chap. 3 : Liv. 8, Chap. 8. (Voy. ce mot *ad Cat.*) Nous croyons devoir faire observer ici qu'en donnant l'évaluation de la monnoie Romaine dans la Table de Caton au mot *NUMMUS*, nous avons suivi particuliérement Eisenchmidius, sans néanmoins prétendre nous attacher au titre actuel de l'argent : mais telle que soit la variation qu'a subi le titre de l'argent depuis cet Auteur, ou celle qu'il subira par la suite, notre procédé pourra toujours s'y adapter.

OLLA. C'étoit un vase de terre cuite d'une contenance arbitraire, Liv. 12, Chap. 43. On voit tel de ces vases dans le Liv. 12, Chap. 34, qui contenoit trois amphores. (*V. AMPHORA ad Cat.*)

PALMARIS, Liv. 11, Chap. 3. (Voy. ce mot *ad Var.*)

PALMIPEDALIS, Liv. 3, Chap. 19. (Voy. ce mot *ad Var.*)

PALMUS, Liv. 1, Chap. 6 : Liv. 5, Chap. 10 :
Liv. 12, Chap. 34. (Voy. ce mot *ad Cat.*)

PASSUS, Liv. 5, Chap. 1 : Liv. 6, Chap. 2, 6.
(Voy. ce mot *ad Var.*)

PEDALIS, Liv. 4, Chap. 7, 14, 16, 17, 21 :
Liv. 5, Chap. 1, 5, 8 : Liv. 7, Chap. 3 : Liv. 8,
Chap. 3, 15 : Liv. 11, Chap. 3. (Voy. ce mot
ad Cat.)

PES, Liv. 1, Chap. 6 : Liv. 2, Chap. 2, 5, 10,
11 : Liv. 3, Chap. 5, 8, 13, 15, 16, 19 : Liv. 4,
Chap. 6, 12, 19, 22, 24, 30, 31, 33 : Liv. 5,
Chap. 1, 2, 3, 5, 7, 9, 10, 11, 12 : Liv. 6,
Chap. 2, 19 : Liv. 7, Chap. 9 : Liv. 8, Chap. 5,
14, 15, 17 : Liv. 9, Chap. 1, 5, 7 : Liv. 11,
Chap. 2, 3 : Liv. 12, Chap. 15. (Voy. ce mot
ad Cat.)

PONDO, Liv. 5, Chap. 12 : Liv. 6, Chap. 3,
6 : Liv. 7, Chap. 4 : Liv. 11, Chap. 2 : Liv. 12,
Chap. 5, 12, 18, 22, 28, 30, 33, 35, 40, 51.
(Voy. ce mot *ad Cat.*)

PORCA, Liv. 5, Chap. 1. C'est le nom que les
Paysans de la Bétique donnoient à une surface de
trente pieds de large, sur quatre-vingt de long.
Il étoit naturel que des Paysans, qui ignoroient
les termes Géométriques, empruntassent ces sortes
de noms des objets qu'ils avoient sous leurs yeux,
tels que les animaux. C'est à cette rusticité que
l'on doit rapporter le mot de *PORCA*, ainsi que
celui d'*ACNUA* corrompu de celui d'*AGNA*. (Voy.
ce mot.)

QUADRANS, Liv. 6, Chap. 30 : Liv. 12, Ch.
5, 20, 22, 30, 33, 51, 57. C'est le $\frac{1}{4}$ de la
livre ou trois *uncia*, mais suivant l'usage d'appliquer les divisions de la livre à tout ce qui étoit
susceptible de mesure ou de partage, Columelle

l'entend, Liv. 2, Chap. 4, du $\frac{1}{4}$ d'une journée ;
Liv. 5, Chap. 1, 2, du $\frac{1}{4}$ d'un *Jugerum*.

QUARTARIUS, Liv. 12, Chap. 5. (Voy. ce
mot *ad Cat.*)

QUATERNARIUS, Liv. 11, Chap. 2. C'est ce
qui a quatre pieds tant en longueur qu'en largeur. (*V. PES ad Cat.*)

QUINCUNX, Liv. 12, Chap. 20, 28. Ce sont
les $\frac{5}{12}$ de la livre ou cinq *unciæ*, mais suivant l'usage d'appliquer les divisions de la livre à tout ce
qui étoit susceptible de mesure ou de partage,
Columelle l'entend, Liv. 5, Chap. 1, des $\frac{5}{12}$ d'un
Jugerum. C'est encore le nom que les Latins donnoient, Liv. 3, Chap. 13, 15 : Liv. 4, Ch. 30,
à un plan d'arbres plantés en plusieurs rangées
paralleles, de telle sorte que le premier arbre de
la seconde rangée commençât au centre du quarré formé par les deux premiers arbres de la premiere & de la troisieme rangée, & qu'il marquât
la figure d'un cinq au jeu de cartes. C'est ce que
nous appellons aussi un *Quinconce*.

QUINQUELIBRALIS, Liv. 3, Chap. 15. C'est
ce qui est du poids de cinq livres. (Voy. le mot
LIBRA ad Cat.)

SCRIPULUM, ou plutôt *SCRIPTULUM*, ainsi
que nous l'avons écrit dans Varron, afin que ce
mot répondît à celui de γράμμα, qui veut dire
lettre, que les Grecs employoient dans le même
sens. (Voy. ce mot *ad Var.*) Columelle l'applique
au *Jugerum*, Liv. 5, Ch. 1, 2, & à la livre, Liv.
12, Chap. 23, 28, suivant l'uniformité qui ré-
gnoit entre les divisions de la livre & celles des
autres quantités.

SELIBRA, Liv. 12, Chap. 5, 20. (Voy. ce
mot *ad Cat.*)

H h iv

SEMIJUGERUM, Liv. 4, Chap. 18 : Liv. 5, Chap. 1. C'est la moitié du *Jugerum*. (*V. JUGERUM ad Cat.*)

SEMIPEDALIS, Liv. 4, Chap. 33 : Liv. 11, Chap. 3 : Liv. 12, Chap. 50 : ou *SEMIPEDANEUS*, Liv. 4, Chap. 1. C'est ce qui a la longueur d'un demi-pied. (*V. PES ad Cat.*)

SEMIS. (Voy. ce mot *ad Var.*) C'est la moitié de telle quantité que ce puisse être : du *Jugerum*, Liv. 5, Ch. 1 : du Pied, Liv. 3, Ch. 5, 13, 15 : Liv. 4, Chap. 1, 6, 30, 31, 32, 33 : Liv. 6, Chap. 19 : Liv. 11, Chap. 2 : de l'*As*, Liv. 3, Chap. 3, où il est parlé de l'intérêt de l'argent appellé *SEMISSIS* ; intérêt qui étoit tel que pour cent *As* prêtés on payoit la moitié d'un *as* par mois, ce qui faisoit par an six pour cent : c'étoit l'intérêt permis par les Loix, & le plus modéré de tous suivant Pline 14, 4.

SEMODIUS, Liv. 2, Chap. 11 : Liv. 6, Ch. 3 : Liv. 7, Chap. 5 : Liv. 8, Chap. 8 : Liv. 11, Ch. 2. (Voy. ce mot *ad Cat.*)

SEMUNCIA. (Voy. ce mot *ad Cat.*) Columelle l'entend naturellement de la vingt-quatrieme partie de la livre, Liv. 6, Chap. 38 : Liv. 12, Chap. 23, 57, &, par l'application conforme à l'usage, de la vingt-quatrieme partie du *Jugerum*, Liv. 5, Chap. 1, 2, ainsi que de la vingt-quatrieme partie de l'*Hemina*, Liv. 12, Chap. 21 ; cette derniere *SEMUNCIA* répondoit au quart du *CYATHUS*, & étoit par conséquent la même chose que la *LIGULA* ou le *COCHLEAR*. (Voy. tous ces mots)

SEPTUNX. C'étoient les $\frac{7}{12}$ de la livre ou sept *unciæ*, que Columelle applique au *Jugerum*, Liv. 5, Chap. 1, suivant l'usage d'appliquer les divisions de la livre à tout ce qui étoit susceptible de partage.

SERIA, Liv. 12, Chap. 18, 38, 50. Vase d'une contenance quelconque. Columelle en cite, Liv. 12, Chap. 28, qui contenoient sept amphores. (*V. AMPHORA ad Cat.*)

SESCUNCIA, Liv. 12, Chap. 57, ou *SEXCUNCIA*, Liv. 6, Chap. 5. C'est la valeur d'une *uncia* & demi, ou le $\frac{1}{8}$ de la livre. (*V. LIBRA ad Cat.*) Columelle l'applique au *Jugerum*, Liv. 5, Chap. 2, auquel s'appliquoient les divisions solemnelles de la livre, pour en désigner par conséquent la huitieme partie.

SESQUICULLEARIS, Liv. 12, Chap. 18. C'est ce qui contient un *culleus* & demi. (*V. CULLEUS ad Cat.*)

SESQUILIBRA, Liv. 12, Chap. 20, 36. (Voy. ce mot *ad Cat.*)

SESQUIMODIUS, Liv. 2, Chap. 13. (Voy. ce mot *ad Var.*)

SESQUIPEDALIS, Liv. 4, Chap. 30 : Liv. 5, Chap. 6 : Liv. 9, Chap. 15 : Liv. 11, Chap. 2, 3 : ou *SEXQUIPEDALIS*, Liv. 5, Chap. 9. (Voy. ce mot *ad Cat.*)

SESQUIPES, Liv. 3, Chap. 13 : Liv. 4, Ch. 8 : Liv. 5, Chap. 5, 6, 11. (Voy. ce mot *ad Cat.*)

SESTARIUS, Liv. 6, Chap. 30, 31, ou *SEXTARIUS*, Liv. 2, Chap. 3, 9, 10, 13 : Liv. 4, Chap. 8 : Liv. 6, Chap. 2, 3, 5, 6, 7, 10, 14, 17, 34, 38 : Liv. 7, Chap. 4, 5, 7, 10 : Liv. 11, Chap. 2, 3 : Liv. 12, Chap. 5, 11, 16, 20, 21, 22, 23, 24, 25, 26, 27, 28, 32, 33, 35, 37, 38, 41, 47, 48, 50, 51, 54. (Voy. ce mot *ad Cat.*)

SESTERTIUM, Liv. 3, Chap. 3 : Liv. 8, Ch. 16. Gronovius & Budée prétendent que depuis que les Romains se furent accoutumés à compter les petites sommes par *sestertii*, (*V. SESTERTIUS ad Cat.*) qui valoient deux *nummi* & demi ou le quart du *denarius*, cette méthode leur plut si fort qu'ils compterent aussi les grandes sommes par *sestertia pondera*, qui valoient deux cent cinquante *nummi denarii*, parce qu'ils supposoient la livre numéraire ou le *pondus* de cent *nummi denarii*, à l'exemple de la mine des Grecs qui étoit de cent drachmes, de sorte que le genre masculin, *sestertius*, ne désignoit que la millieme partie du genre neutre, *sestertium*.

SESTERTIUS, Liv. 3, Chap. 3 : Liv. 8, Chap. 8. (Voy. ce mot *ad Cat.*)

SEXTANS, Liv. 6, Chap. 6 : Liv. 7, Chap. 5 : Liv. 12, Chap. 23, 24, 57. C'est le $\frac{1}{6}$ de la livre ou deux *unciæ*. Columelle l'applique au *Jugerum*, Liv. 5, Chap. 1, auquel pouvoit s'appliquer la division solemnelle de la livre.

SEXTULA. C'est le $\frac{1}{6}$ de l'*uncia*. Columelle, conformément à l'usage qui avoit adopté les divisions de la livre pour toutes sortes de quantités, l'applique au *Jugerum*, Liv. 5, Chap. 1, 2, dont il signifie par conséquent la soixante & douzieme partie.

SICILICUS. C'est le $\frac{1}{4}$ de l'*uncia*. Columelle en appliquant au *Jugerum* suivant l'usage, Liv. 5, Chap. 1, 2, la division solemnelle de la livre, en désigne par conséquent la quarante-huitieme partie par ce mot.

SINUM, Liv. 7, Ch. 8. C'étoit un vase propre à contenir le lait, d'une forme ronde, & dont il paroît que la grandeur étoit déterminée, puisque Columelle fixe au prorata de sa capacité la dose de presure que l'on devoit employer pour faire du fromage, mais aucun Auteur ne nous apprend quelle étoit cette capacité.

STADIUM, Liv. 5, Chap. 1. C'étoit, à proprement parler, une mesure Grecque pour les distances, quoique les Romains s'en servissent aussi souvent eux-mêmes. Columelle lui donne 125 Pas Romains, (*V. PASSUS ad Var.*) c'est-à-dire, six cent vingt-cinq pieds, d'où l'on peut conclurre qu'il falloit huit *Stadia* pour faire un *MILLIARIUM*. (Voy. ce mot)

TERNARIUS, Liv. 11, Chap. 2. C'est ce qui a trois pieds tant en longueur qu'en largeur.

TRIENS, Liv. 12, Chap. 10, 28. C'est le $\frac{1}{3}$ de la livre ou quatre *unciæ*. Columelle l'entend du $\frac{1}{3}$ du *Jugerum*, Liv. 5, Chap. 1, 2, en appliquant au *Jugerum*, suivant l'usage, la division solemnelle de la livre.

TRIMODIUS, Liv. 2, Chap. 9 : Liv. 12, Ch. 18, 50. C'est ce qui contient trois *modii*, de *tres*, trois & *modii*. (*V. MODIUS ad Cat.*)

TRIPEDANEUS, Liv. 2, Chap. 2 : Liv. 3, Ch. 2, 5 : Liv. 4, Chap. 32 : Liv. 5, Chap. 5 : Liv. 11, Chap. 3 : Liv. 12, Chap. 44. (Voy. ce mot *ad Cat.*)

VEHIS, Liv. 2, Chap. 5, 10, 15, 16. Ce mot qui vient du mot *vehere*, qui signifie *porter*, répond assez bien à notre mot de *voie*, par lequel nous désignons ce que l'on peut transporter à chaque voyage qu'on fait, & par conséquent une charge d'une mesure quelconque, mais déterminée suivant la différence des matieres qu'on a à porter. C'est ainsi que Columelle dit, Liv. 11, Ch. 2, que le *vehis* de fumier étoit de quatre-vingt *modii* ; (*V. MODIUS ad Cat.*) que le bois de robre équarri & taillé devoit avoir vingt pieds de long pour former un *vehis* ; celui de pin, vingt-cinq pieds ; celui d'orme & de frêne, trente ; celui de cyprès, quarante ; & celui de sapin & de peuplier, soixante.

UNCIA, Liv. 6, Chap. 6 : Liv. 12, Chap. 20, 27, 28, 57. C'est le $\frac{1}{12}$ de la livre, que Columelle applique au *Jugerum*, Liv. 5, Chap. 1, 2, suivant l'usage d'appliquer la division solemnelle de la livre à telle quantité que ce fût.

UNCIARIUS. C'est ce qui pese une *uncia*. Columelle fait mention d'une vigne qui portoit ce nom, Liv. 3, Chap. 2, & Pline, qui l'appelle *uncialis*, dit positivement 14, 3, que ce nom lui venoit du poids que pesoient les grains de son raisin.

URNA, Liv. 3, Chap. 3, 9 : Liv. 5, Chap. 9 : Liv. 7, Chap. 5 : Liv. 11, Chap. 2 : Liv. 12, Ch. 20, 21, 28, 34, 35, 36. (Voy. ce mot *ad Cat.*)

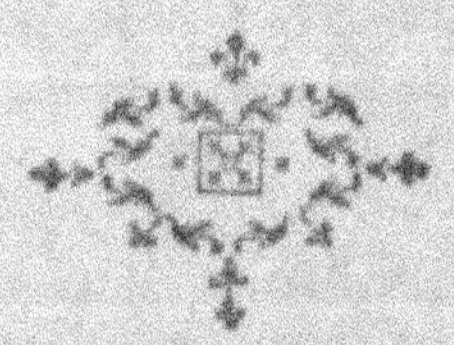

TABLE
ALPHABÉTIQUE

Des Villes & Pays, avec leurs noms modernes.

ABDERA, Liv. 1, Chap. 1. Ancienne ville de Thrace, bâtie par Abdera, sœur de Diomedes Roi de Thrace; que quelques Auteurs prétendent être la même qu'Asperosa, ville maritime de la Romanie.

ABORIGINES, L. 1, Ch. 3. Peuples du Latium ainsi nommés de la particule privative *ab* & du mot *origine*, parce qu'on ne connoissoit pas leur origine, & que c'étoit un mélange de différens peuples vagabons & errans, qui s'étoient joints aux Phrygiens à l'arrivée d'Enée en Italie, & qui avoient pris tous ensemble le nom de Latins. D'autres prétendent qu'ils étoient ainsi nommés d'ὄρος, qui veut dire *montagne*, & de γίνομαι, qui veut dire *naître*, parce qu'ils habitoient des montagnes sur lesquelles ils étoient nés. Columelle prétend qu'ils avoient quitté leur patrie à cause de la méchanceté de leurs voisins.

ABYDUS, Liv. 11, Ch. 1. Ville maritime de la Phrygie, vis-à-vis de Sestos, dont elle n'est éloignée que d'une bonne demie lieue : elle n'est séparée de l'Europe que par le détroit de Gallipoli. Cette ville, nommée aujourd'hui Avido & Aveo, forme avec Sestos ce que nous appellons les Dardanelles. Virgile, Liv. 1. des Géorgiques, cité par Columelle, dit que le port de cette Ville étoit fertile en poissons à écaille.

ACHAIA. Ancienne province de la Grece entre l'Epire, la Thessalie, la mer Egée & le Péloponnese, que l'on appelle aujourd'hui la Livadie. Ses habitans que l'on nommoit *Achai*, avoient quitté leur pays à cause de la méchanceté de leurs voisins, Liv. 1, Chap. 3, apparemment pour s'établir au fond du Pont, puisque Pline 6, 5, y place des peuples qu'il nomme *Achai*. L'Achaie proprement dite, que l'on appelloit autrement Ægyalos, parce que ses villes étoient toutes situées sur le rivage de la mer, du mot αἰγιαλὸς, qui veut dire *rivage* , ne comprenoit pas l'Attique : c'étoit la province dont parle Pline 4 , 5 , & sans doute celle d'où l'on transféroit les essains en Attique après le Printemps , parce qu'elle manquoit de fleurs , Liv. 9 , Chap. 14. Les Poëtes donnoient le nom d'*Achai* généralement à tous les Grecs, c'est pour cela que Columelle Liv. 10, donne le nom d'Achaïque à une sorte de myrthe que l'on trouvoit dans toute la Grece. (Voy. la Note 43).

ACHELOUS , Liv. 10. Fleuve de l'Epire qui prend sa source sur la montagne du Pinde en Thessalie , & qui , séparant l'Acarnanie de l'Etolie , déchargeoit ses eaux dans le Golfe Méliacus , aujourd'hui Golfe de Ziton.

ACTE ou *ACTA* , Liv. 10. C'est le nom que portoit anciennement l'Attique , du mot Grec ἀκτή , qui veut dire *rivage*, selon les uns , parce que ce pays s'étendoit sur le bord de la mer , ou , selon d'autres , du nom d'un de ses Rois. (Voy. *ATTICA ad Var.*)

ÆGYPTUS , Liv. 7 , Ch. 5 , & Liv. 11 , Ch. 3. (Voy. ce mot *ad Var.*) Ce pays étoit très-chaud , Liv. 3 , Ch. 12 , & dégarni d'arbres , Liv. 2 , Chap. 2, & la terre y étoit friable comme de la cendre , *ibid.* Il étoit si favorisé du côté de la température de l'air & de la qualité de la terre, qu'il n'y poussoit jamais d'herbes inutiles dans les champs, chose à laquelle pouvoit aussi contribuer la rareté des pluies , Liv. 2 , Chap. 12 , & que les femmes y accouchoient communément de deux enfans à la fois , Liv. 3 , Chap. 8. Il produisoit des oiseaux qui étoient très-recherchés par les gourmands , Liv. 8 , Chap. 8 , ainsi qu'un anis très-renommé , Liv. 11 , Chap. 15 , 49 , 51.

AFRICA , Liv. 7 , Chap. 2. (Voy. ce mot *ad Cæt.*) Le sol & la température de l'air étoient si différens en Italie & en Afrique , que bien des Auteurs prétendoient contre le sentiment de Columelle , que l'on ne pouvoit pas se promettre de retirer de ces deux pays les mêmes productions , Liv. 1 , Chap. 1. Au reste , l'avantage étoit du côté de l'Afrique , dont le sol , quoique sablonneux , n'étoit pas moins fertile en certaines contrées que les plus excellens terreins , Liv. 1 , Pref. Aussi cette partie du monde étoit-elle si favorisée du côté de la température de l'air & de la qualité de la terre , qu'il n'y poussoit jamais d'herbes inutiles dans les champs , chose à laquelle pouvoit aussi contribuer la rareté des pluies , Liv. 2 , Chap. 12 , & que les femmes y accouchoient communément de deux enfans à la fois, Liv. 3, Chap. 8. Le climat y étoit cependant assez chaud, pour qu'on y fît les vendanges avant le premier de Septembre, Liv. 11, Ch. 2. On prétend que les mules y mettoient bas aussi communément que les cavales, Liv. 6, Chap. 37. L'Afrique étoit célèbre par ses figues, Liv. 5, Chap. 10, (Voy. la Note 2 du Chap. 8 de l'Economie rurale de Caton.) ainsi que par ses poules qui avoient la barbe & la crête rouge, Liv. 8, Chap. 2. (Voy. la Note 4 du Chap. 9. de l'Econ. rur. de Var. Liv. 3.) Les Africains composoient des pâtes de figues, auxquelles ils faisoient prendre la forme d'une étoile ou d'une petite fleur, ou la figure d'un pain, Liv. 12, Chap. 15. Le vent qui souffloit d'Afrique en Italie y amenoit communément la pluie, le mauvais temps & le froid, Liv. 11, Chap. 2.

ALBA, Liv. 3, Ch. 8, 9. (Voy. ce mot *ad Cat.*) La vigne *Eugenia* (Voy. la Note 8 du Chap. 2, Liv. 3.) étoit excellente sur le coteau d'Albe, malgré le froid & l'humidité qui y regnoient, au lieu qu'elle répondoit à peine à sa réputation dans d'autres endroits, Chap. 2.

ALBANI. Ces peuples, que Columelle, Liv. 1, Chap. 2, dit avoir quitté leur pays à cause de la méchanceté de leurs voisins, pourroient bien être ceux dont parle Pline 3, 5, sous le nom d'*ALBANEN-SES*, & que le P. Hardouin dans ses Notes prétend avoir habité un petit pays d'Espagne, nommé Alava ou Alaba, où l'on trouve encore aujourd'hui un bourg nommé Alvana.

ALEXANDRIA. Entre un grand nombre de villes qui portoient ce nom, on en remarque particulièrement trois qui avoient été bâties toutes trois par Alexandre, l'une en Egypte à l'embouchure du Nil, l'autre en Asie, & la troisieme en Scythie sur le Tanais. Pline 6, 16 & 17, en cite encore d'autres qu'il dit avoir aussi été fondées par le même Prince. Quoiqu'il en soit, la plus célèbre de toutes étoit celle d'Egypte, que les Turcs appellent aujourd'hui Scanderia : il y a lieu de croire que c'est celle-ci dont Columelle vante les pigeons, Liv. 8, Chap. 8, ainsi que les courges, qui étoient si monstrueusement grosses, qu'on s'en servoit en guise de vases, Liv. 11, Chap. 3.

ALLOBROGES. Peuples de la Gaule Narbonnoise, qui occupoient toute la Savoie & le Dauphiné. Columelle fait mention d'une vigne qui portoit le nom d'*ALLOBROGICA*; elle donnoit à la vérité de bon vin, mais elle changeoit de qualité lorsqu'elle étoit transférée, Liv. 3, Chap. 2.

Ces peuples se servoient, pour frelater leur vin, d'une poix particuliere qu'ils appelloient *corticata*, Liv. 12, Chap. 23. (Voy. la Note 1 de ce Chapitre.)

ALPES. (Voy. ce mot *ad Var.*) Columelle, Liv. 6, Chap. 24, fait mention de vaches des Alpes qui étoient de petite taille, mais fort abondantes en lait, & il dit que les habitans les appelloient *Ceva*, ce qui a fait croire à quelques Commentateurs que ce sont les vaches Suisses, que les Paysans appellent encore aujourd'hui en Suisse d'un nom approchant de celui-là.

ALTINUM. Ville détruite dans la Marche Trevisane, province de l'Etat de Venise. Du temps de Columelle les brebis de ce pays passoient pour les premieres de l'univers, Liv. 7, Chap. 2.

AMERIA. (Voy. ce mot *ad Cat.*) Le saule d'Ameria qui servoit à faire les paniers dont Caton parle *ibid.* étoit grêle & ronge, Liv. 4, Ch. 30. Columelle fait mention de pommes qui portoient le nom de cette ville, Liv. 5, Chap. 10.

AMITERNUM. (V. ce mot *ad Var.*) Les champs des environs de cette ville produisoient beaucoup de navets, Liv. 10.

AMMINÆI. (Voy. ce mot *ad Cat.*) Les vignes Ammi-nées étoient les seules que connussent les anciens Romains, Liv. 3, Chap. 9. Ces vignes, dont parle Columelle, Liv. 9, Chap. 13 : L. 12, Ch. 33, 35, 38, 41, 43, 45, étoient supérieures à toutes les autres, & donnoient partout de bon vin, même lorsqu'elles étoient dégénérées, excepté sous les climats trop froids, Liv. 3, Chap. 2, 9 : Columelle en compte de six especes différentes, Liv. 3, Chap. 2 : elles passoient de son temps pour être stériles en Italie, Chap. 7, mais il prouve, Chap. 9, que l'industrie du Cultivateur pouvoit parvenir à les rendre fertiles. Les anciens faisoient cuire le vin Amminée, pour le mêler avec tous les autres vins qu'il bonifioit, Liv. 12, Ch. 19.

AMMONIA, Liv. 6, Chap. 17. Ville de la Lybie, selon Strabon & Columelle, d'où venoit le sel Ammoniac. Pline 31, 7, prétend au contraire que ce sel portoit ce nom, parce qu'on le trouvoit sur le sable, du mot ἄμμος, qui veut dire *sable*.

AMPHIPOLIS, Liv. 1, Ch. 1. (Voy. ce mot *ad Var.*)

AMPHRYSUS, Liv. 10. Fleuve de la Thessalie sur les bords duquel Apollon menoit paître, selon la Fable, les troupeaux du Roi Admete.

ANICIUM, Liv. 5, Ch. 10. (Voy. ce mot *ad Cat.*)

APENNINUS. Chaîne de montagnes

montagnes qui partage l'Italie dans toute sa longueur, depuis les Alpes jusqu'à la Sicile. Les bœufs de ces montagnes étoient très-vigoureux, sans être beaux, Liv. 6, Chap. 1.

APULIA. (Voy. ce mot *ad Var.*) Ce pays, qui étoit chaud & sec, Liv. 11, Ch. 3, étoit renommé pour ses belles moissons, Liv. 3, Ch. 8, ainsi que pour ses brebis, Liv. 7, Chap. 2.

ARABIA. Grande contrée de l'Asie, qui se divise en trois parties, l'Arabie Petrée, l'Arabie Déserte & l'Arabie Heureuse. L'Arabie Petrée, ainsi nommée d'une ancienne ville appellée Petra, confinoit avec l'Egypte & la Judée. La Déserte étoit bordée du côté du Midi par les montagnes de l'Arabie Heureuse, du côté du Septentrion par la Mésopotamie, & du côté de l'Occident par l'Arabie Petrée. L'Arabie Heureuse s'étend, comme une Péninsule, vers le Midi, entre le Golfe Arabique & le Golfe Persique. Ce pays étoit renommé pour ses parfums. Liv. 1, Chap. 8.

ARCADIA (Voy. ce mot *ad Var.*) L'Arcadie étoit célebre par ses ânes, Liv. 7, Ch. 1: Liv. 10. Les peuples de ce pays l'avoient quitté à cause de la méchanceté de leurs voisins pour aller s'établir en Italie, Liv. 1, Ch. 3.

ARDÆA, Liv. 3, Chap. 9. (Voy. ce mot *ad Var.*)

ARMENIA (Voy. ce mot *ad Var.*) On donnoit le nom d'ARMENIACI à des fruits qui venoient de ce pays, connus sous le nom d'*abricots*, Liv. 5, Chap. 10: Liv. 10: Liv. 11, Chap. 2.

ARICIA. Ville de la campagne de Rome, célebre par les poireaux que l'on faisoit venir dans ses environs, Liv. 10.

ASCALON. Ville de la Palestine, appellée aujourd'hui Scalona. C'est de cette ville qu'étoient venues les échalottes, que les Anciens appelloient pour cette raison oignons d'Ascalon, Liv. 11, Chap. 3: Liv. 12, Ch. 10.

ASCANIUS, Liv. 6, Chap. 27. Fleuve de Phrygie.

ASCRA, Liv. 10. (Voy. ce mot *ad Var.*)

ASIA. (Voy. ce mot *ad Var.*) Columelle dit que la terre est compacte & visqueuse en plusieurs endroits de cette partie du monde, Liv. 1, Préf. Il en vante les bœufs, Liv. 6, Chap. 1, ainsi que les brebis qui étoient rouges, Liv. 7, Chap. 2. Le poisson nommé *scarus* y étoit commun, Liv. 8, Ch. 16. (Voy. la Note 2 de ce Chap.) Les pêches, qui portoient le nom d'ASIATICA, étoient tardives, & ne venoient qu'aux froids, Liv. 10.

ASSYRIA. Ancienne contrée de l'Asie, bornée au

quoique grises & noirâtres, y étoient renommées en quelques endroits, Liv. 7, Ch. 2. Les figues y étoient excellentes, Liv. 8, Chap. 17. On y connoissoit une laitue blanche, dont les feuilles étoient très-frisées, qui se transplantoit au mois de Mars, Liv. 11, Chap. 2. C'étoit un pays fertile en vin , puisque les Romains en tiroient leur provision, Liv. 1, Pr. Cependant les côtes y étoient infestées par les vents du Midi & de l'Est, Liv. 3, Chap. 12, & même ce dernier vent, que les habitans appelloient *Vulturnus*, étoit si pernicieux au lever de la Canicule, qu'on étoit obligé de couvrir les vignes de nattes de palmier, pour préserver le raisin de la brûlure , Liv. 5, Chap. 5 ; mais, d'un autre côté , cette forte chaleur avançoit si fort le raisin, qu'on y faisoit la vendange, dans les derniers jours d'Août, sur les bords de la mer, Liv. 11, Chapitre 2. On y donnoit aux bœufs des pois chiches moulus, au lieu d'ers, Liv. 2, Chap. 11. Les Paysans y donnoient le nom d'*Acnua* à l'*actus quadratus*, & celui de *Porca* à une surface de trente pieds de large sur quatre-vingt de long, Liv. 5, Chap. 1. (Voy. les mots *Acnua* & *Porca*, à la Table des poids, mesures &c.)

Bithynia, Liv. 1, Ch. 1. (Voy. ce mot *ad Var.*)

Bituriges. Peuples de la Gaule Aquitanique : Pline 4, 19, en distingue de deux sortes, ceux qu'il appelle *Ubisci*, qui sont les Bourdelois, & ceux qu'il appelle *Cubi*, qui sont les Berruiers. Columelle vante la vigne qui portoit le nom de ces peuples, comme étant très-féconde , Liv. 3, Ch. 2, 7, 9, 21, quoiqu'il ne la mette qu'au rang des vignes de la seconde classe, Liv. 3, Chap. 2.

Bœotia, Liv. 1, Chap. 1. (Voy. ce mot *ad Var.*) Le froid le plus vif se faisoit sentir à Thebes, capitale de cette contrée , pendant l'Hiver, sans que le chaud y fût violent au Solstice, Liv. 1, Chap. 4.

Brutii. (Voy. ce mot *ad Var.*) Columelle fait mention des choux de ce pays, Liv. 10, ainsi que de la poix dont se servoient ses habitans pour frelater leur vin, Liv. 12, Chap. 18, 22

Cæcubum. Ville de la Campania qui , toute voisine qu'elle étoit de marais, donnoit le meilleur vin de l'univers, Liv. 3, Chap. 8.

Calabria. Peninsule à l'extrémité de l'Italie la plus voisine de la Sicile, dont elle n'est séparée que par un petit trajet de mer. Les Italiens lui donnent encore le même nom.

poursuites d'Apollon, avoit été changée en fontaine, selon la Fable.

CAUDINÆ (*FAUCES*). Défilé voisin de Caudis ou Caudium, ville du Samnium, célebre par la victoire que les Samnites y remportèrent sur les Romains. Columelle, Liv. 10, vante les choux de cette contrée. On appelle aujourd'hui ce lieu Stretta d'Arpaja.

CAUNUS. Ville de la Carie, célebre par ses figues, Liv. 10.

CEA (*INSULA*), L. 9, Ch. 2. C'est une des Isles de l'Archipel, connue aujourd'hui sous le nom de Zea ou Zia, près de la côte de la Livadie, entre le Golfe de Negrépont & celui d'Egine. Quelques Auteurs prétendoient que les premieres abeilles étoient nées dans cette Isle.

CERAUNII (*MONTES*). Montagnes de l'Epire, ainsi nommées de κεραυνος, qui veut dire *foudre*, parce que les hautes montagnes sont sujettes à être frappées de la foudre. Aussi les Anciens donnoient-ils ce nom à plusieurs autres montagnes; Pline le donne, par exemple, 5, 27, au Mont-Taurus. Columelle, L. 3, Ch. 2, fait mention de vignes qui portoient le nom de CERAUNIÆ, soit parce qu'elles étoient originaires des montagnes de l'Epire, soit en général, parce qu'elles ne venoient que sur des côteaux élevés.

CERETANI, Liv. 3, Ch. 3, 9. Peuples d'Espagne qui récoltoient d'excellens vins, que les Anciens appelloient CERETANA.

CHALCIS. (*Voy.* ce mot *ad Var.*) Le climat de cette ville étoit doux en Hiver, & excessivement chaud en Eté, Liv. 1, Chap. 4. Elle étoit célebre par les figues qui portoient son nom, Liv. 5, Ch. 10: Liv. 10, ainsi que par sa volaille qui étoit courageuse & d'une taille forte, Liv. 8, Chap. 2.

CHALDÆA, Liv. 11, Ch. 1, 2. (*Voy.* ce mot *ad Cat.*)

CHELIDONIÆ (*INSULÆ*), Liv. 10. Il y avoit des peuples de la Britannia (aujourd'hui l'Angleterre) nommés CHELIDONII, mais il n'y a pas d'apparence que les figues pourprées, qui portoient ce nom, le tirassent de ces peuples, comme le prétendent tous les Interprètes, & il est plus vraisemblable qu'il leur venoit des Isles de ce nom, situées vis-à-vis le promontoire appellé par les Anciens CHELIDONIUM, & aujourd'hui Capo Cameroso. Pline cite ce promontoire, 5, 30.

CHIO, Liv. 1, Chap. 1. (*Voy.* ce mot *ad Var.*) Columelle vante, ainsi que Pline, la figue de Chio, Liv. 10.

CILICIA. (*Voy.* ce mot *ad Var.*) Les chevres de cette

contrée avoient des cornes sur la tête & beaucoup de poil par tout le corps, Liv. 1, Pref. On y semoit le sésame dès le mois de Juin ou de Juillet, pour le récolter en Automne, Liv. 2, Chap. 10 : Liv. 11, Chap. 2.

CIMINUS (LACUS). Lac de l'Etruria que les anciens Romains avoient peuplé de poissons de mer, Liv. 8, Chap. 16.

CIMOLUS. Isle de la mer Egée. C'est aujourd'hui l'une des Cyclades, que les habitans appellent Kimolo, & les Vénitiens Argentiera. On employoit déja en remede, dès le temps de Columelle, la terre grasse & molle qu'on apporte de cette Isle, & que nous connoissons sous le nom de Cimolie, Liv. 6, Ch. 17.

CITHÆRON, Liv. 10. Bois consacré aux Muses dans la Béotie près de Thebes.

CLUSIUM. C'étoit une ville de l'Etruria. Le bled qui portoit son nom étoit d'une blancheur éclatante, mais peu pesant, Liv. 2, Ch. 6.

COLOPHON, Liv. 1, Ch. 1. (Voy. ce mot *ad Var.*)

CORDUBA. Ville célebre de l'Espagne Bétique, connue aujourd'hui sous le nom de Cordoue, ville Episcopale de l'Andalousie sur le Guadalquivir. Les brebis de ce pays, quoique noires ou grises, étoient de prix, L. 7, Ch. 2.

CORICOS ou CORYCUS. Vil-

le & montagne de la Cilicie, célebre par son saffran, Liv. 3, Chap. 8.

CRETA. (Voy. ce mot *ad Var.*) Quelques Auteurs prétendoient que les premieres abeilles étoient nées en Crete au temps de Saturne, Liv. 9, Chap. 2.

CRUSTUMIUM. (Voy. ce mot *ad Var.*) Columelle fait mention de poires, qui portoient le nom de cette ville, Liv. 5, Chap. 10 : Liv. 12, Chap. 10.

CUMÆ. Ville de la Lucania, aujourd'hui Cumes dans la Campanie, près de Naples & de Pouzoles. Columelle, Liv. 10, vante les choux qu'elle produisoit, ainsi que l'oignon qui venoit sur ses côtes.

CYCLADES. Isles ainsi nommées de κύκλος, qui veut dire *cercle*, parce qu'elles font une espece de cercle autour de celle de Delos, qui est la plus célebre d'entre elles. Ce font aujourd'hui les Isles de l'Archipel, qui font sous la domination du Turc, quoique peuplées de Chrétiens qui suivent pour la plupart le rit Grec. Les Romains tiroient leur provision de vin de ces Isles, Liv. 1, Pref. On en retiroit les essains d'abeilles à la fin du Printemps, pour les transférer à Scyros l'une de ces Isles, où les fleurs étoient pour lors abondantes, Liv. 9, Chap. 14.

CYDON. C'étoit un ville de l'Isle de Crete, dont certains coings portoient le nom, parce qu'ils en avoient été apportés, Liv. 5, Chap. 10: Liv. 11, Chap. 19.

CYLLENE, Liv. 10. Montagne d'Arcadie sur laquelle étoit né Mercure.

CYME, Liv. 1, Chap. 1. (Voy. ce mot *ad Var.*)

CYPROS. (Voy. ce mot *ad Var.*) Il y avoit une laitue qui portoit le nom de cette Isle; elle étoit d'un rouge tirant sur le blanc & peignée, mais son pied étoit blanc, & ses feuilles étoient lisses & très-tendres: on ne la semoit que depuis les Calendes d'Avril jusqu'aux Ides, Liv. 10: Liv. 11, Chap. 3.

DAMASCUS. Ville de la Syrie, située au pied du Mont-Liban, sur une petite riviere nommée par les Anciens Chrysorroas, & par les Modernes Baradi. Damas est aujourd'hui la capitale de la Judée, & appartient aux Turcs. Columelle parle de prunes qui portoient son nom, parce que le plant en étoit venu de cette Ville, Liv. 10. On les appelle encore aujourd'hui prunes de Damas.

DELOS. (Voy. ce mot *ad Var.*) Columelle, Liv. 8, Ch. 2, vante, ainsi que Varron, l'industrie des habitans de cette Isle à élever la volaille.

DELPHI. (Voy. ce mot *ad Car.*) Columelle, Liv. 10, cite, ainsi que Caton, une espece de laurier qui portoit le nom de cette ville.

DICTE. Montagne située dans la partie Orientale de l'Isle de Crete, sur laquelle Jupiter fut nourri par des abeilles, au rapport d'une des Fables relatives à son éducation, Liv. 9, Chap. 2.

DINDYMA, Liv. 10. Montagne de Phrygie, sur laquelle on rendoit un culte particulier à Cybele.

ENNA, Liv. 10. Ancienne ville de Sicile, bâtie au centre de cette Isle, & auprès de laquelle Proserpine fut enlevée par Pluton. Elle subsiste encore aujourd'hui dans la vallée de Noto.

EPHESUS, Liv. 8, Ch. 4. (Voy. ce mot *ad Var.*)

EPIRUS. (*V. EPEIRUS ad Var.*) Columelle vante, ainsi que Varron, les boeufs de cette Province, Liv. 6, Chapitre 1.

EUBOEA, Liv. 1, Chap. 4. C'étoit la plus grande des Isles de la mer Egée: elle n'étoit séparée de la Béotie que par un détroit de mer, nommé Euripe, dont la largeur étoit si petite, qu'on le passoit sur un pont qui subsiste encore. On appelle aujourd'hui cette Isle Negrepont. On en transféroit les essains à la fin du Printemps, parce qu'elle manquoit alors de fleurs, Liv. 9, Chap. 14.

temps, Liv. 7, Chap. 2, de son fromage, Liv. 12, Chap. 57, de ses pêches, qui étoient les plus grosses de toutes, & qui n'étoient ni hâtives ni tardives, Liv. 10. Il donne aussi le nom de cette province à une espece de saule, qui étoir de couleur de pourpre passée, & dont les baguettes étoient très-minces, Liv. 4, Chap. 10, ainsi qu'à une espece d'orme qui portoit peu de graine entre les feuilles de la premiere pousse, & que l'on ne plantoit en conséquence que par rejettons : il étoit plus haut que celui d'Italie, & les bœufs faisoient plus de cas de ses feuilles que de celles de tout autre orme, Liv. 5, Chap. 6.

GALLINARIA. (Voy. ce mot *ad Var.*) Les matelots avoient donné ce nom à cette Isle, parce qu'il s'y trouvoit beaucoup de poules sauvages, Liv. 8, Chap. 2.

GANGES. C'est le plus grand des fleuves de l'Inde : il prend sa source dans les montagnes du Caucase, & se décharge dans le Golfe de Bengale par plusieurs embouchures. Les Romains faisoient venir des oiseaux qui fréquentoient ce fleuve pour satisfaire leur gourmandise, Liv. 8, Chap. 8.

GARGARA, Liv. 6, Chap. 27. C'est le nom que les Anciens donnoient au sommet du Mont-Ida.

GAURANNUS (*Mons*). Montagne de la Campania nommée aujourd'hui *Monte-Barbaro*, entre Pouzoles & le Lac Lucrin : on y voyoit des sources d'eau qui s'y précipitoient à travers les rochers, Liv. 1, Chap. 5.

GERMANIA. Ancien nom d'une grande région de l'Europe, bornée au Levant par la Vistule, au Sud par le Danube, au Couchant par le Rhin, & au Nord par la mer de Germanie & par la mer Baltique. Ses habitans étoient d'une très-grande stature de corps, Liv. 3, Chap. 8.

GETÆ. Peuples qui habitoient le pays situé au-delà de celui des Sueves à l'Orient, le long du Danube ; c'est ce que l'on appelle aujourd'hui la Transsilvanie, la Valachie & la partie de la Bulgarie, qui est à la droite du Danube. La plupart de ces peuples ne connoissoient point le bled, & se nourrissoient de lait & de fromage de brebis, Liv. 7, Chap. 2.

GETULIA. (Voy. ce mot *ad Var.*) Columelle, Liv. 10, vante la scille de ce pays.

GNOSOS, Liv. 10. Ville de Crete, capitale du Royaume de Minos. (Voy. la Note 10 de ce Liv.)

GRÆCIA, Liv. 1, Chap. 1, 3 : Liv. 2, Chap. 2 : Liv. 5, Chap. 13 : Liv. 6, Pr. & Ch. 12, 15, 17, 26 : Liv. 7, Ch. 3, 5, 7, 12 : Liv. 8, Ch. 1,

5, 13 : Liv. 9, Chap. 4, 5, 11, 13, 14 : Liv. 10 : Liv. 12, Ch. 1. (Voy. ce mot *ad Car.*) Presque tous les Grecs étoient habiles à élever la volaille, Liv. 8, Ch. 2 ; ce soin regardoit particuliérement les femmes qui étoient chargées chez eux de l'intérieur de la maison, Liv. 12, Préf. On peut voir l'entretien particulier des brebis Grecques dans le Chap. 4. du Liv. 7. Les Romains avoient plusieurs plantes qui leur étoient venues de la Grece, telles que le fenu-Grec, Liv. 2, Chap. 7, 11 : Liv. 8, Chap. 14 : des vignes dont le vin étoit bon, mais qui, dès qu'elles étoient transplantées en Italie, ne rapportoient qu'un petit nombre de grappes, dont les grains étoient petits, Liv. 3, Chap. 2, une espece de saule qui étoit jaune, Liv. 4, Ch. 30, l'amandier, Liv. 5, Ch. 10, & le carougier, Liv. 7, Chap. 9. Le poisson *scarus* étoit très-commun sur les côtes de la Grece, Liv. 8, Ch. 16. (V. la Note 2 de ce Ch.)

HALESUS. Il y avoit une montagne & un fleuve de ce nom auprès du Mont-Etna en Sicile ; c'étoit dans ce canton que Proserpine cueilloit des fleurs avec d'autres Déesses, lorsqu'elle fut enlevée par Pluton, Liv. 10.

HELVENACIÆ (VITES). Vignes très-fertiles qui tiroient leur nom, selon le Pere Har-douin *ad Plin.* 14, 1, Note 21, de la ville appellée par les Anciens *ALBA HELVO-RUM,* aujourd'hui Aps proche le Rhône. Columelle, Liv. 3, Chap. 2, en compte de trois especes; sçavoir, deux grandes également bonnes & fertiles, mais dont l'une donnoit un vin médiocre, & l'autre donnoit de gros vin & moins abondant que ne sembloit le promettre le nombre de ses grappes, & une petite excellente, dont la feuille étoit ronde & qui supportoit la sécheresse & le froid, pourvu qu'il ne fût pas accompagné de pluie : cette derniere étoit fertile dans le terrein le plus maigre, & son vin se conservoit très-longtemps en certains pays.

HESPERIA, Liv. 1, Ch. 3. C'est un des anciens noms de l'Italie ; il lui venoit d'Hesperus, qui, ayant été chassé de son Royaume par son frere Atlas, y vint regner.

HETRURIA. (Voy. ce mot *ad Var.*) Les bœufs de cette contrée étoient trapus & forts à l'ouvrage, Liv. 6, Chap. 1.

HIBERI. Peuples d'une contrée de l'Asie, appellée aujourd'hui la Géorgie propre, qui quitterent leur pays à cause de la méchanceté de leurs voisins, Liv. 1, Chap. 3, & s'établirent dans l'Espagne, qui prit en conséquence le nom d'Ibérie, ainsi que la mer qui la baigne,

Liv. 10, mer où le poisson *scarus* n'a jamais pénétré, Liv. 8, Ch. 16. (Voy. la Note 2 de ce Chap.)

HISPANIA, Liv. 3, Chap. 2 : Liv. 4, Chap. 14 : Liv. 6, Ch. 27. (V. ce mot *ad Cat.*) Les Anciens la divisoient en Tarraconoise, Lusitanique & Bétique : on nourrissoit les bœufs, dans cette derniere, de pois chiches au lieu d'ers, Liv. 2, Ch. 11. Columelle parle d'un sel d'Espagne, auquel il attribue la vertu de guérir les taies des yeux des bœufs, Liv. 6, Chap. 17. Les Espagnols faisoient des pâtes de figues, auxquelles ils donnoient la forme d'une étoile ou d'une petite fleur, ou la figure d'un pain, Liv. 12, Chap. 15.

HYBLA Montagne de Sicile fameuse chez les Anciens par les fleurs dont elle étoit tapissée, Liv. 10. Aussi y transportoit - on les essains des autres parties de la Sicile à la fin du Printemps, Liv. 9, Chap. 14.

HYMETTUS (MONS). Montagne de l'Attique, dans la Livadie, près d'Athênes, du côté du Levant, célebre chez les Anciens par son miel, Liv. 10. Aussi prétendoient - ils que c'étoit sur cette montagne que l'on avoit vû les premieres abeilles au temps d'Erichtonius, Liv. 9, Chap. 2. (Voy. la Note 9 de ce Chapitre.)

INDIA. Contrée Orientale immense qui termine l'Asie, & qui comprenoit par conséquent, suivant le système des Anciens, non-seulement l'Indoustan, les presqu'Isles tant en deçà qu'au - delà du Gange, & les Isles de la mer des Indes, mais encore le Tonquin, la Chine & le Japon. Les bêtes y étoient plus grandes qu'en aucun autre pays, Liv. 3, Chap. 8.

IOLCOS. Ancienne ville de la Thessalie, patrie de Jason, dans laquelle il apporta la toison qu'il avoit enlevée en Colchide, Liv. 10.

ISAURIA. Contrée de la Cilicie, proche le Mont-Taurus, qui forme aujourd'hui une partie de la grande Caramanie. Elle fut réduite sous la domination Romaine par P. Servilius, qui prit delà le nom d'*Isauricus*, Liv. 8, Chap. 16.

ITALIA, Liv. 1, Pr. Liv. 3, Chap. 9, 13 : Liv. 4, Ch. 33 : Liv. 5, Chap. 8 : Liv. 6, Chap. 1, 7, 2 : Liv. 8, Chap. 11. (Voy. ce mot *ad Var.*) Cette contrée étoit ainsi nommée du mot ιταλός, qui signifie un *taureau*, Liv. 6, Préf. (Voy. l'Economie rurale de Varron, Liv. 2, Chap. 5.) Son sol & sa température étoient si différens du sol & de la température de l'Afrique, que plusieurs Auteurs prétendoient, que ces deux pays ne pouvoient point donner

Ce lac étoit fameux dans les anciens Poëtes, par l'Hydre qui l'habitoit. Cette Hydre avoit plusieurs têtes qui renaissoient à mesure qu'on en coupoit une. Hercule ayant été arrêté, pendant qu'il combattoit contre cette Hydre, par une écrevisse du même lac qui le mordit au pied, tua cette écrevisse dans sa colere, mais Junon la mit au rang des Constellations, Liv. 10.

LETHÉ, Liv. 10. C'étoit, suivant les Poëtes, un fleuve des enfers. Columelle, *ibid.* donne à Pluton le titre de *Letheus Tyrannus*, parce que ce fleuve étoit sous sa domination.

LIBYA. (Voy. ce mot *ad Var.*) La terre de cette contrée étoit facile à labourer, Liv. 7, Chap. 1, & produisoit des moissons abondantes, Liv. 3, Chap. 8. Elle produisoit aussi un raisin qui étoit bon à manger, Liv. 3, Ch. 2, ainsi que des figues, Liv. 3, Ch. 10, qui se fendoient, Liv. 10. La mer qui la baignoit portoit son nom, Liv. 3, Chap. 2.

LIGURIA (Voy. ce mot *ad Var.*) Les bœufs de ce pays étoient communément petits, Liv. 3, Chap. 8. On y faisoit une poix particuliere, appellée *Nemeturica* (*V.* NEMETURICI), Liv. 12, Ch. 14. La partie de la mer de Toscane qui baignoit ce pays en portoit le nom, Liv. 8, Ch. 3, jamais le poisson *scarus* n'y avoit pénétré, Liv. 8, Chap. 16. (V. la Note 2 de ce Ch.)

LYCÆUS (MONS), Liv. 10. Montagne d'Arcadie sur laquelle le Dieu Pan étoit adoré.

LYDIA. (Voy. ce mot *ad Var.*) Columelle vante les figues de cette contrée, Liv. 5, Chap. 10, dont la peau étoit peinte de diverses couleurs, Liv. 10.

MACRI CAMPI. (Voy. ce mot *ad Var.*) Columelle exalte les brebis qu'on élevoit dans ce canton, Liv. 7, Chap. 2.

MÆANDER. Riviere de la Phrygie dans l'Asie mineure, dont le cours étoit plein de détours & de sinuosités, raison pour laquelle on donnoit le nom de Mæander à tout ce qui présentoit à l'œil des détours & des sinuosités, Liv. 8, Chap. 17.

MÆNALUS (MONS), Liv. 10. Montagne de l'Arcadie dans le Peloponnese, par rapport à laquelle Bacchus portoit le nom de Mænalius.

MÆONIA. C'est la contrée connue sous le nom de LYDIA (Voy. ce mot). Homere, dont on ignore néanmoins la patrie, portoit le nom de *Mæonius*, Liv. 1, Préf.

MÆOTIS (PALUS), Liv. 8, Chap. 8. Mer qui a pris son nom tant du mot Latin *Palus*, qui veut dire *marais*, parce qu'elle est très basse, que des Méotes, peuples de la Scytie qui habitoient sur ses côtes. C'est aujourd'hui la mer de Zabache, ou le lac de Tana, situé sur les confins de l'Europe & de l'Asie, entre la petite Tartarie & la Circassie.

MAREOTICÆ (VITES). Tous les Anciens s'accordent à dire que le vin, qu'ils appelloient *Mareoticum*, tiroit son nom du lac *Mareotis* en Egypte (aujourd'hui lac d'Alexandrie); cependant comme Columelle, Liv. 3, Chap. 2, dit que les vignes *Mareotica* sont des vignes Grecques, quelques Interprètes ont crû que c'étoit une contrée de l'Epire, nommée *MAREOTIS*, qui leur avoit donné son nom. D'autres ont imaginé que ces vignes avoient été apportées d'Egypte en Grece du temps de Columelle.

MARONEA, Liv. 1, Chap. 1. (Voy. ce mot *ad Var.*)

MARRUCINI. Peuples de l'Abruzze citérieure, qui habitoient le canton ou est situé aujourd'hui *Civita di Chieti*. Columelle, Liv. 10, vante les choux de ce canton.

MARSI. Peuples de l'Italie, voisins des Samnites, qui habitoient un petit pays de l'Abruzze ultérieure. Columelle parle d'une fève qui portoit le nom de ces peuples, & que l'on comptoit au nombre des grains trémois, Liv. 2, Ch. 9, ainsi que d'un oignon du même nom, Liv. 12, Ch. 10. Il croissoit beaucoup de pommelée sur les montagnes de ce pays, Liv. 6, Chap. 5.

MASSICUS (MONS). C'est la montagne connue sous le nom de *FALERNUM* (Voy. ce mot). Cette montagne produisoit un des plus excellens vins de l'Univers, Liv. 3, Chap. 8.

MEDIA. (Voy. ce mot *ad Var.*) Les Romains donnoient le nom d'*herba Medica* à la luzerne, parce qu'elle leur étoit venue de ce pays, Liv. 2, Ch. 7, 11, 13 : Liv. 6, Chap. 38 : Liv. 7, Ch. 3, 4 : Liv. 11, Chap. 2. La volaille de ce pays étoit courageuse & d'une grande taille, Liv. 8, Chap. 2.

MEGARA. (Voy. ce mot *ad Cat.*) Columelle vante, Liv. 10, ainsi que Caton les oignons de Mégare, & leur attribue la vertu d'émouvoir le tempéramment.

MELICUS. C'est le nom que donnoit improprement le peuple ignorant à la volaille de Médie, au lieu de l'appeller *Medicus*, en changeant la lettre *d* en *l*. Cette volaille étoit courageuse & d'une grande taille, mais peu féconde; on ne donnoit que trois de ces poules à un coq; elles couvoient mal le peu d'œufs qu'elles avoient pondus, les faisoient mal éclorre & ne les élevoient pas mieux, Liv. 8, Chap. 2.

MENDESUM, Liv. 7, Ch. 5 : Liv. 11, Chap. 3. Ville d'Egypte.

MEVANIA. Ville de l'Ombria, proche la voie Flaminia, où les bœufs étoient très-grands, Liv. 3, Ch. 8.

MILETUM, Liv. 1, Chap. 1. (Voy. ce mot ad Var.) Les brebis de ce pays étoient mises dans la premiere classe de ce bétail, avant le temps de Columelle, Liv. 7, Ch. 2.

MURGANTIA. (Voy. ce mot ad Cat.) La vigne, qui portoit le nom de cette ville, donnoit peu de grappes, mais elles étoient grosses & rendoient beaucoup de vin, Liv. 3, Chap. 2.

MUTINA. Ville d'Italie, aujourd'hui Modene dans la Lombardie, aux environs de laquelle paissoient les brebis les plus renommées, Liv. 7, Chap. 2.

MYSIA. Ancienne contrée de l'Asie, qui se divisoit en inférieure, que l'on appelle aujourd'hui Servie, & en supérieure, que l'on appelle Bosna. Quoique la terre y fût compacte & glutineuse, Liv. 1, Préf. elle produisoit de riches moissons, Liv. 3, Chap. 8.

NARYCIUM. Ville du pays des Locri dans l'Achaie, célebre par l'excellente poix qu'on y ramassoit sur certains arbres, Liv. 10.

NEMETURICI. Peuples de la LIGURIE (Voy ce mot) dont parle Pline 3, 24, & qui avoient donné leur nom à une certaine poix, dont parle Columelle, Liv. 11, Ch. 20, 22, 24.

NOMADES. Peuples de la Scythie en Europe, que l'on appelle aujourd'hui Tartares ; ils ne cultivoient point la terre, & se nourrissoient de lait & de fromage, Liv. 7, Ch. 2. Pline 6, 28, cite encore d'autres peuples d'Ethiopie du même nom, de sorte qu'il paroît qu'on donnoit ce nom dans l'Antiquité à tous les peuples, dont l'unique occupation étoit d'élever des troupeaux, du mot νέμω, qui veut dire paître.

NOMENTUM. Ville du Latium dans le voisinage de Rome, aujourd'hui Nomento ou Lamentano, Bourg de la Sabine, près de Monte-Rotondo, dont les environs étoient très-célebres, du temps de Columelle, par la fertilité des vignes qui portoient le nom de cette ville, Liv. 3, Chap. 3. Ces vignes n'étoient que les secondes après les Amminées, quoiqu'elles fussent plus fécondes. Columelle en compte de deux sortes, dont la plus petite, qui avoit la feuille moins découpée que celle des Amminées, & le bois moins rouge, étoit la plus fertile : elles donnoient plus de lie que les Amminées, mais, d'un autre côté, elles quittoient aisément leurs fleurs, & se faisoient au vent & à la pluie, au lieu que la chaleur leur étoit contraire, parce que le grain de leur raisin étoit petit & qu'il avoit la peau dure, raison pour laquelle elles vouloient être plantées dans une terre grasse, pour que ce raisin pût acquérir une certaine grosseur, Liv. 3, Chap. 2.

NUMANTIA, Liv. 8, Ch. 16. Ville d'Espagne dans la Celtiberie, dont on voit encore les ruines à Puente-Guaray, dans la vieille Castille, sur le Duero. (Voy. la Note 14 de ce Chap.)

NUMIDIA. Contrée de l'Afrique qui avoit au Levant les Syrtes (aujourd'hui Seiches ou bancs de Barbarie), au Septentrion la mer qui s'étend vers la Sardaigne, au Couchant la Mauritanie, & au Midi l'Ethiopie. Nous l'appellons aujourd'hui Biledulgerid. Ce pays étoit brûlant, Liv. 3, Chap. 11. La terre en étoit friable comme de la cendre, Liv. 2, Chap. 2, ou plutôt ce n'étoit qu'un sable gras, mais aussi fertile que le plus excellent terrein, Liv. 1, Préf. Les terres labourables n'y étoient point couvertes d'arbres, Liv. 2, Chap. 2. Les figues y étoient excellentes, Liv. 8, Chap. 17. Le raisin de la vigne, qui portoit le nom de cette contrée,

se conservoit très-bien pendant l'Hiver, Liv. 12, Chap. 43 : Liv. 3, Chap. 2, & l'on voit, par ce dernier Chapitre, que cette vigne produisoit des grappes plus recommandables par leur grosseur que par leur nombre. Il y avoit une poule particuliere de Numidie, Liv. 8, Ch. 21, dont la crête & la cravate étoient rouges, Liv., 8, Chap. 2.

NURSIA. Ville d'Italie, dans le Picenum ; C'est aujourd'hui Norza. Elle étoit célebre par les raves que l'on faisoit venir dans ses environs, Liv. 10.

NYSA. Il y a eu plusieurs villes de ce nom dans l'Antiquité, mais la plus célebre parmi les Poëtes, est celle qui avoit été bâtie dans l'Inde par Bacchus, lorsqu'il l'avoit conquise, & à qui l'on donna ce nom, parce que son Fondateur portoit déja celui de Nysæus, pour avoir été élevé par des Nymphes dans la ville de Nysa en Afrique. Les Poëtes célebrent aussi une montagne de ce nom, Liv. 10.

OCEANUS, Liv. 6, Ch. 27 : Liv. 10. (V. ce mot *ad Var.*)

OLYMPIA. C'étoit une ville de la Grece dans le Péloponnese, où l'on rendoit un culte particulier à Jupiter *Olympius*, Liv. 1, Préf. & auprès de laquelle on célébroit en son honneur les Jeux Olympiques, dans lesquels

quels la jeunesse s'exerçoit à diverses sortes de combats, dont la course des chevaux étoit un des principaux, Liv. 3, Chap. 9.

OLYMPUS, Liv. 10. (Voy. ce mot *ad Var.*)

PÆSTUM. Ville considérable de la Lucanie, qui n'est plus qu'un village nommé Pesti ou Pesto dans la Principauté Citérieure, au Royaume de Naples. Columelle vante les roses de cette Ville, Liv. 10; on voit dans Virgile, Liv. 4. des Géorgiques, qu'elles fleurissoient deux fois par an.

PALATINUS (*MONS*), Liv. 1, Chap. 3. C'étoit la principale des sept collines de l'ancienne Rome, & la premiere que Romulus eût entourée de murailles.

PAMPHYLIA. Contrée de l'Asie Mineure, entre la Cilicie & la Syrie, qui avoit au Couchant la Lycie & une partie de l'Asie Mineure, au Septentrion la Galatie & la Cappadoce, & au Midi la mer Méditerranée, qui portoit en cet endroit le nom de mer de Pamphylie. C'est maintenant la partie Occidentale de la petite Caramanie. On y semoit le sésame au mois de Juillet, Liv. 11, Chap. 2. Le poisson appellé *helops* n'étoit connu que dans cette mer, Liv. 8, Chap. 16.

PAPHOS. Ancienne ville de l'Isle de Cypre sur la côte Occidentale; on la nomme aujourd'hui Baffo. La laitue de l'Isle de Cypre étoit connue sous le nom de cette ville, parce qu'on en plantoit beaucoup dans ses environs, Liv. 10. Comme Vénus étoit particuliérement adorée dans cette Isle, on donnoit aussi à cette Déesse le nom de PAPHIA, *ibid.*

PARMA. Ville de la Gaule que les Romains appelloient TOGATA, (*V. GALLIA ad Var.*) proche de Ravenne: c'est aujourd'hui Parme, ville de la Lombardie, & Capitale de l'Etat de Parme, située sur la riviere du même nom, entre Modene & Plaisance. Les brebis qui paissoient aux environs de cette ville, étoient les plus renommées de l'univers, L. 7, C. 2.

PARNASSUS (*MONS*). Montagne de la Phocide consacrée à Apollon & à Bacchus, Liv. 10. Cette montagne est dans la Livadie, vers les ruines de Delphes, & on l'appelle aujourd'hui Licaoura.

PARTHENOPE. C'est la ville plus connue sous le nom de Neapolis. (Voy. ce mot *ad Var.*) Elle étoit ainsi appellée, parce qu'elle avoit été bâtie au lieu où l'on avoit trouvé le corps de Parthenope, l'une des Syrenes qui s'étoient jettées de désespoir dans la mer, pour n'avoir pas trompé Ulisse par leur chant. Columelle, en vantant les choux de cette ville, lui donne le nom de *Savante*, Liv. 10, pour faire entendre sans doute qu'on y cultivoit beaucoup les sciences.

PELASGIA. (Voy. ce mot *ad Var.*) Les habitans de cette contrée étoient venus s'établir en Italie, parce qu'ils ne pouvoient pas supporter la méchanceté de leurs voisins, Liv. 1, Chap. 3.

PELUSIUM. Ville de la partie de l'Egypte, que les Anciens appelloient Augustanica, près de la Thébaïde. Elle est dans la Basse-Egypte sur le bras du Nil le plus Oriental, & se nomme aujourd'hui Belbaïs ou Belbéis. Columelle vante les pommes qui portoient son nom, Liv. 5, Ch. 10, & la bierre qu'on y faisoit, Liv. 10.

PERGAMUS, Liv. 1, Ch. 1. (V. ce mot *ad Var.*)

PERSIS. La Perse est aujourd'hui l'un des plus considérables Etats de l'Asie. Il s'étend depuis la Turquie en Asie, qui est à son Couchant, jusqu'à l'Empire du Grand-Mogol, qui le borne au Levant. Il confine au Nord avec le Mawaralnahra, la mer Caspienne & la Géorgie, & est baigné au Midi par les Golfes de Balsora & d'Ormus, & par la mer de Perse. Columelle raconte, Liv. 10, que les pêches, qui portoient le nom de *POMA PERSICA*, étoient venimeuses dans la Perse leur patrie, & qu'elles avoient été envoyées comme un poison (en Egypte par Cyrus Roi de Perse, pour en punir les habitans), mais que le changement de climat leur avoit fait perdre leur qualité venimeuse. Ce sentiment, quoique démenti par Pline 15, 13, est néanmoins celui de bien des Auteurs, qui prétendent même qu'elles renferment encore aujourd'hui un poison, qu'elles ne perdent que lorsqu'on les trempe dans le vin avant de les manger. Quoiqu'il en soit, Columelle en distingue, *ibid.* de trois espèces : de petites hâtives qui conservoient le nom de PERSICA ; de grandes qui venoient à temps, & que l'on appelloit *GALLICA* ; & de tardives qui ne mûrissoient qu'aux froids, & qui étoient connues sous le nom d'*ASIATICA*. Il compte aussi des pêchers entre les arbres les plus convenables aux abeilles, Liv. 9, Chap. 4, & ordonne de semer les noyaux de pêche pendant l'Automne avant les froids, Liv. 5, Chap. 10.

PHASIS, Liv. 8, Chap. 9. Ancien nom d'une riviere de la Colchide, connue aujourd'hui sous celui de Phasso ou Fasso, célèbre fleuve de la Géorgie en Asie, qui traverse le Royaume d'Imirette, entre dans la Principauté de Guriel, & se décharge dans la mer noire.

PHRYGIA. (Voy. ce mot *ad Var.*) Columelle donne, Liv. 10, au lottier l'épithete de *PHRYGIUS* : il est néanmoins constant, par Pline 13, 17, que le lottier, soit qu'on le considere comme arbre, soit qu'on le considere comme plante, venoit d'Egypte; à moins que Columelle ne rapporte cet épithete à l'arbre du lottier, ou plutôt aux flûtes que l'on faisoit avec son écorce, Pline *ibid.* pour désigner l'usage qu'en faisoient les Phrygiens, peuples célebres dans l'Antiquité par leur passion pour la musique.

PICENUM, Liv. 3, Ch. 3. (Voy. ce mot *ad Var.*)

PIERIUM (NEMUS), Liv. 10. Forêt qui couvroit apparemment la montagne Pieria en Thessalie, montagne habitée par les Muses, qui portoient en conséquence, suivant quelques Auteurs, le nom de Pierides, que leur donne Columelle, *ibid.*

PŒNUS, Liv. 1, Chap. 1 : Liv. 3, Chap. 15 : Liv. 12, Chap. 4. 44. C'est le synonime de *PUNICUS,* (Voy. ce mot *ad Cat.*) & il s'applique par conséquent aux Carthaginois, qui étoient un peuple très-fin, Liv. 1, Chap. 3.

POLLENTIA. Ville de l'Italie proche les Alpes, célebre par ses brebis, quoiqu'elles fussent noires & grises, Liv. 7, Chap. 2.

POMPEII. (Voy. ce mot *ad Cat.*) Cette ville avoit vraisemblablement donné son nom à une espece de vigne, dont les grappes étoient plus recommandables par leur grosseur que par leur nombre, Liv. 3, Chap. 2, ainsi qu'à l'oignon, dont parle Columelle, Liv. 12, Chap. 10. Il vante aussi les choux qui venoient dans les marais d'eau douce, qui l'environnoient, Liv. 10.

PONTUS, Liv. 11, Ch. 1. (Voy. ce mot *ad Cat.*) Columelle recommande, à l'exemple de Caton, l'absynthe qui portoit le nom de cette Province, pour faire du vin d'absynthe, Liv. 12, Chap. 15. Le Pont étoit arrosé par les eaux du Phase, Liv. 8, Chap. 8.

POTNIA, Liv. 6, Ch. 27. Ville de la Béotie, près de Thebes.

PUNICUS, Liv. 1, Ch. 4. (Voy. ce mot *ad Cat.*) Columelle cite des roses nommées *PUNICÆ,* qui étoient bonnes pour les abeilles, Liv. 9, Chap. 1 ; ainsi qu'une espece de pois, nommé *PUNICUM,* que l'on semoit au mois de Mars dans les terreins gras & humides, après l'avoir trempé la veille dans l'eau, & qui nuisoit aux terres : il en falloit trois *modii* pour enfemencer un *Jugerum*, Liv. 2, Chap. 10, & l'on en donnoit à manger aux bêtes fauves, que l'on tenoit renfermées dans des parcs, Liv. 9, Chap. 1. La grenade portoit aussi le nom de *MALUM PUNICUM*, Liv. 10. On la semoit pendant le mois de Mars, Liv. 5, Chap. 10, & l'on peut voir, *ibid.* la méthode que preferit Columelle, pour la faire venir en abondance, pour la rendre douce & fans pepins, & pour l'empêcher de fe fendre fur l'arbre; on peut aussi voir dans le Liv. 12, Chap. 44, la maniere de la conferver, ainfi que celle de l'employer dans les confitures de coin dans le Ch. 41 du même Liv. Columelle recommande l'ufage de ce fruit pour guérir les brebis de la maladie des clous, Liv. 7, Chap. 5, ainfi que les abeilles quand elles font en mauvais état, Liv. 9, Chap. 13. Il fait aussi mention d'un mortier particulier, qu'il appelle *PUNICUM*, Liv. 9, Chap. 7, & qui probablement étoit fait avec une terre grasse, puifque l'humidité ne l'endommageoit point, Liv. 11, Chap. 3.

PUPINIA. (Voy ce mot *ad Var.*) Columelle ajoute à ce que dit Varron de ce terrein qu'il étoit pestilentiel, Liv. 1, Chap 4.

QUIRITES, Liv. 1, Préf. (Voy. ce mot *ad Cat.*)

RAVENNA. Ville du pays des Sabins, fur le bord de la mer Adriatique; c'est aujourd'hui Ravenne, ville Archiépifcopale de l'Etat de l'Eglife, à l'embouchure du Montone dans le Golfe de Venife. Le terrein de fes environs fourcilloit d'eaux marécageufes que l'on y rencontroit à un pied & demi de profondeur, Liv. 3, Chap. 13, ce qui ne pouvoit manquer de rendre ce pays fujet aux brouillards, comme Pline nous apprend 14, 12, qu'il étoit.

RHODOS, Liv. 1, Chap. 1. (Voy. ce mot *ad Var.*) Columelle cite une efpece de raifin bon à manger, Liv. 3, Chap. 2, & des figues qui portoient le nom de cette Ifle, Liv. 5, Chap. 10. La volaille y étoit d'une grande taille & courageufe, mais peu féconde, aussi ne donnoit-on jamais que trois poules à un coq de Rhodes, encore couvoient-elles mal le peu d'œufs qu'elles avoient pondus, & les faifoient-elles mal éclorre, Liv. 8, Chap. 2. Elles ne les élevoient pas mieux quand ils étoient éclos, *ibid.* & Chap. 11.

RHETIA. Contrée qui s'étendoit depuis les fources du Rhin jufqu'à celles de la Drave, ayant au Midi la Gaule Cifalpine, & au Nord le Danube qui la féparoit de l'Allemagne. La vigne qui portoit le nom de cette contrée, & dont les grappes étoient moins remarquables par leur nombre que par leur grosseur, Liv. 3, Chap. 2, étoit originaire du pays des Grisons, qui porte encore aujourd'hui le nom de Rhétie.

ROMA, Liv. 1, Pr. & Ch. 3, 3 : Liv. 2, Chap. 4, 17 : Liv. 3, Chap. 8 : Liv. 6, Pr. Liv. 10 : Liv. 11, Chap. 2 : Liv. 12, Pr. & Ch. 4. (Voy. ce mot *ad Cat.*) On cultivoit à Rome, du temps de Columelle, la canelle & l'arbrisseau qui produit l'encens, & on y voyoit la myrrhe & le safran fleurir dans les jardins, Liv. 3, Chap. 8.

SABA. C'étoit la ville Capitale de l'Arabie Heureuse, raison pour laquelle on appelloit *SABÆI* les peuples de cette Province. Comme elle produisoit toutes sortes de parfums, on désignoit par les mots d'*otor Sabæus*, toutes les especes d'odeurs agréables, Liv. 10.

SABATINUS (*LACUS*). Lac inconnu, que les Romains avoient peuplé de poissons de mer, Liv. 8, Chap. 16.

SABELLI ou *SABINI*, Liv. 1, Pr. Liv. 12, Pr. (Voy. ce mot *ad Var.*) Columelle donne l'épithete de *durs* à ces peuples, sans doute parce qu'ils étoient laborieux, Liv. 10. Le pays qu'ils habitoient étoit semé de petites collines, Liv. 5, Chap. 8. Il est

fait mention de choux de ce pays, dont la tige portoit plusieurs cimes, Liv. 10, ainsi que d'une espece de saule, dont les baguettes étoient grêles & rouges, Liv. 4, Chap. 30.

SACER (*MONS*). Montagne d'Espagne. Columelle raconte, comme un fait très-certain, que les cavales y poulinoient sans le secours du mâle. (*V. TAGER* (*MONS*) *ad Var.*)

SALINÆ (*HERCULEÆ*). Tous les endroits où se trouvoient des fontaines d'eau salée portoient le nom de *SALINÆ*. Celui-ci étoit près de *Pompeii*, Liv. 10.

SANTONICA (*HERBA*), Liv. 6, Chap. 25. Pline nous apprend que cette herbe étoit une espece d'absynthe, qui tiroit son nom de celui d'une ville de la Gaule. Seroit-ce de la Capitale de la Saintonge, nommée en Latin *urbs Santonica* ?

SARRA. C'étoit l'ancien nom de la ville de Tyr en Phenicie, sur la côte de Syrie, qui n'est plus qu'une petite ville de la Turquie Asiatique dans la Syrie, nommée Sor ou Sour. C'est dans cette ville que l'on faisoit la plus belle pourpre avec le sang d'un poisson, qui est commun en ce pays, & que l'on nomme *Sar* dans la langue du pays, Liv. 10. En conséquence on désignoit la couleur pourprée par le mot de *SARRANUS.* C'est ainsi que Columelle donne l'épithete de *SARRANÆ* à des violettes pourprées, Liv. 9, Ch. 4.

SCYROS. Isle de la mer Egée, à l'Orient de celle d'Eubée; c'étoit l'une des Cyclades, dans laquelle on transportoit les essains des autres Cyclades, lorsque celles-ci manquoient de fleurs à la fin du Printemps.

SCYTHIA. Il y avoit trois contrées de ce nom: la grande, située au Nord de l'Asie, qui faisoit partie de ce que nous nommons aujourd'hui la Tartarie; la petite, dont parle Columelle, Liv. 8, Chap. 8, qui étoit en Europe, & qui faisoit la partie Méridionale de la Sarmatie Européenne, aux environs du Pont-Euxin & des Palus-Méotides; & la Scythie Pontique, qui étoit une partie de la Mœsie inférieure, sur le bord du Pont-Euxin.

SEBETIS. Nom d'une riviere qui arrosoit Naples, Liv. 10.

SICANIA, Liv. 10. C'étoit un ancien nom de la Sicile, qui lui venoit des peuples d'Espagne appellés *SICANII,* qui l'avoient habitée les premiers.

SICILIA, Liv. 1, Ch. 10: Liv. 8, Chap. 16. (Voy. ce mot *ad Var.*) Columelle dit que le safran, qui étoit commun en cette Isle, donnoit de l'odeur & de la couleur au miel, Liv. 9, Chap. 4. On y transféroit les essains sur le Mont Hybla lorsque le Printemps étoit passé, & qu'il n'y avoit plus de fleurs, Liv. 9, Chap. 14. Il est fait mention, dans le Liv. 1, Chap. 3, d'émigrations de Siciliens occasionnées par la méchanceté de leurs voisins.

SIGNIA. Ville de la Campanie, nommée aujourd'hui Segni, sur la montagne qui porte son nom dans la campagne de Rome. Elle étoit moins célebre par ses choux, Liv. 10, & par les poires qui portoient son nom, Liv. 5, Chap. 10, que par les ouvrages nommés *SIGNINA,* qui s'y faisoient avec des débris de ressons dans lesquels on mêloit de la chaux pour les rendre plus durables, Pline 35, 12. Columelle en parle, Liv. 1, Chap. 6: Liv. 8, Ch. 15, 17: Liv. 9, Chap. 1.

SILER. Riviere de la Lucanie, qui la sépare du Picenum; elle est connue aujourd'hui dans la Principauté Ultérieure au Royaume de Naples, sous le nom de Selo ou Silaro. Columelle, Liv. 10, vante la clarté de ses eaux & les choux qui venoient sur ses bords.

STABIÆ. C'étoit une Ville de la Campanie qui fut détruite par L. Sylla, Pline 3, 5. On en voit encore des vestiges entre l'embouchure du

Sarno & la ville de Sarrento, dans un endroit qui porte le nom de Castel a mar di Stabia. Columelle en vantant les choux de cette ville, Liv. 10, dit qu'elle étoit célebre par ses eaux de source.

Styx, Liv. 10. Fleuve que les Poëtes font couler dans les enfers.

Surrentum. Ville de la Campanie, qui subsiste aujourd'hui sous le nom de Sorrento dans la terre de Labour, près du Golfe de Naples. Columelle met le vin de ce canton au rang des premiers vins de l'Univers, Liv. 3, Chap. 8. Il est à remarquer que la vigne que l'on y cultivoit étoit la petite Amminée *Gemella*, *ibid.*

Syracuse, Liv. 7, Chap. 3. Cette ville porte encore aujourd'hui le nom de Syracuse: elle est située dans la vallée de Noto en Sicile.

Syria. (Voy. ce mot *ad Var.*) On semoit le sésame en cette Province au mois de Juin & de Juillet, pour l'y récolter en Automne, Liv. 2, Chap. 10. Columelle fait mention de poires & de pommes, que l'on appelloit *Syriaca* ou *Syriaca*, Liv. 5, Chap. 10. Le Sumac portoit aussi le nom de *Rhos* ou *Rhos Syriacus*, Liv. 9, Chap. 13; Liv. 11, Chap. 41. Columelle parle, Liv. 11, Chap. 3, d'une racine de Syrie, que l'on semoit au mois de Fé-

vrier pour la récolter au Printemps & en Eté, & dont il falloit quatre *sextarii* & tant soit peu plus d'une *hemina* pour ensemencer un *jugerum*. Il y a lieu de croire que cette racine est la même que celle qu'il a appellée racine d'Assyrie, dans le Liv. 10. (*V. Assyria.*)

Tanagra. (Voy. ce mot *ad Var.*) La volaille de cette ville étoit d'une grande taille & courageuse, Liv. 8, Chapitre 2.

Tarentum, Liv. 1, Ch. 1. (Voy. ce mot *ad Cat.*) Columelle parle de poires qui portoient le nom de cette ville, Liv. 5, Chap. 10. Les brebis de Tarente, Liv. 1, Pr. Liv. 11, Chap. 2, passoient, avant l'âge de Columelle, pour les premieres de toutes les brebis, Liv. 7, Chap. 2; mais elles étoient très-délicates, & leur éducation demandoit des soins particuliers, dont on peut voir le détail dans le Chap. 4 du Liv. 7.

Tarsus. Ville célebre de l'ancienne Cilicie: c'est de la mer qui la baignoit & qui portoit son nom, que la Murene étoit originaire, Liv. 8, Chap. 16.

Tartarus, Liv. 10. C'étoit, suivant les Poëtes, la prison de l'enfer, dans laquelle étoient renfermés les criminels sans espoir de délivrance.

TARTESUS. Ville mariti-
me auprès de Gadès. Colu-
melle fait mention d'une laitue particuliere qui portoit
son nom, & dont les feuilles
étoient blanches & frisées,
& le pied blanc ; on la plantoit au mois de Mars, Li-
vre 10.

TEMPE, Liv. 10. Les Poëtes donnoient en général ce
nom à tous les endroits que
la fraîcheur des eaux & l'ombre des bois rendoient délicieux , mais il y avoit un
canton de la Thessalie qui
portoit spécialement ce nom.
C'étoit un lieu charmant de
cinq mil pas de long sur six
de large environ, tapissé de
gazon & couvert d'arbres,
récrée par le chant des oiseaux , entouré de petites
collines, & coupé par le fleuve Peneus, dont le courant
étoit bordé d'arbres.

THASUS, Liv. 1 , Ch. 1.
(Voy. ce mot *ad Var.*) Columelle, Liv. 3 , Chap. 2 , parle d'une vigne qui portoit le
nom de cette Isle , & dont le
vin étoit bon , quoiqu'elle
donnât en Italie un petit
nombre de grappes, dont les
grains même étoient très-
petits.

THEBÆ. (Voy. ce mot *ad
Var.*) Quoique la chaleur ne
fût pas incommode dans cette ville pendant le Solstice ,
on y éprouvoit cependant un
froid intolérable en Hiver ,
Liv. 1 , Chap. 4.

THESSALIA , Liv. 10.
(Voy. ce mot *ad Var.*) Quelques Auteurs prétendoient que
c'étoit en Thessalie qu'on
avoit vû paroître les premieres abeilles au temps d'Aristée , Liv. 9 , Chap. 2.

TUSCIA. C'est la province
connue sous le nom d'*HETRU-
RIA.* (Voy. ce mot *ad Var.*)
Les habitans de cette Province étoient si versés dans la
science des Sacrifices, que les
Romains y envoyoient dix
enfans des principaux ci-
toyens de Rome, pour y être
instruits dans cette science.
Columelle parle de ces Sacrifices, Liv. 10. Quelques Auteurs ont même prétendu que
cette Province portoit le nom
de *TUSCIA* pour cette raison,
soit du mot θύειν , qui veut
dire *sacrifier,* soit du mot
thus , qui signifie *encens* ,
parce qu'on employoit beaucoup d'encens dans les Sacrifices.

TYRRHENIA, Liv. 10. C'est
le nom que les Grecs don-
noient à l'*HETRURIA,* (Voy.
ce mot *ad Var.*) parce que
Tyrrhenus , fils d'Atys , y
avoit conduit une Colonie
de la Lydie. En effet Atys se
trouvant forcé d'expulser de
son Royaume une partie de
son peuple, parce qu'il étoit
affligé de la famine , choisit
au sort entre ses deux enfans, celui qui sortiroit de
son Royaume pour faire cette conduite, & celui qui res-
teroit

tetoit pour lui succéder, de sorte que Tyrrhenus eut la conduite de la Colonie, & que Lydus son frere resta auprès de son pere, & lui succéda.

TIBERIS, Liv. 8, Ch. 16. C'est le nom d'une des plus célebres rivieres de l'Italie. On l'appelle encore aujourd'hui le Tibre. Elle prend sa source sur les montagnes de l'Apennin dans le Florentin, & se jette dans la mer de Toscane à Ostie.

TMOLUS. Montagne de Lydie où il croissoit beaucoup de saffran, Liv. 7, Chap. 8.

TURNI (*LACUS*). On ne connoit pas la position de ce lac, dont Columelle célebre les choux.

TYBUR. (Voy. ce mot *ad Var.*) Columelle vante les choux de cette ville & sa fertilité en fruits, Liv. 10.

VELINUS (*LACUS*). (Voy. ce mot *ad Var.*) Les Romains avoient peuplé ce lac de poissons de mer, & singuliérement de loups & d'*aurata*, Liv. 8, Chap. 16.

VESUVIUM. (Voy. ce mot *ad Var.*) Cette montagne étoit couverte de petite Amminée *Gemella*, Liv. 3, Ch. 2. Columelle vante aussi les choux que l'on y cultivoit, Liv. 10.

VETERA, Liv. 4, Ch. 3. Lieu inconnu.

VISULA. Fleuve de la Sarmatie en Europe. Seroit-ce ce fleuve qui auroit donné son nom à la vigne que cite Columelle, Liv. 3, Chap. 2, dont le bois étoit court & la feuille large, & dont le fruit pourrissoit aisément.

UMBRIA. (Voy. ce mot *ad Var.*) Les bœufs de cette contrée étoient grands, forts, courageux & blancs, quoiqu'il s'y en trouvât aussi de rouges, Liv. 1, Chap. 1.

UTICA, Liv. 1, Chap. 1. (Voy. ce mot *ad Var.*)

VULSINENSIS (*LACUS*). Ce Lac que les Romains avoient peuplé de poissons de mer, & singuliérement de loups & d'*aurata*, Liv. 8, Chap. 16, étoit vraisemblablement dans le voisinage d'une ville de l'Etruria, nommé Vulsinii, que Pline dit, 2, 52, avoir été totalement brûlée par le tonnere.

Fin du quatrieme Volume.

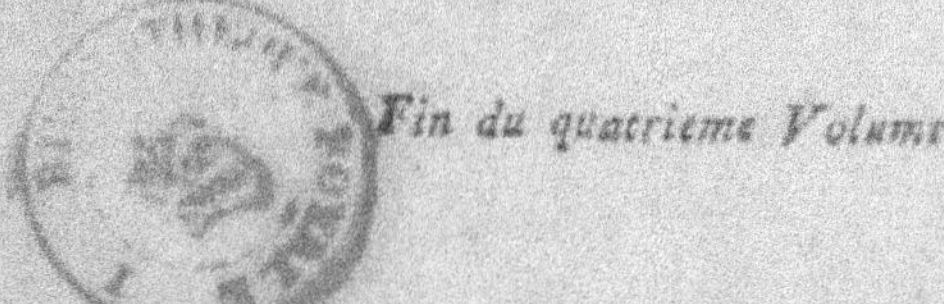